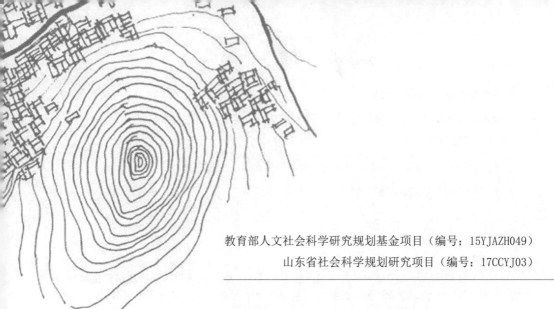

教育部人文社会科学研究规划基金项目（编号：15YJAZH049）

山东省社会科学规划研究项目（编号：17CCYJ03）

鲁中山区
传统民居建筑
保护与发展

逯海勇 —— 著

U0313505

知识产权出版社

全国百佳图书出版单位

—北京—

图书在版编目（CIP）数据

鲁中山区传统民居建筑保护与发展/逯海勇著. —北京：知识产权出版社，2020.6
ISBN 978-7-5130-6770-6

Ⅰ. ①鲁… Ⅱ. ①逯… Ⅲ. ①民居—研究—山东 Ⅳ. ①TU241.5

中国版本图书馆 CIP 数据核字（2020）第 022942 号

内容简介

本书从自然环境与人文环境的背景出发，重点探讨了鲁中山区传统民居建筑的空间分布、空间形态、保护现状、综合评价、保护与再利用等几个方面，提出了鲁中山区传统民居建筑的保护和再利用策略，并通过典型个案对传统民居的功能转化进行分析，期望相关研究成果能为鲁中山区传统民居的保护与发展提供有力的技术支撑，推进当地传统民居建设的良性发展。

本书适合广大建筑师、建筑理论工作者、乡土建筑研究者及从事民居建筑保护的相关人员阅读，也可供建筑及相关专业师生学习参考。

责任编辑：张雪梅　　　　　　　　　　责任印制：刘译文
封面设计：博华创意·张　冀

鲁中山区传统民居建筑保护与发展
LUZHONG SHANQU CHUANTONG MINJU JIANZHU BAOHU YU FAZHAN

逯海勇　著

出版发行：知识产权出版社 有限责任公司		网　址：http://www.ipph.cn	
电　话：010 - 82004826		http://www.laichushu.com	
社　址：北京市海淀区气象路 50 号院		邮　编：100081	
责编电话：010 - 82000860 转 8171		责编邮箱：laichushu@cnipr.com	
发行电话：010 - 82000860 转 8101		发行传真：010 - 82000893	
印　刷：三河市国英印务有限公司		经　销：各大网上书店、新华书店及相关专业书店	
开　本：720mm×1000mm　1/16		印　张：15.5	
版　次：2020 年 6 月第 1 版		印　次：2020 年 6 月第 1 次印刷	
字　数：280 千字		定　价：96.00 元	

ISBN 978-7-5130-6770-6

前言。

　　传统民居建筑作为极其宝贵的历史文化资源已为当代人所共知，其保护与发展问题也引起社会各界的广泛关注。如何在现代化进程中完成功能转换和外观形态修复，并在地质地貌和人文环境的双重作用下保持传统村落整体风貌的完好，成为当前传统民居保护与发展中的主要难题，这一难题的背后不仅仅是技术问题，更重要的是经济问题和社会问题，因而传统民居保护与发展的问题归根结底是系统性问题，是社会管理问题。一方面，传统民居建筑的物质性老化和功能性衰退已成普遍事实，尤其是室内功能部分缺少现代化设备，让生活在其中的居民面临各种困境；另一方面，部分传统村落在经济利益的驱动下，以"发展"为噱头对传统民居进行各种改造，任其"功能"发生改变，由于缺乏科学的规划、指导、控制，建设盲目粗暴，对传统村落千百年来形成的历史环境和赖以生存的自然环境造成极大破坏。由此，如何实现传统民居保护和发展的共赢已成为学界和实践者亟须破解的难题。

　　鲁中山区传统民居由于受地形条件、交通路线、民间风俗及文化心理等要素的影响，其形态呈现出独特的地域文化特点。本书在对鲁中山区传统民居进行大量考察和分析的基础上，从其自然环境与人文背景出发，以国内外的前沿理论为指导，以当地传统民居建筑为研究对象，剖析鲁中山区传统民居建筑在特殊地域中的形态变迁成因，讨论不同区域特征造就的不同建筑形制、空间格局和营造技艺，总结传统民居与地理环境及文化之间的必然联系，并从空间分布、空间形态、保护现状、综合评价、保护与再利用等几个方面探讨传统民居的内在价值，多视角地对当地传统民居建筑进行系统的挖掘与梳理，由现象到本质，由空间形态到文化内核，由定性分析到综合评价，由案例解剖到理论总结，逐步深入，探究鲁中山区传统民居建筑的保护与发展。本书还对传统民居建筑的历史价值进行了挖掘和分析，寻找传统民居与地理环境相生互长的文化内涵，通过现实境况和调研数据对传统民居的价值和现状进行综合评估，在价值评估的基础上提出鲁中山区传统民居建筑的保护与再利用策略。最后，以典型个案为例，利用 ASEB 栅格分析法对传统民居的功能转化进行分析，试图通过"以点带面"的发展思路将个案研究经验推广到普遍意义上来，以期起到宏观指导的引领作用。书中相关研究结论可为鲁中山区传统民居的保护和发展提供有力的技术支撑，希望能为一直处于研究和保护薄弱环节的鲁中山区传统民居研究提供补充和一些研究佐证，同时期许引发读者对该区域传统民居更多的思考。

在此，感谢作者所在课题组的胡海燕、苗蕾、周波等老师，正是他们的积极参与和无私帮助，才使本书基于的相关研究工作得以顺利开展。

本书的出版得到了教育部人文社会科学研究规划基金项目（项目批准号：15YJAZH049）的资助，并得到了山东省社会科学规划研究项目（项目批准号：17CCYJ03）的支持，在此表示感谢。

最后，感谢家人在笔者写作书稿期间默默的付出，你们的关爱、支持一直伴随我的左右，使我难以忘怀！

因调研所限，难以全面地深入每个传统村落，加之时间和水平有限，书中疏漏之处在所难免，恳请相关专家和同仁批评斧正。

作者

2019 年 7 月于泰山脚下

目录

○

第1章 绪 论

鲁中山区地形复杂，资源类型丰富多样，在地质地貌和人文环境的双重作用下，形成了具有当地地域特色的传统民居形态，也孕育了该区域历史悠长的人类文明。然而，由于对传统村落的保护意识薄弱，认识肤浅，在改造过程中存在大量拆旧建新、随意无序的情况，使大量传统民居遭到"建设性破坏"，加上人口外流，无人修护照看，大量传统村落呈现"空心化"现象。外在因素的负面影响和内在主体性破坏共同侵蚀着传统民居，其保护和利用面临严峻挑战。在此背景下，研究鲁中山区传统民居的保护与发展具有十分重要的理论与现实意义。

1.1 研究背景、目的及意义

1.1.1 研究背景

我国幅员辽阔，自然环境多种多样，经济环境不尽相同。在漫长的历史进程中，各地逐渐形成了不同特色的民居建筑形式。这些传统民居深深地打上了地理环境的烙印，具有强烈的历史文化积淀和地域特色，许多传统民居堪称民间建筑文化的瑰宝。例如，北京的四合院，江南的水乡民居，福建的土楼，黄土高原的窑洞，岭南的木结构竹楼和干栏式民居，内蒙古的圆顶蒙古包，以及云南、贵州等地运用当地材料、根据民族特有的生活方式建造出的"一颗印"、石板屋等民居形式，都极富地方特色（荆其敏，张丽安，2014）。

传统民居作为一种乡土建筑蕴含着丰富的民俗文化，具有本土化的"特质"。它们虽出自当地民间工匠之手，属于"没有建筑师的建筑"，却是当地乡土精神与长期积累的精湛技艺相融合的结晶（张晓楠，2014）。传统民居作为我国重要的历史文化遗产，反映了我国不同地区、不同民族、不同历史时期的不同生活习俗、社会形态、政治文化、宗教信仰和科学技术等，具有较高的文化价值。

进入 21 世纪后，全球在政治、经济、文化与技术等方面发展迅速，取得了令人瞩目的成就。信息技术的革新使全球信息处于同步状态，现代文化的快速传播及共同意向带动了整个世界的经济、文化以惊人的速度向前发展，并冲击着众多国家的地域传统生活观念和行为方式，许多城市形象和地域文化的多样性逐渐被边缘化，文脉面临着断裂的危险。"摩天大楼"成为很多城市追求的目标，片面强调形式化、表面化和商业化使得城市建筑形象变得趋同、单一，使人难以体验到城市精神的归属感和认同感，引发了对城市历史文化之根的困惑和忧虑。

吴良镛先生在《论中国建筑文化的研究与创造》一文中谈道："面临席卷而来的'强势'文化，处于'弱势'的地域文化如果缺乏内在活力，没有明确发展方向和自强意识，自觉地保护与发展，就会显得被动，有可能丧失自我的创造力与竞争力，淹没在世界'文化趋同'的大潮中。"由于受到"国际式"建筑风格的影响，很多城市面貌趋同，城市打破了文化语境，逐渐丧失了地方特色和民族特色，甚至丧失了文化内涵和精神内涵。大量新建的建筑要么追求"国际化"，要么盲目模仿"新潮样式"，较少真正体现地方特色。

在广大乡村，乡土建筑在过去 20 年里发生了巨大的变化，并迅速脱离了传统。无所依循的新建民居使那些富有特色的传统村落和院落形态悄然改变，取而代之的是混凝土建成的"千村一貌"的"新宅"，这些新建民居违背了民居演进中的适应性发展机制，其无序发展的普遍现象导致传统民居建筑精神和文化特性失衡。所谓"源之不存，流何有自"，传统民居是中华民族的"根"和"源"，它不仅是国家先进文化创新的精神基因，也是国家文化主权保障和发展的基石。乡村新建民居建筑材料以灰色混凝土为主，建筑形式单一，虽然迎合了当代建筑的节奏，但在文化上并无继承和创新，反而是对传统建筑文化的摒弃，建筑文脉的断裂使人们很难在新建民居上找到传统的痕迹。此外，传统营造工匠相继去世，传统营建技艺面临失传，乡土建筑地域性和本土性的失衡问题日渐凸显。

2008—2010 年，中国传统村落文化研究中心的 20 个研究小组的 267 人对集中在长江、黄河流域及西北和西南 17 个省、113 个县的 902 个传统村落文化遗存进行了全面调查。调查数据显示，2004 年具有历史、民族、地域文化和建筑艺术研究价值的传统村落总数为 9707 个，至 2010 年仅存 5709 个，年均减少7.3%，平均每天有 1.6 个传统村落消失。中国传统村落文化研究中心于 2014 年6 月再次对长江、黄河流域的传统村落展开考察，并对此区域原已纳入考察范围的 1033 个村落进行回访调研。这次调研数据显示，历经 4 年，1033 个传统村落又消失了 461 个，占总数的 44.6%，以每年 11.1% 的速度递减，即约每 3 天就有 1 个传统村落消亡（胡彬彬 等，2017）。

除传统村落不断消失外，我国行政村和自然村的数量也呈现出严重下降的趋势。1986—2011 年，行政村减少了 258020 个，平均每年减少 10321 个；1990—2013 年，自然村减少了 1123200 个，平均每年减少 48835 个（刘馨秋 等，2015）。在这些消失的村落中有不少是具有历史风貌的传统村落（表 1-1）。

表 1-1　1986—2013 年部分年份中国村落的数量

时间（年）	行政村（个）	自然村（个）
1986	847894	3650000
1990	743278	3773200
2000	734715	3630000
2001	709257	3537000
2004	652718	3207379
2005	640139	3137146
2007	621046	2647000
2010	594658	2729800
2011	589874	2669500
2013		2650000

注：资料来源于刘馨秋，王思明．中国传统村落保护的困境与出路［J］．中国农史，2015（4）：99-110.

与此同时，山东省作为一个历史悠久的文化大省，自然村的数量也在日益锐减。山东省发布的《山东省农村新型社区和新农村发展规划（2014—2030 年）》显示，从 1996 年至 2013 年，山东省行政村的数量从 8.3 万个减至 6.5 万个。山东省传统村落保护工作与先进省份相比也存在着很大的差距。截至 2016 年，全国共有 4157 个传统村落列入国家保护名录，而山东省仅占 2‰。在山东全省 6.5 万个行政村中，有 388 个基本符合传统村落标准，但即使这些村庄全部申请成功，也仅占全省行政村数量的 7‰。2011 年 9 月中国当代作家冯骥才对山东省内的传统村落进行了调查，发现"现今齐鲁大地上竟然连一座完整的原真的传统村落也没有了"。传统村落作为农耕文明的活化石，具有突出的历史、文化和艺术价值，传统村落的破坏、消逝是民族文化历史性的损失，应当引起政府部门和相关学者的高度关注。

鲁中山区是山东省传统村落保护和发展的重点区域。据初步统计，截至 2016 年 12 月山东省列入国家级传统村落名录的村落有 75 个，鲁中山区有 37 个，占山东省的 52％（表 1-2）；截至 2017 年 4 月鲁中山区已有省级传统村落 142 个，占山东省的 35％。尽管鲁中山区传统村落在数量上占一定优势，但可以看到，与同省胶东半岛、大运河沿线等地区的传统村落保护相比，鲁中山区传统村落保护和发展的步伐相对滞后，"空心村"问题比较严重，这与该地区的自然、经济、文化、观念等因素有着密切的关系。

表 1-2　截至 2016 年 12 月鲁中山区国家级传统村落统计

地区	村落名称	列入传统村落的时间	行政区域划分	列入传统村落的批次
济南	朱家峪村	2012 年 12 月	章丘市官庄镇	第一批
	东峪南崖村	2014 年 12 月	平阴县洪范池镇	第三批
	双乳村	2016 年 12 月	长清区归德街道	第四批
	方峪村	2016 年 12 月	长清区孝里镇	第四批
	博平村	2016 年 12 月	章丘区普集街道	第四批
	三德范村	2016 年 12 月	章丘区文祖街道	第四批
	卧云铺村	2016 年 12 月	莱芜区茶业口镇	第四批
淄博	李家疃村	2012 年 12 月	周村区王村镇	第一批
	梦泉村	2012 年 12 月	淄川区太河镇	第一批
	上端士村	2012 年 12 月	淄川区太河镇	第一批
	张李村	2016 年 12 月	淄川区昆仑镇	第四批
	蒲家庄村	2016 年 12 月	淄川区洪山镇	第四批
	南峪村	2016 年 12 月	淄川区寨里镇	第四批
	柏树村	2016 年 12 月	淄川区太河镇	第四批
	永泉村	2016 年 12 月	淄川区太河镇	第四批
	罗圈村	2016 年 12 月	淄川区太河镇	第四批
	黄连峪村	2016 年 12 月	博山区域城镇	第四批
	蝴蝶峪村	2016 年 12 月	博山区域城镇	第四批
	龙堂村	2016 年 12 月	博山区域城镇	第四批
	大七村	2016 年 12 月	周村区北郊镇	第四批
	万家村	2016 年 12 月	周村区王村镇	第四批
临沂	常山庄村	2014 年 12 月	沂南县马牧池乡	第三批
	关顶村	2014 年 12 月	沂水县马站镇	第三批
	李家石屋村	2014 年 12 月	平邑县柏林镇	第三批
	九间棚村	2014 年 12 月	平邑县地方镇	第三批

续表

地区	村落名称	列入传统村落的时间	行政区域划分	列入传统村落的批次
临沂	竹泉村	2016 年 12 月	沂南县铜井镇	第四批
	八大庄村	2016 年 12 月	沂水县马站镇	第四批
	王庄村	2016 年 12 月	沂水县夏蔚镇	第四批
	崮崖村	2016 年 12 月	沂水县泉庄镇	第四批
	邵庄村	2016 年 12 月	费县梁邱镇	第四批
	西南峪村	2016 年 12 月	费县马庄镇	第四批
	金三峪村	2016 年 12 月	蒙山旅游区柏林镇	第四批
泰安	山西街村	2012 年 12 月	岱岳区大汶口镇	第一批
	朝阳庄村	2016 年 12 月	东平县接山镇	第四批
济宁	越峰村	2014 年 12 月	邹城市城前镇	第三批
	上九山村	2014 年 12 月	邹城市石墙镇	第三批
潍坊	井塘村	2016 年 12 月	青州市王府街道	第四批

注：表中数据截至 2016 年 12 月。

首先，经济的发展使大量务工人员进城落户，在城里"扎根"，这是造成大量"空心村"的首要原因，而没有落户的村民务工之前无钱修缮老屋，在进城务工后回村却另择宅基地盖起新房，几乎不再对老宅修缮或翻建，客观上加剧了老宅的闲置。其次，有的村民进城后，其父母仍留在乡村，子女为了改善父母的生活条件，通过各种方式另建新房，原有旧屋则闲置下来。最后，大多数乡村住宅基础设施落后，如采光不足、缺少制冷与采暖设施、面积不足、缺少上下水设施等。经济条件较好的村民会选择搬离旧宅，另择宅基地重盖新房，而旧宅逐渐闲置，慢慢形成"空心村"（杜晓秋，2012）。

"空心村"的存在使得传统村落不再像过去那样紧密地组织在一起、井然有序，而使村落的空间形态变得更加松散。"空心村"造成传统村落闲置民居断壁残垣、破败无序，与新建民居新旧杂陈，"碎片化"现象较为突出。调查数据显示，鲁中山区 179 个传统村落中，几乎每个村落都有 30%～40%的闲置民居，有的村落达到 70%以上，个别村落甚至完全被遗弃。例如，莱芜北部山区的娘娘庙村、淄博太河镇海上房村、博山区石门乡东厢村等都成为荒废的村落。

1.1.2 研究目的及意义

1. 研究目的

当下，越来越多的专家、学者和业界人士开始关注传统民居建筑文化的研究。具有地域性和民族性的传统民居建筑正逐渐成为现代建筑创作的源泉。本书拟针对鲁中山区传统民居存在的突出问题与困境，以国内外的前沿理论为指导，研究鲁中山区传统村落民居建筑的形态特征和空间组织、传统民居的自然适应性、传统民居营造技艺和保护价值，在对各种价值进行综合评估的基础上，总结鲁中山区传统民居保护和再利用设计策略，最后选择典型传统村落民居开展示范性探讨，对传统民居的功能转换进行尝试性设计，以期为鲁中山区传统民居的保护和可持续发展提供技术支撑。

2. 研究意义

（1）理论意义

近年来，随着国家传统民居保护政策的出台，许多传统村落民居得到了保护，但相关的理论研究和具体的保护方法还远远不够完善和系统，缺乏更科学的理论支持。因此，有必要结合建筑学、社会学、地理学等学科进行深入、细致的理论研究。开展对鲁中山区传统民居保护和再利用的研究，在一定意义上能够保护地方传统，弘扬民族历史文化，对进一步加强乡村文化建设、满足广大群众多层次的精神文化需求、促进乡村经济发展具有重要的理论指导意义。

（2）现实意义

鲁中山区传统民居具有重要的历史文化价值，也是不可再生的文化资源和富有社会价值的旅游资源，其作为山东民居的重要组成部分，目前在保护与发展方面遇到诸多瓶颈，其中较为突出的现实问题就是如何应对保护与发展的矛盾，这也是当前中国传统民居保护面临的共性问题。本书通过对鲁中山区传统民居保护与发展的研究，尝试寻找解决上述问题的途径，以期为该地区及其他传统民居的保护与发展提供有益的参考。

1.2 研究范畴及相关概念

1.2.1 研究范畴及对象

1. 研究范畴

（1）地理范畴

鲁中山区是山东省的政治、文化和历史中心，它连接东西、贯穿南北，是山东省最具潜力、活力和魅力的地域之一。一般认为，鲁中山区"北以小清河与鲁北平原为界，东沿潍沭河一线与鲁东丘陵接壤，南至尼山、蒙山一线，西以东平湖和南四湖与鲁西平原接壤，大致包括今淄博、济南、潍坊、泰安和临沂等部分地区"。鲁中山区西侧为鲁西北平原，东侧为潍、沭河谷地和漫长的海岸，北侧为莱州湾，南侧与苏北平原接壤。山东全省 3/4 以上的山地似圆形集中在该区，周围皆为平原，形成了一个相对独立、典型的中尺度地形（张可欣 等，2009）。

（2）时间范畴

鲁中山区传统民居历史久远，是山东民居重要的类型之一。目前，鲁中山区传统民居大多数是民国时期保留下来的，也有相当一部分为清代民居，还有一些建设于改革开放之后。清代、民国时期及改革开放之后建设的民居基本保存较好。鉴于此，清代至民国时期就理所当然成为该地民居研究、分析的主要时间阶段。

2. 研究对象

本书的研究对象为历史遗存和传统风貌保存较为完整，具有较高的历史价值、文化价值、科学价值和艺术价值的传统民居，这些传统民居分散在山地和丘陵之间，量大且类型多样，民居就地取材、质朴粗犷，展现了原生态的建筑智慧，具有较高的研究价值。

1.2.2　相关概念

1. 民居

"民居"一词可追溯到《礼记·王制》："凡居民，量地以制邑，度地以居民。地邑民居，必参相得也。"此处的"民居"有"使民众居住、安置"的意思。后来，"民居"演变为"民宅""民房"的含义，泛指普通百姓的居住之所，如《新唐书·五行志一》就有"开成二年六月，徐州火，延烧民居三百馀（余）家"的记载。根据《中国大百科全书》的解释，"中国在先秦时代，'帝居'或'民舍'都称为'宫室'；从秦汉开始，'宫室'才专指帝王居所，而'弟宅'专指贵族的住宅。近代则将宫殿、官署以外的居住建筑统称为'民居'。"近年来越来越多的研究人员加入民居研究队伍中，不同学者对"民居"有不同的理解（熊梅，2017）。

龙炳颐（1993）认为，民居不仅指乡村社会的普通住宅，还包括祠堂、寺庙、书塾、戏台等；在城市中，还包括一层或二层的临街店铺，如药铺、钱庄、客栈等，也有供应居民日常生活的米店、蔬菜水果和杂货店等。

谭刚毅（2008）认为，民居建筑主要是指乡村村民出于生活需要和内在精神需要而自发创造的建筑物和人居环境，是一个在乡村土地上构筑的复杂综合体，包括自然和历史文化在内的整体系统，如城镇、聚落、民居、宗庙等。

西方学者则普遍认为，民居不是表现某位特定建筑师个性的住宅建筑，而是散落在各地、与当地自然环境相融的具有地方特色的民俗建筑。

由此可见，民居主要是指老百姓居住、使用的房屋，是没有经过统一的规划设计而自发形成的，是居民根据共同的生活经验而修建的居住场所。广义上讲，传统民居不仅包括民间的传统居住建筑，还包括与民间生产生活、宗教信仰息息相关的作坊、祠庙等多种类型的建筑；狭义的民居主要是指住宅。本书主要从狭义的角度探讨传统的居住建筑。

2. 传统民居

理解传统民居的含义，首先需要理解"传统"的含义。"传统"有道德、风俗、文化、艺术、制度等含义（屈祖明，1999）。在《汉语大辞典》中，"传统"被定义为"谓帝业、学说等世代相传"，即世代相传的有特点的风俗、道德、思想、艺术、制度等社会因素。《辞海》中把"传统"定义为"历史遗留下来的思想、文化、道德、风俗、艺术、制度和行为方式，对人们的社会行为有着无形的影响和控制。在阶级社会中，传统具有阶级性和民族性。"有学者认为，传统民居是由人们根据各地的生活方式、生产需要、风俗习惯、经济能力、民族爱好和审美观念及自然条件和物质条件、土地利用等多种因素建造的，具有实用、经济、美观等民族、地方特色。也有人认为，传统民居是一个更广泛的空间概念，它不仅指广大乡村日常所见的百姓的传统住所，还指一些深宅大院和特殊的民居，如名人故居和历史遗存的住所等。

除此之外，还有些学者主张以"乡土建筑"为"民居"定义。"乡土建筑"被界定为非官式的、非专家现象的限于日常生活领域的人类居住建筑环境，甚至包含更广的范畴，如建筑文化研究、聚落研究、工匠研究、装饰研究及建造时举行的礼仪活动等（陈志华，2013）。陈志华先生认为"乡土建筑"与民居的概念相近，前者涵盖的内容更广泛，建议用"乡土建筑研究"替代"民居研究"。

住房和城乡建设部办公厅于2013年12月发布《关于开展传统民居建造技术初步调查的通知》。通知指出，传统民居是我国各族人民在悠久的历史发展过程中创造并传承下来，具有地域或民族特色的居住建筑，因各地气候、地理环境、资源、文化等差异形成了丰富多样的建筑形式，生动地反映了人与自然和谐共生的关系。因此，传统民居需具备的条件是：

1）与区域环境相协调，具有民族特色和地方性。

2）在传统生活的背景下，利用传统营建技艺建造并传承至今。

3）使用当地的建筑材料和传统技艺，由工匠和老百姓自建。

4）用于普通百姓家庭或家族居住。

由此，"传统民居"首次被官方界定和确定评判标准，所有存在争议的各类民居建筑都可以依据上述四个条件加以判定（熊梅，2017）。

3. 山区传统民居

山区通常指多山的地区。人们习惯上把山地、盆地分布地区连同比较崎岖的高原都称为山区。根据中国科学院《中国自然地理》编辑委员会（1984）确定的标准，绝对高度大于 500m、相对高度在 200m 以上的地形可称为"山地"。从地理学角度来说，山地是对有一定相对和绝对高度、隆起的地形的总称，是山地、丘陵、破碎高原的综合，是一种广义的山地的概念。从建筑学角度来讲，山地又包括非地理学上的含义，即指地形上有一定起伏变化，但不一定在山区的建筑用地（卢济威 等，2001）；山区给人的意象更多的是一种特殊的情感场所，区别于一般的平原、水乡场所给人带来的视觉感受。本书所指的"山区"是一种广义的概念，既包含地理学的含义，又基于建筑学的角度。

山区传统民居是指生活在山区的人们经过长期的生活而创造出的一种独特的、蕴涵着人类与自然相互协调、共同发展哲理的以居住类型为主的建筑形态，是一个地区人们的精神面貌和文化素养的综合反映（冯维波，2016）。

1.3　国内外研究概况

1.3.1　国外研究概况

1. 研究动态及相关法律法规

国外对历史文化古镇、古民居建筑的研究始于 19 世纪，至 20 世纪中叶，对历史文化名镇、古民居建筑及其历史文化遗产的保护和研究已成为一门非常重要的学问，其分别从建筑学、社会学、地理学、人类学等不同学科角度探讨历史古镇和古民居建筑的成因。以欧美等发达国家和地区为代表的该领域的研究，通过长期的跨学科探索和实践，逐渐积累了丰富的经验，并形成了颇具规模的研究和保护模式，制定了非常完善的保护机制和措施，这些保护传统民居的成功经验值得我们学习和借鉴。

国外对历史文化遗产的保护和研究大致分为两个阶段：第一阶段以文物和历史建筑保护为主，第二阶段以历史古镇和古建筑的保护为主。早在 15 世纪西方国家就已开展对古民居建筑的研究，至 20 世纪 60 年代，欧洲历史建筑保护对象先后经历了单体保护、群体保护和历史建筑保护阶段，保护对象由文物建筑向具有使用价值的历史建筑转变，而后又逐步转向对历史古镇、古民居建筑、工业建筑和人居环境的研究。1964 年颁布的《国际古迹遗址保护与修复宪章》（也称《威尼斯宪章》）第一次明确指出"历史古迹的要领不仅包括单个建筑物，而且包括能够从中找出一种独特的文明、一种有意义的发展或一个历史事件见证的城市或乡村环境"，由此，历史小镇和古村落的保护开始逐步纳入保护视野。20 世纪七八十年代，国际古迹遗址理事会（ICOMOS）先后通过了《关于保护历史小城镇的决议》《关于小聚落再生的 Tlaxcala（特拉斯卡拉）宣言》《保护历史城镇与城区宪章》等文件。20 世纪 90 年代又通过了《关于乡土建筑遗产的宪章》，其中指出，乡土建筑、古村落的保护应建立在尊重其文化价值和传统特征的基础之上，而保护乡土建筑则需要通过维持和保存现有的历史建筑和文化遗产现状来实现。

综上，欧美等一些发达国家和地区对历史古镇、古民居的保护工作取得了较大的成果，颁布了相关法律及管理制度，并成立了相关城镇村落保护协会，越来越多的历史古镇被列为传统建筑群保护区并得到有效保护。古村落民居已成为世界建筑文化遗产保护的重要研究内容。

2. 相关研究文献

国外对传统民居的保护已积累了大量的经验，论著颇多。20 世纪初期，日本学者相继展开了对中国建筑史学的研究。其中，伊东忠太于 1901 年来到北京，用实测加摄影的方法考察和研究了北京的建筑和园林，并在此基础上出版了《中国建筑史》；英国规划师戈登·卡伦（Gordon Cullon）于 1961 年出版了村镇景观设计丛书《简明城镇景观设计》，从科学、美学甚至统计学的角度向人们讲述古村镇保护的途径和发展之路；英国建筑师肯尼斯·鲍威尔（Kenneth Powell）所著的《旧建筑改建和重建》一书详细地研究了古旧建筑的更新和再利用问题；德国著名建筑理论家伯纳德·鲁道夫斯基（Bernard Rudofsky）于 1964 年出版的《没有建筑师的建筑》一书，通过 150 多幅传统村落和民居的照片让众多学者意识到民居建筑的艺术魅力，此后才有了真正意义上对民居建筑的相关研究；1996 年日本学者茂木计一郎出版了《光、土、水，中国民居研究》一书，介绍了福建土楼这一典型的中国民居形式；2007 年美国著名建筑学家阿摩斯·拉普卜特（Amos Rapoport）出版了《宅形与文化》（*House Form and Culture*）一书，其中讲述了现代文明下居住形态上的得失、成因、特征，并分析了文化价值消亡造成的文化丧失现象，表明对乡土建筑的研究在西方学科体系中得到了承认。

从上述研究文献可以看出，国外学者在研究民居建筑保护与发展的同时更多的是关注保护具有历史价值的传统民居文化。由于民居保护涉及的内容很多，需要多个相关学科的参与，包括建筑学、地理学、历史学、社会学及景观生态学等。此外，自然环境与民居的融合度是民居自然环境与人工环境结合程度的反映，体现了人与自然和谐相处的关系。自然环境与民居的融合度越高，说明民居整体环境价值越高，也说明民居对自然环境的依赖性比较强，而依赖性越强，表明其越脆弱，保护的价值则可能越大。因此，研究传统民居文化及其保护需要多学科的融合（冯维波，2016）。

1.3.2 国内研究概况

1. 研究动态及相关法律法规

目前，国内学者普遍认为对中国传统民居保护的研究起步于 20 世纪 30 年代的"中国营造学社"。刘致平先生撰写的《云南一颗印》《昆明东北乡调查记》等文章是最早研究传统民居建筑的论文。20 世纪 40 年代，中国建筑史学家刘敦桢对我国西南部的云南、四川、西康等省进行了大量的古建筑、古民居考察调研，撰写了《西南古建筑调查概况》一文，首次将传统民居作为一种建筑类型进行研究。1957 年刘敦桢出版了《中国住宅概说》，该书对全国各个地方的传统民居建筑进行了全面系统的功能划分。之后，张仲一等编著的《徽州明代住宅》、同济大学编写的《苏州旧住宅参考图录》及张驭寰主编的《吉林民居》均为这一时期的专项类似研究成果。20 世纪 60 至 80 年代，民居研究呈现两个特点：一是广泛展开对民居的测绘和调研；二是调查研究的内容较为全面。这一阶段的研究成果以《云南民居》《浙江民居》《广州民居》等为代表。至 20 世纪 80 年代，规划领域的专家、学者率先发起了对古村落保护的研究。阮仪三主持开展了对江南水乡古镇的调查及保护规划的编制，开创了我国历史文化古镇保护的先河，为后续相关研究的开展积累了宝贵的经验。20 世纪 90 年代，部分建筑领域的知名学者也加入其中，主要从乡土建筑、聚落景观、民居改造等方面着手研究。此阶段的主要研究成果有陈志华先生组织的楠溪江中游古村落乡土建筑调查研究、单德启先生关于贫困地区民居聚落改造的研究、彭一刚先生对传统村镇聚落的研究等。与此同时，部分历史文化村落由于原始风貌和传统建筑保存比较完整而被关注，如安徽宏村民居、山西襄汾县丁村民居、浙江省兰溪市诸葛村民居等，已被国家列为重点文物保护单位，并给予更好的保护和支持（表 1-3）。

表 1-3　国内传统民居研究的几个阶段比较

阶段	时间	各阶段的具体特征
第一阶段	20 世纪 40 至 80 年代	该阶段属于对全国传统民居建筑普查的阶段，特点是以地域区划作为分类方式进行研究，研究手段以实地测绘、调研为主，收集并整理传统民居重要的一手资料

阶段	时间	各阶段的具体特征
第二阶段	20世纪80至90年代中期	该阶段开始从多学科、多角度入手展开对传统民居的研究，重点关注传统民居的文化特征、空间形态，注重建筑理念的诠释，强调民居的社会文化意义及民居建筑史料的建立，出版和撰写了大量的专著和论文，形成了传统民居研究的繁荣时期
第三阶段	20世纪90年代以后	该阶段以唯物辩证法为核心，注重跨学科与历史的综合，强调方法论的多元化对理论研究的促进作用。研究类型按思维取向分为两种：一是运用社会人类学的方法，从社会关系和结构入手，关注民居聚落的结构形态及社会组织和生活圈的诠释，重视探索民居聚落形态的整体性及居住的空间结构；二是采取综合性的跨学科研究方法，结合生态学及建筑学研究，依据现代生态学的生态适应理论研究民居建筑中的适应性问题

注：资料来源于李照，徐健生，2016. 关中传统民居的适应性传承设计［M］. 北京：中国建筑工业出版社.

　　进入21世纪以来，我国传统民居保护与发展进入崭新的时期，国家相继出台了相关政策和法规（表1-4）。2003年，建设部和国家文物局开始组织对历史文化名村进行评选，标志着我国历史文化村镇的保护制度正式建立。截至2014年3月，我国已有276个村落被评为历史文化名村。2012年住房和城乡建设部、文化部、国家文物局、财政部等部门启动传统古村落的全面调查工作，相继出台了《传统村落评价认定指标体系（试行）》《传统村落保护发展规划编制基本要求（试行）》等文件，并多次印发关于传统村落保护发展工作、保护项目实施工作的指导意见。截至2016年12月共进行了四次中国传统村落评选工作，评选出4157个国家级传统村落。此外，要求每个纳入国家级名录的传统村落都依据《中华人民共和国文物保护法》《中华人民共和国城乡规划法》《中华人民共和国非物质文化遗产法》《历史文化名城名镇名村保护条例》《村庄和集镇规划建设管理条例》《传统村落保护发展规划编制基本要求（试行）》等有关规定，编制相应的保护发展规划，以确保每个传统村落都能得到切实有效的保护（刘馨秋，王思明，2015）。

表1-4　2012—2017年国家发布的传统村落居民相关法规及政策

名称	时间	主要内容	文件号
《关于开展传统村落调查的通知》	2012年4月	我国正式启动传统古村落的全面调查工作	建村〔2012〕58号
《传统村落评价认定指标体系（试行）》	2012年8月	评价传统村落的保护价值，认定传统村落的保护等级指标体系	建村〔2012〕125号

名称	时间	主要内容	文件号
《关于加强传统村落保护发展工作的指导意见》	2012 年 12 月	继续做好传统村落调查工作，建立传统村落名录制度，推进保护和发展规划制定和实施；改善村落生产生活条件，加强支持和引导，加强保障和扶持，落实各级职责，加强宣传教育	建村〔2012〕184 号
《中共中央国务院关于加快发展现代农业进一步增强农村发展活力的若干意见》	2013 年 1 月	科学规划村庄建设，严格规划管理，注重方便农民生产生活，维护农村功能和特色；开展专项工程，加大对具有历史文化价值和民族区域因素的传统村落和民居的保护力度；加大对村落的保护力度；乡村居民点的迁移和撤并必须尊重农民意愿；不得强制农民搬迁和上楼居住	国函〔2013〕34 号
《关于做好 2013 年中国传统村落保护发展工作的通知》	2013 年 7 月	确立工作目标和原则，建立中国传统村落档案，完善保护和发展规划，明确保护和发展工作责任	建村〔2013〕102 号
《传统村落保护发展规划编制基本要求（试行）》	2013 年 9 月	根据《中华人民共和国文物保护法》《中华人民共和国非物质文化遗产法》《村庄和集镇规划建设管理条例》《历史文化名城名镇名村保护条例》等有关规定，制定传统村落保护发展规划编制基本要求（试行），适用于各级传统村落保护发展规划的编制	建村〔2013〕130 号
《关于切实加强中国传统村落保护的指导意见》	2014 年 4 月	提出传统村落保护的指导思想、基本原则和主要目标；保护的主要任务、基本要求、措施、组织领导、监督管理；中央补助申请、批准和拨付指导意见	建村〔2014〕61 号
《关于做好中国传统村落保护项目实施工作的意见》	2014 年 9 月	包括落实传统村落规划实施，对传统村落实施挂牌保护，确定驻村专家和村级联络员，建立本地传统建筑工匠队伍，稳妥开展传统建筑保护修缮，加强公共设施和公共环境整治项目管控，严格控制旅游和商业开发项目，建立专家巡查督导机制，探索多渠道、多类型的支持措施，完善组织和人员保障，加强项目实施检查与监督等方面	建村〔2014〕135 号
《关于做好 2015 年中国传统村落保护工作的通知》	2015 年 6 月	将中国传统村落纳入中央财政支持范围，继续开展传统村落补充调查工作，建立地方传统村落名录，抓好中国传统村落保护项目的实施和日常监管，开展中国传统村落保护项目实施情况专项督查	建村〔2015〕91 号
《关于印发〈中国传统村落警示和退出暂行规定（试行）〉的通知》	2016 年 11 月	为完善中国传统村落名录制度，切实加强中国传统村落保护，经研究，制定《中国传统村落警示和退出暂行规定（试行）》	建村〔2016〕55 号
《关于做好中国传统村落数字博物馆优秀村落建馆工作的通知》	2017 年 2 月	推荐建馆村落应填报"中国传统村落数字博物馆建馆村落推荐表"，并按照推荐表各栏目要求提供村落概况、自然地理、选址格局、传统建筑、历史环境要素、生产生活、民俗文化、村志族谱、交通导览九部分内容的文本、图片、照片、空地组合、360°全景漫游、视频、音频等	建村〔2017〕137 号

名称	时间	主要内容	文件号
《关于举办首届"传统村落保护发展国际大会"的通知》	2017年7月	全面展示传统村落保护成果，加强国际交流，进一步促进传统村落保护事业的发展；组织开展传统村落论文征集、摄影作品征集、微电影作品征集、三维实景模型作品征集、传统村落达人推荐、传统村落徽标投票等预热活动	建村〔2017〕187号
《关于做好第五批中国传统村落调查推荐工作的通知》	2017年7月	为贯彻落实党中央、国务院关于加大力度保护传统村落的要求，进一步完善中国传统村落名录，开展第五批中国传统村落调查；这次全国性调查力争将所有重要保护价值的村落全部纳入中国传统村落名录，建立基本完善的中国传统村落名录	建村〔2017〕52号

2. 相关研究成果

近年来，传统民居的保护逐渐成为社会关注的热点，许多专家学者从不同角度对传统民居及其保护发展进行了研究和论述，主要集中在建筑学、人文地理学、生态环境学等领域，均肯定了传统民居所附着的历史文化价值和珍贵性，如朱良文（2011）的《传统民居价值与传承》，丁夏君（2015）的《城市边缘地带历史文化建筑的保护和利用》，李照、徐健生（2016）的《关中传统民居的适应性传承设计》，冯维波（2016）的《渝东南山地传统民居文化的地域性》，熊莹（2016）的《基于梅山非物质文化传承的乡村建筑环境研究》，杨国才、王珊珊（2017）的《城市化进程中诺邓古村的保护与发展》，蒋楠、王建国（2017）的《近现代建筑遗产保护与再利用综合评价》等。民居研究呈现出个案成果增多，研究内容逐渐精细化，以典型村落为调查对象，运用建筑学、历史学、社会学等理论进行综合研究的现象，其成果代表有高梅（2008）的《齐鲁地域建筑文化的继承与发展——章丘市朱家峪聚落乡土建筑研究》，赵璐（2016）的《京郊传统村落建筑再生利用研究——以房山南窑村为例》，马廷君（2017）的《可持续发展战略下传统村落的保护与更新——以山东李家疃村为例》，窦海萍（2017）的《文化人类学视角下的安多藏区藏族传统村落保护模式探究——以甘南尼巴村为例》，黄淋雨（2017）的《基于适应型策略的传统民居建筑改造研究——以山东省淄川上端士村民宿改建为例》，等等。近年来，以某一区域为例，也成为传统民居保护和研究的重点，如姜欢笑（2014）的《自组织美学情境下的东北满族传统民居保护与发展研究》，林敏飞（2014）的《从传统民居到旅游民居的转型——以丽江为例》，赵瑞艳（2014）的《基于景观信息链视角的山地传统民居保护与发展研究——以重庆市山地传统民居为例》，吴迪（2016）的《旅游开发环境下古镇及传统民居的保护与更新研究——以武安市冶陶古镇为例》，刘英杰（2016）的《商洛传统民居及地域文化的保护与再利用研究》，等等。值得一提的是，反映现阶段与传统历史文化关联、体现地域性民居保护的研究成果逐渐增多，如韩沫（2014）的《北方满族民居历史环境景观分析与保护》，唐洪刚（2015）的《黔东南苗族传统民居地域适应性研究——以台江县反排村为例》，等等。从以上的研究成果来看，这些论著从不同视角对地方传统民居的保护和发展进行了系统研究，并提出了相应的保护策略和建议。归纳而言，大致分为三个方面的内容：以系统性科学为出发点，对传统民居的保护和发展进行阐述；以自然环境为切入点，对民居建造技术进行研究；以典型案例和形式为切入点，侧重民居功能转化和策略设计创新研究。

然而，笔者查阅中国知网（CNKI）收录的全国各地传统民居研究文献、论文和书籍等资料显示，大部分研究课题主要倾向于我国南方、沿海及西南、西北地区，针对山东民居的相关性研究偏少。关于山东民居的研究，目前已经出版的著作有：孙运久（1999）的《山东民居》，书中以画集的形式描述了山东民居的类型及建筑特色；阎瑛（2000）的《传统民居艺术》，以山东各地民居为例，描述了山东民居的布局、院落组织等特点；李万鹏、姜波（2004）的《齐鲁民居》，朱正昌（2004）的《齐鲁特色文化丛书》中的《民居》分册，分别对山东各地民居的类型、聚落布局、典型建筑单体进行了介绍；张润武（2007）的《图说济南老建筑：民居卷》，以传统建造手法对中华人民共和国成立前的传统民居居住形制进行了较为详细的描述。

3. 针对鲁中山区传统民居的研究

山东建筑大学是研究鲁中山区传统民居的主要力量，取得了一系列成果，如董伟丽（2013）的《山东山区传统古村落的保护与再利用设计——以青州市井塘村为例》，李士博（2014）的《济南山区传统民居研究》，张晓楠（2014）的《鲁中山区传统石砌民居地域性与建造技艺研究》，张文超（2016）的《济南章丘市杨官村传统建筑环境修复与利用设计研究》等。另外，山东大学张烨（2013）的《传统民居建筑研究与发展应用——以山东泰安地区为例》、山东农业大学于东明（2011）的《鲁中山区乡村景观演变》等论文，也以地方区域特色为例开展传统民居和乡村景观的研究和探讨。这些有关鲁中山区传统民居的研究在单体民居的形制、结构、组成、材料和技术等方面都取得了较大进展，基于建筑学意义的民居研究正与传统文化相结合，试图从文化层面阐释传统民居的文化内涵和价值，研究正逐步趋向深化。但由于缺少跨学科的支持，鲁中山区传统民居建筑的研究成果大多是从建筑史或建筑学的角度出发，主要集中在单体建筑及其平面组织、结构和施工做法等方面，而较少与社会学、民俗学、民族学、心理学、行为学等学科发展新方向相联系。相关研究角度相对孤立，研究内容的广度和深度不够，研究结构的分散性和片段性比较突出，传统民居背后蕴含的历史人文背景有待进一步拓展，而全面的民居空间分异和地域划分的综合研究尚属空白。

1.4 研究内容、思路与方法

1.4.1 研究内容

本书在对鲁中山区传统民居进行大量考察和分析的基础上，以国内外前沿理论为指导，从空间分布、空间形态、形态特征及自然适应性几个方面来探讨山区传统民居的内在价值，并结合实际案例分析山区传统民居在保护与发展中存在的问题，提出相应的对策与建议。具体研究内容如下。

第1章 绪论，主要阐明研究背景与意义，有关概念的界定，国内外有关传统民居研究概况，研究内容、思路与方法等。

第2章 传统民居研究理论及学科取向，主要从前沿理论和学科取向两个方面探讨传统民居研究的视角和发展。前沿理论主要涉及可持续发展理论、文化地理学、类型学、建筑现象学、空间生产等；学科取向主要集中在历史学、人类学、建筑学、地理学、环境科学、城市规划等几个领域。通过梳理传统民居理论前沿及传统民居研究对各学科的借鉴和取向，认为我国传统民居的研究思路已不再固守于单学科研究的纯粹性，而是倾向于跨学科的交叉融合和集成研究；研究内容不再局限于对孤立单体的静态描述，而是倾向于共时性和历时性双管齐下；研究方法不再止于基于建筑学的图景描述和调查测绘，而是逐渐走向开放与复合的综合研究。

第3章 鲁中山区传统民居建筑现状，主要从自然环境、人文环境两个角度综合分析鲁中山区传统民居形态的要素，探讨传统民居建筑的特质与表达，从地域性角度分析鲁中山区传统村落的空间分布特征和影响因素，从历史发展角度分析鲁中山区传统民居建筑形态的变迁因素。分析认为，该地区传统民居建筑形态受家庭成员组成、宅基地规模、居民生活方式等的影响较大，使得鲁中山区传统民居院落形态、门楼形态不断改变。

第4章 鲁中山区传统民居建筑空间环境解析，在阐释鲁中山区传统民居文化内涵及其表现形式的基础上，重点从山区传统村落的选址、形态布局、形态类型、形态特征几个方面探讨该区域传统民居形态的地域特征，认为该地区民居在房屋选址时遵循了风水理论，营造时根据村落选址的不同，呈现出典型的"绕山转"的布局形态。通过不同民居类型的归纳、不同民居结构的划分，整理出相应的地理分布，并从街巷与节点、平面空间布局分析、立面分析、庭院分析、色彩分析、自然适应性分析等方面阐释鲁中山区传统民居建筑的文化特征，展现不同类型、不同结构、不同民居之间的差异，同时注重同一类别、不同形式民居建筑之间的关系，并通过与各地民居的横向和纵向比较，得出该地民居形式的存在是有其必然性的结论。

第 5 章　鲁中山区传统民居建筑保护现状调研与评价，分析城市化进程对鲁中山区传统村落民居保护的影响；针对鲁中山区传统民居遗存现状，课题组展开实地调研，确立部分传统民居保护与再利用设计的准备、操作等基本方案；对鲁中山区传统民居建筑价值做出综合评价和理性判断，通过对传统民居相关因子价值的调查提出相应的评估方法。

第 6 章　鲁中山区传统民居建筑保护与再利用，在广泛调研的基础上分析鲁中山区传统民居建筑面临的困境，并依据综合评价对传统民居价值做出理性判断，有针对性地提出传统民居的保护和转化策略。最后，以济南市莱芜区逯家岭村为例，利用 ASEB 栅格分析法对传统民居的功能转化进行分析，试图通过"以点带面"的发展思路进行有效的设计，以期起到宏观指导的引领作用。

1.4.2　研究思路

本书整体按照背景概述—现状解析—主体论述—保护与发展的思路架构。其中，第 1 章概述研究背景、国内外研究概况、研究内容、研究思路与方法；第 2 章阐述有关传统民居的研究理论及学科取向；第 3～5 章是本书的主体，从多个维度对研究对象进行研究与分析；第 6 章为总结性内容，阐述传统民居建筑的保护与再利用。

首先，通过梳理传统民居理论前沿及学科取向，为传统民居建筑保护和实践提供理论支撑；通过实地调研和地方史料分析，了解传统民居形态构成的特点，并做好详细记录和汇总整理；借助当今传统民居建筑保护和再利用的模式，对研究对象的保护方式开展查找和确认。

其次，从地域特征、文化特征、形态特征和组织布局等方面分析传统民居的空间形态，总结该地区传统民居的类型和结构，找出不同传统民居之间的差异，寻找影响传统民居形态的主要因素。

最后，通过现实境况和调研数据对传统民居的价值和现状进行综合评估，并在价值评估的基础上提出传统民居的保护和再利用策略；将典型传统村落民居的个案研究经验推广到具有普遍意义的研究上来，为现实困境提出解惑之道。

1.4.3 研究方法

本书采用理论与实证、分析与综合相结合的研究方法。理论研究主要是文献梳理及理论分析、演绎与归纳；实证研究主要是选择典型案例进行实地调查研究；分析研究主要是探讨山区传统民居形态特征及发展的规律性；综合研究是对典型传统村落民居建筑进行研究，并提出合理的保护和再利用设计的相应方案。具体来讲，主要包括以下几种方法。

1. 文献研究法

围绕课题研究收集相关学术文献、理论著作和相关资料，并进行消化吸收；对学术界的主要观点进行梳理和总结，对存在争议的问题进行反思；对传统民居保护与再利用的文献资料进行归纳与总结，为研究的开展夯实基础。

2. 实地调研法

采用实地走访、摄影、调查、测绘等形式，对济南市朱家峪村、东峪南崖村、博平村、杨官村、东矾硫村、三德范村、方峪村、双乳村、井塘村，泰安市山西街村、鱼山村、二起楼村、空杏寺村、井峪村、西山村、徐家楼村、朝阳庄村、荣花树村、东西门村，淄博市李家疃村、古窑村、蒲家村、梦泉村、上端士村、柏树村、土泉村、张李村、大七村、万家村、东厢村，临沂市常山庄村、关顶村、李家石屋村、九间棚村、邵庄村、王庄村，莱芜区卧云铺村、逯家岭村、上法山村、潘家崖村、南文字街村、澜头村等村落进行调研，收集第一手资料。

3. 分析归纳法

对实地调研所得的各种资料进行整理、总结，对传统民居的形态特征及发展规律做进一步的梳理、分析和归纳；分析当地地貌、人文环境对传统村落形态的影响，以及不同功能类型村落的空间结构异同，从而为传统民居的保护和再利用提供客观依据。

4. 实例论证法

在文献查阅和实地调研测绘的基础上，选取鲁中山区典型传统村落——济南市莱芜区逯家岭村进行实证研究，分析逯家岭村的概况及传统民居遗存状况，基于 ASEB 栅格分析法分析传统村落的得与失，对传统村落民居建筑的保护和再利用设计提出相应的合理方案及解决措施。

1.5 小 结

在城市化浪潮的不断冲击下，越来越多的传统村落不断"空心化"，致使许多有特色的传统民居逐渐被废弃。在此背景下，研究鲁中山区传统民居的形态特征，挖掘其资源如何转化，具有十分重要的理论与现实意义。本章对民居、传统民居、山区传统民居等概念进行了界定，认为山区这种特殊的地形地貌、特殊的人文环境所孕育的传统民居独具地域特色。在归纳、梳理了国内外相关传统民居研究的基础上，总结认为目前国内对传统民居的研究主要有以下几个特征：研究学科众多，交叉趋势明显；实证研究多于理论总结；研究内容广泛，但系统性不强；研究方法以描述性、概念性方法为主。有关鲁中山区传统民居的研究则主要集中在个体传统村落民居建筑的保护和利用、村落空间类型研究和乡村景观演变等几个方面。从研究内容来看，已有的对鲁中山区传统民居保护与发展的研究只处于小规模范围内，虽有越来越多的人开始认识到保护的重要性，但仍未上升到整体保护的高度，多限于对村落民居建筑单体或形式的保护，而忽略了乡村多元复合体构成的事实，即很少把村落看作一个多维的地理空间，且大多缺乏相关的实证分析和翔实的案例研究。事实上，传统村落中遗存的民居建筑、民居营造技艺、生活方式等都具有十分重要的研究价值。

第 2 章　传统民居研究理论及学科取向

2.1　传统民居研究的理论基础

近年来，我国传统民居的理论研究有了很大进展，但也暴露出一些问题，例如：注重对形式和空间组织原则进行解析，而很少关注影响传统民居成因的社会和文化因素；研究视角有所拓展，但整体的、系统的研究框架尚未形成；不同学科范畴的综合研究正在展开，但静态分析与动态研究相结合，从众多个案中总结一般原理的专门化、规范化的研究理念还不成熟。因此，借鉴和参考不同学科理论对于拓展我国传统民居的研究思路不无裨益。

2.1.1　可持续发展理论

可持续发展（Sustainable Development）的概念最早可追溯到 1980 年国际自然保护同盟的《世界自然资源保护大纲》："必须研究自然的、社会的、生态的、经济的以及利用自然资源过程中的基本关系，以确保全球的可持续发展。"1987年，挪威首相布伦特兰（G. H. Brundland）在联合国世界环境与发展委员会的报告《我们共同的未来》中将可持续发展定义为"既满足当代人的需要，又不对后代人满足其需要的能力构成危害的发展"，这个定义被社会广泛接受，并在 1992年联合国环境与发展会议上通过并达成共识。此后，可持续发展的内涵不断扩大，案例实践不断增多，取得了显著的成果（表 2-1）。

表 2-1　关于可持续发展的历史事件

时间	历史事件
1970 年以前	1962 年，可持续发展思想的启蒙著作《寂静的春天》发表 1962 年，鲍罗·索勒里首次提出"生态建筑"理念
1970—1980 年 石油危机爆发	1974 年，舒马赫出版《小的是美好的》一书，反对使用高能耗的技术，提倡利用可再生能源的适宜技术；1976 年，生态建筑运动先驱施耐德发起成立建筑生物与生态学会
1980—1990 年	1987 年，联合国通过《我们共同的未来》，首次提出了"可持续发展"的概念

时间	历史事件
1990—2000 年	1992 年，联合国环境与发展大会里约峰会达成了《里约环境与发展宣言》《21 世纪议程》《森林问题声明》《气候变化框架公约》《生物多样性公约》，第一次明确提出了"绿色建筑"的概念；1997 年，《联合国气候变化框架公约》缔约方第三次会议通过《京都议定书》
2000 年至 2019 年	2002 年，通过《执行计划》和《约翰内斯堡可持续发展承诺》的政治宣言；2005 年 2 月，《京都议定书》正式生效

可持续发展理论是从自然环境和资源的角度研究人类社会的发展问题。可持续发展有三个基本的理论支撑：一是环境承载论。该理论认为环境支持人类活动的能力有限，如果人类活动超过这个限度，就会引起各种环境问题。环境承载力可以作为衡量人类社会经济活动与环境协调程度的评判标准。二是环境价值论。该理论认为环境是有价值的，环境可以直接或间接地满足人类社会生存和发展的需要，其原因是环境具有影响其需要的价值属性。三是协调发展论。该理论认为环境和发展之间是"调试"和"匹配"的关系，两者应是相互关联、相互作用、和谐统一的（郭慧，2014）。

作为针对传统发展模式的弊端而提出的一种新的发展观，可持续发展理论的提出是为了促进人类社会更好的发展。从实际情况来看，要提高一个国家的综合实力，就要发展经济；要进一步满足人民日益增长的美好生活的需要，也需要大力发展经济；要解决人们在社会实践过程中遇到的瓶颈和思想认识问题，最终也要靠发展经济。经济发展是衡量一切社会实践的物质基础，贫穷和落后不可能实现可持续发展的目标，也不可能保证人口、资源、环境与经济协调发展。

使社会与经济按照良性的循环模式发展是可持续发展的最终目标。其关注的重点不仅是满足人类的各种需要，务使"人尽其才、物尽其用、地尽其利"，而且要关注各种经济活动的生态合理性，保护生态资源的绿色发展，以免对后代的生存和发展造成威胁。这就要求我们不仅要考虑当前发展的需要，还要考虑未来发展的需要，不能以牺牲后代的利益为代价谋求当代人的利益，而应使经济与社会发展进入可持续发展的轨道。

2.1.2　适应性理论

适应（adapt）源于拉丁文"adaptatus"，原有调整和改变之意。人们一般将其定义为：在生物学中，当环境发生变化时，机体的细胞、组织或器官通过新陈代谢、功能和结构的相应改变以避免环境变化造成的损害。这种适应能力是生物在生存竞争中逐渐演变成的一种适应环境的条件特征与性状的现象。如蜥蜴的变色能力很强，特别是避役类（chamaeleons），以其善于变色而获得"变色龙"的美名。

所谓适应性，是指生物体与环境表现相适应的一种常见现象。它包含两层含义：一是结构与功能的对应关系，即结构适合某种特定功能；二是生物体结构及其功能在一定环境条件下适合其繁衍和生存。经过长期的自然验证，生物体的适应性有两种不同的表现形式：一种是在应激性的条件下促使生物体急速适应环境，但生物体的某种适应性特征往往是通过遗传将其传递给后代的；另一种是生物体的适应性具有一定的普遍性和相似性，因为在复杂的生活环境中，各种客观因素总是对它们产生影响，而每种生物对环境的适应并不是永久和绝对的（表 2-2）。随着自然环境和客观条件的变化，生物体对环境的适应性也会不断发生改变（李照，徐健生，2016）。

表 2-2 生物适应性典型案例

名称	释义	案例
保护色	指动物、植物把体表的颜色改变为与周围环境相似的颜色，这种体表色与环境色彩相似，不易被识别	例如，沙漠里的动物大多数都有微黄的"沙漠色"，如蜥蜴等；蝶蛾和毛虫生活在树上，颜色都非常接近树的颜色；许多鱼类背部颜色深，腹部颜色浅，从上向下看与水底颜色一致，从下向上看却又像天空
警戒色	某些动物体表具有对捕食者起提醒和警告作用的颜色，这些动物一般含有毒腺、毒刺或奇臭腺体。警戒色可以使敌害易于识别，避免自身遭到攻击	例如，具有鲜艳的色彩和花纹的毒蛾；鲜艳的毒蘑菇，为了防止被误食，产生了对一些植食动物起警告作用的色彩
拟 态	指一种生物模拟另一种生物或模拟环境中的其他物体从而获得好处的现象，是生物体在长期演化过程中形成的一种特殊行为	例如，蝇类和蛾类模仿蜜蜂和黄蜂，可逃避鸟类的捕食；寄生鸟类（如杜鹃）的卵能够准确模拟其他鸟类的卵，大大提高了寄生成功率；一些兰科植物的花瓣可以模拟某些雌蝶的外形特色，以此吸引雄蝶与它们"交尾"，从而为获得授粉创造有利条件

将适应性理论引入传统民居研究领域，可以探讨传统民居与当地生态环境之间的内在适应关系，以及传统民居在经历时代变迁后与新时代生态环境相适应的问题。它是对当前建筑设计外延的一种拓展，使建筑设计的创造性思维活动更加系统化，使建造成果更好地满足自然环境和社会的需求（表 2-3）。

表 2-3　当代适应性理论的构成

名称	提出者	主要观点
复杂系统适应理论	埃德加·莫兰（Edgar Morin）	主要运用"多样性统一"的概念模型纠正古典科学中还原论的认知方法
	普里戈金（Prigogine）	提出了复杂性理论是不可逆过程物理理论，主要揭示了物质演化机制的耗散结构理论
	美国圣菲研究所	认为系统复杂性的形成来自适应性，可以促进新层次的产生和重组，促进多样性和新的主体的出现
文化适应理论	西蒙斯（Simons）	从社会学的角度将文化适应解释为不同文化之间"相互调节"的双向过程
	约翰·贝利（John W. Berry）	认为文化适应包含群体和个体两个层面，群体层面包括社会结构、经济基础、政治组织及文化习俗的改变，个体层面包括认同、价值观、态度和行为能力的改变
	帕克斯与米勒（Parks&Miller）	提出了单维度理论，认为个体层面和群体层面逐步摒弃自身的原有文化，不断接受和认同新文化，以适应文化的进化和发展
	贝里（Berry）	提出了双维度理论模型和第三个维度理论
生态适应理论	达尔文（Darwin）	认为生态系统对环境动态变化的自我调节或响应是生物与动态环境取得平衡的主要动力，这种自适应性与环境之间是一种相互依存的关系

　　日本建筑理论家八木幸二在其《人类居住的环境》一文中谈道："（乡土建筑）源于当地，源于当地人对自然的认识，建成环境是一件极其复杂的产品，它包含许多易变的因素，诸如气候、地理特征、历史背景、生活方式、可利用资源以及技术水平。在数个世纪的建造过程中，这些因素通过人们对传统设计和建造方法的沿袭，总是被有意无意地考虑进来。"中国传统民居就是在适应当地特殊的地理和气候条件，采用当地建筑材料，满足当地居民生产和生活方式的基础上产生的（扈晓天，2007）。

　　传统民居是适应"天时、地利、物情"的产物，与人们的生活息息相关。各地人民不同的风俗习惯、审美爱好、生产需要及经济能力都对民居建筑的营建产生了影响，从而形成了丰富多彩的居住形态，这种传统民居建筑被深深地打上了地理环境的烙印，生动地反映了人与自然的关系。随着我国乡村城镇化进程的加快，民居营建中一些从未出现的问题也随之而来，如传统村落的发展缺乏规划，民居的修复缺乏技术指导，建造质量良莠不齐等。一些新建民居不顾当地材料、气候环境和地方文化，"只求高大，不求好坏"，其形象已衍变成既不属于乡村也不属于城市的"怪胎"。从某种意义上，这种新民居的转型可以说是跳跃式的、颠覆性的，迫切需要科学的理论和决策指导。运用适应性理论，为解决城乡生态环境、能源和土地问题，实现传统民居建筑的可持续发展带来新思路。适应性理论是一种新的思维方式，它激活了建筑师的思想，拓宽了建筑界的创作领域。长期以来，"头痛医头，脚痛医脚"的惯性思维方式严重制约着设计的创新。面对各种复杂的矛盾，单纯依靠建筑师的力量，从建筑本身寻求解决之道是不现实的，必须摒弃单一的、线性的、孤立的发展观念，从整体性、适应性及跨学科的角度解决建筑设计中存在的问题，从建筑的本质思考和探索设计的新方法、新途径（滕军红，2002）。

2.1.3 文化地理学

1. 文化地理学的发展历程

1822 年，德国地理学家李特尔·卡尔（Ritter Carl）最早阐述了人地关系和地理学的综合性、统一性，奠定了人文地理学的基础。他认为地理学是一门经验科学，应从观察出发，而不能从观念和假设出发。几十年后，德国的拉采尔（F. Ratzel）倡议人类文化地理的研究，提出了"人类地理学"的概念，认为文化地理是一个独特集团的、各种文化特征的复合体。1906 年德国人文地理学家施吕特尔（O. Schluter）发表了《人类地理学的目的》，首次提出"文化景观形态学"的概念，指出文化景观形态学和景观研究是地理学的主题。20 世纪初，美国人类学家克罗伯（Kroeber）认为地理因素应替代时间因素而居于突出地位。

在早期文化地理学思想和理念的共同影响下，西方文化地理学正式形成于 20 世纪 20 年代，其标志是 1925 年美国文化地理学家索尔（Carl O. Sauer）发表的《景观的形态》一书。索尔继承了德国地理学家施吕特尔的思想，将"自然景观"和"文化景观"的概念引进美国，主张用"文化景观"研究区域人文地理特征，将景观看成地球表面的基本单元，认为地理学应致力于探讨人类文化与景观之间的相互关系，研究景观的形态及其变化，从而创立了美国人文地理学中的伯克利学派（Berkeley School）。

2. 文化地理学概念释义

文化地理学概念有狭义和广义之分。狭义的文化地理学是指研究语言、信仰、风俗、文学艺术等精神文化的空间分布及特点的科学，属于人文地理学的重要组成部分。广义的文化地理学等同于人文地理学，是研究地球表面人类活动所创造的各种文化事象的分布与变化规律，以及人类与地理环境相互关系的科学。

作为人文地理学范畴下的一门学科，文化地理学研究的内容具有相当的广泛性，当前研究的主要内容包括文化景观、文化的起源和传播、文化与生态环境的关系、环境的文化评价等，还包括不同地域特有的文化、文化渗透及转变关系等。

近年来，随着人们对传统文化事业的关注不断增强，文化地理学将在乡村振兴、村落规划、文化小镇等诸多领域发挥重要作用。有学者认为，文化地理学研究的是广义文化，有三种含义，即谋生文化、制度文化和思想文化。谋生文化主要研究人们的日常生活，如衣食住行、生计等；制度文化是指生产组织、生活组织、法律制度、经济制度、家庭制度等；思想文化是指人们的心理、价值观、艺术、宗教、信仰等。

3. 文化地理学的研究方法

（1）纵向研究

通常将文化与自然环境关系的研究称为纵向研究。在强调绿色发展的时代，研究文化地理学的学者更多关注的是挖掘地方性的生态保护，为适宜地开展生态保护和生态建设服务。例如，贵州喀斯特地貌是水对可溶性岩石进行溶蚀等作用而形成的地表和地下形态的独特地质构造，为了防止土壤侵蚀，当地的人们通过封山育林、坡改梯、砌墙保土、改良土壤等措施防止水土流失，增加植被覆盖，加强生态治理。

（2）横向研究

除自然环境之外的研究范畴一般称为横向研究。这方面的研究主要着眼于文化的时空关系。例如，北京回族聚居点的发展兴衰各有不同，这是一个很难解释的现象，而文化地理学家研究后得出结论：那些位于主体民族文化边缘地区的聚居区，其经济自组织中心与宗教文化自组织中心具有空间的重叠性，其生命力比较顽强，如北京牛街回族聚居区就是典型。

2.1.4　类型学

1. 类型学的概念

类型学是针对社会属性的研究，主要研究社会可变性和过渡性问题，没有明显和清晰的界限。类型的概念古已有之，我国古代的"类"有类别、种类、同类、分类、类型之意。许慎《说文解字》的解释是"类，种类相似，唯犬为甚，从犬类声"；段玉裁解释为"以木为之曰模，以竹曰范，以土曰型"；《周易·乾·文言》有万物"各从其类"的说法。显然，我国古代逻辑中的"类"已被作为推理原则的基本概念和手段了。在西方语言中，"类型"（typology）一词也出现较早，它由"标记"（typto）和"逻辑"（logy）组成。"类型"（typology）一词在希腊文中原指铸造用的模子、印记，到后来，"类"有相似、类推、法式的含义（刘沛林，2011）。

2. 类型学与建筑

从 19 世纪末至 20 世纪初，在逻辑学和语言学的双重影响下，类型学的概念逐渐清晰，并获得了新的中心地位，且主要针对非常抽象的研究，形成了许多学科研究的理论基础。但是类型学在建筑学和聚落中的应用时间并不长，尤其是在建筑学中形成类型学的理论较晚。当代类型学主要为建筑界带来一种新的思维方式。类型学有三种主要概念：第一，类型学认为分类是有层次的，每个类别都可以进一步划分；第二，分类不止一种，可以根据不同的标准和方法进行再次分类；第三，分类只是一种认知方法，它不能割裂类与类之间本源上的联系，各类别对立中仍有相同的成分，这是类型学思想最基本的内容。将统一、连续的系统经过分类和处理用于建筑设计分析，最终形成了建筑类型学。

率先将古典建筑的平面和立面整理抽象出一些基本类型的是法国新古典主义时期的建筑师。这时的建筑设计可以被简单定义为按照类似的形式结构对具有特征化的一组元素进行的一场尝试。当时最有影响力的定义是由法国建筑学家、巴黎美术学院常务理事昆西（A. Q. Quincy）在他的《建筑历史词典》中提出的。他通过"模型"（model）与"类型"（type）两个概念进行阐明。事实上，昆西的类型概念同所谓自然之本源的原理相联系，是一种对自然的再抽象过程。可以说，类型就是一类事物的普遍形式，其普遍性来自类特征，类特征使类型具有了普遍意义。

在当代建筑理论中类型学是十分活跃的理论之一，在西方当代思想中占有重要的一席之地。著名建筑学家阿尔多·罗西（Aldo Rossi）是著名的建筑类型学专家，他深受"原型"概念的影响，最终形成了自己的理论。他认为，建筑类型与原型的相似性是形成各种典型建筑形式的内在规律（图 2-1）。罗西的建筑设计试图与建筑的表现和人类的心理体验产生共鸣，这就是罗西的建筑设计自 20 世纪 90 年代以来在建筑界赢得许多国际奖项的原因。

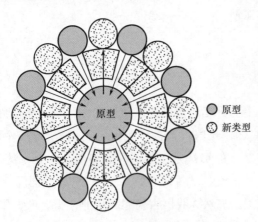

图 2-1　原型与新类型的相互关系

注：图片依据汪丽君的《广义建筑类型学研究》改绘

3. 建筑类型学发展的三种形式

建筑类型学经历了三个发展阶段，分别为原型类型学、范型类型学和第三种类型学。

(1) 原型类型学（Archetypal Typology）

其创立者是法国建筑师、新古典主义的代表人物让·尼古拉斯·路易·迪朗（Jean-Nicolas-Louis Durand），其代表作品《古代与现代诸相似建筑物的类型手册》被公认为世界上保留下来的关于建筑类型学最早的专著。原型类型学的基本原理是将历史上建筑的基本构件与几何形排列组合在一起，组建成新的建筑形式，形成基本的图式体系和类型组合。他通过排列组合总结了 72 种基本的建筑几何图形。这种将建筑元素重组的类型图像成为建筑新形式来源的样本，并形成建筑标准化的参考依据。迪朗的类型设计法将轴线和网格作为初始方案构图的根源，使建筑图形的产生具有了更多的可能性（图 2-2）。

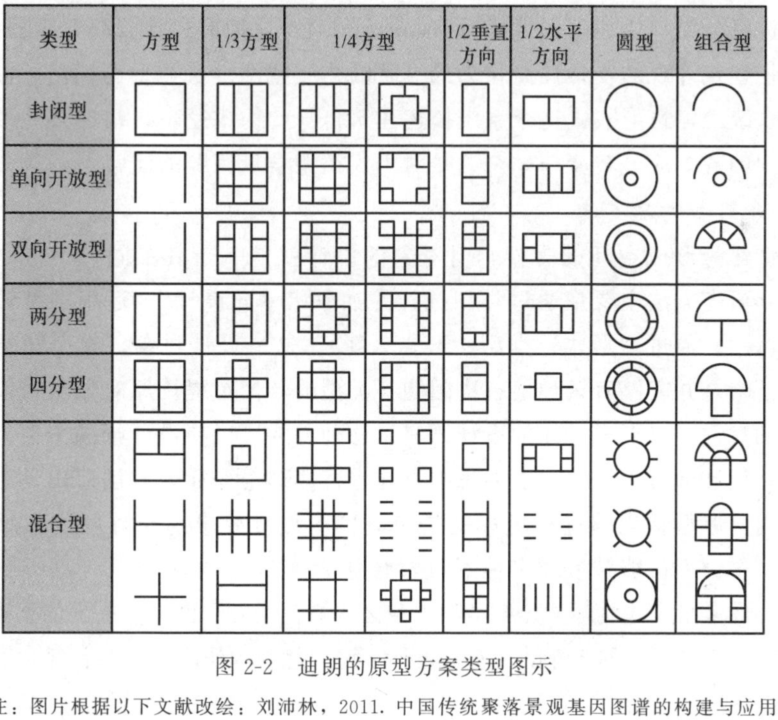

图 2-2　迪朗的原型方案类型图示

注：图片根据以下文献改绘：刘沛林，2011. 中国传统聚落景观基因图谱的构建与应用研究 [D]. 北京：北京大学.

(2) 范型类型学（Generic Typology）

欧洲 19 世纪工业革命的主要成果是通过机器化大生产将产品标准化和定型化，建筑同样也受到较大影响。20 世纪初，"类型"演变为"范型"。范型类型学不再信奉第一代原型类型学所推崇的类推程序，而是认为"人是新类型的根本"。机器美学的重要奠基人柯布西耶认为："人＝类型。从类型变成人这一点出发，我们把握了类型的重要扩展。因为，人-类型（Man-Type）是唯一性的身体类型的综合形式，并可诉诸充分的标准化……我们将能为这种身体类型建立一种标准居住设施：门、窗、楼梯、房间高度等。"范型类型学作为工业时代的产物，与当时的价值观、自然观有关。

（3）第三种类型学（the Third Typology）

第二次世界大战后，为了改变建筑在工业城市中被技术经济力量淹没的地位，以意大利建筑师罗西（Aldo Rossi）为代表发展出另一种类型学，即第三种类型学。罗西的理念是将视野重新回归到历史的范例中，寻找城市空间建筑的基本元素类型，提出重建城市空间的失落问题，从宏观领域探讨城市建筑与公共空间的辩证关系。第三种类型学的出现标志着当代类型学的形成。伊格纳新·索拉-莫哈勒（Ignasib Sola-Morales）曾指出："建筑类型是可以对各时各地的所有建筑进行分类和描述的形式常数（constants），这种形式常数起着容器的作用，它可以把建筑外观的复杂性简化为最显著的物质特性。从类型论视角，你可以理解作为系统的建筑形式，这个系统描述建筑自身的构成逻辑，描述某些形式的全部作品中的各个成分转变……"这是对当代类型学最精辟的注解。

4. 类型学研究方法

类型作为形成空间的骨架，对对象的设计就是赋予其不同形态的"血"和"肉"。其研究方法主要是通过类型选择并抽象出"元设计"，运用类型转换进行"对象设计"，通过"形式—类型—形式（新）"这一设计过程，整个建筑设计对象层次清晰，并能够有条理地解决问题。类型的转换是提炼原对象后对设计对象再生成的过程，以形成总体的设计语言。这种方式可以使设计师的个性得到有效的施展，设计师可以按照本人的思维方式进行演绎与变换，并创造出具有集体记忆的空间。原型转化的过程更多的是由具体的设计要求与设计师的思维来完成的，同一个原型可能转换成多种不同的类型（何冬冬，2016）。

西方许多当代建筑师为建筑类型学和区域文化的发展做出了杰出的贡献。他们通过此种方法找到了创造性的灵感，设计了许多优秀的作品，这些作品主要分布在意大利、西班牙、德国、美国、法国、芬兰、印度、墨西哥等国家。一般来说，衡量建筑设计是否属于建筑类型学的范畴，主要依据作品中是否有"原型"出现或释放出"原型"特征。罗西（Aldo Rossi）认为类型学关注的是类型选择，过去和现在比形式和风格的选择更重要。类型学作为一种表达建筑形式的方法，是其在建筑设计中形成的复杂多样性和时间连续性的综合产物（刘沛林，2011）。

2.1.5　建筑现象学

现象学（Phenomenology）原词来自希腊文，意为研究外观、表象、表面迹象或现象的学科。它最早出现在哲学范畴，由德国哲学家埃德蒙德·胡塞尔（Edmund Husserl）设立。建筑现象学的研究起步较晚、历史较短，始见于 1980年挪威建筑理论家诺伯格-舒尔茨（C. Norberg-Schulz）的《场所精神——走向建筑的现象学》一书，标志着建筑现象学理论作为一个理论体系首次出现。舒尔茨认为建筑在此之前一直都是以一种科学的方式被讨论和理解，没有真正探及建筑本质问题。20 世纪 80 年代末到 21 世纪初，建筑现象学理论开始在建筑设计理论和设计实践中有了长足的进展。这一时期的代表人物是哥伦比亚大学建筑系教授斯蒂文·霍尔（Steven Holl）。1989 年霍尔的作品集《锚固》（Anchoring）出版，在该作品的绪论中霍尔明确地阐述了他在建筑设计中采用的现象学思想。2006 年，瑞士建筑师彼得·卒姆托（Peter Zumthor）出版了《氛围》（Atmospheres）一书，该书讨论了九个建筑主题，包括气氛、真实的魅力、材料的对比性、空间之音、周围之物、空间的温度、亲密性的层次、物体上的光线等，他以叙述性的手法和现象学的思想对这些主题进行了思考（沈克宁，2008）。

按思想取向建筑现象学研究大致可分为两个领域：一是海德格尔（Martin Heidegger）的存在主义现象学理论，其表达的观点侧重于纯学术理论研究领域，代表人物是诺伯格-舒尔茨（C. Norberg-Schulz）；二是以梅洛·庞蒂（Maurece Merleau-Ponty）为代表的知觉现象学理论，认为认识世界需要回归存在本身，并通过人的身体与环境的互动察觉世界的存在。

存在主义现象学认为，只有当人经验了场所和环境的意义时，他才"定居"了。"居"意味着生活发生的空间，就是场所，而建筑的存在目的就是使原本抽象、无特征的同一而均质的"场址"（site）变成有真实、具体的人类行为发生的"场所"（place）。知觉现象学则认为认识世界需要回归存在本身，并通过人的身体与环境的互动察觉世界的存在。斯蒂文·霍尔（Steven Holl）在知觉现象学的基础上发展了建筑现象学的设计理论与实践，通过建筑设计背后包含的复杂影响因素的回应建立了建筑"锚固点"，并丰富了建筑与场所体验。

2.1.6　空间的生产

20 世纪七八十年代，以法国哲学家亨利·列斐伏尔（Henri Lefebvre）1974年出版的《空间的生产》和米歇尔·福柯（Michel Foucault）1984 年发表的《不同空间的正文与上下文》为代表，空间理论研究突破线性的历史时间束缚，形成了以前者为代表的"时间–空间–社会"和以后者为代表的"空间–知识–权力"三元辩证的、新马克思主义（Neo-Marxism）空间生产理论，实现了后现代地理学研究的"空间转向（spatial turn）"（王娟，2013）。

列斐伏尔关于空间生产理论的观点有三个方面：第一，空间生产不是空间内部的物质生产（production in space），而是由于生产力自身的成长和知识在物质生产中的介入，已转化为空间本身的生产（production of space），空间的生产过程从三个维度进行（图 2-3）；第二，空间重组是战后资本主义工业化和城市化进程的必然要求，分为全球空间生产、国家空间生产和城市空间生产三个层面；第三，空间带有消费主义特征，对空间的征服和整合成为消费主义赖以维持的主要手段，空间生产的本质就是对社会中各种居于主导地位的生产关系的再生产（孙江，2008）。

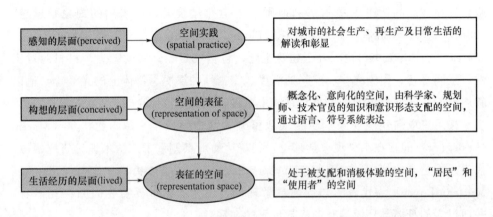

图 2-3　列斐伏尔关于空间生产过程的解析

注：图片来源于王娟，张广海，张凌云，2013. 艺术介入空间生产：城市闲置工业空间的旅游开发［J］. 东岳论丛，34（8）：66-73.

法国哲学家米歇尔·福柯（Michel Foucault）以批评传统的时间哲学为逻辑起点，认为空间是任何形式的公共生活和权力运作的基础。福柯将空间视为寻找权力与知识关系的桥梁，关注权力在空间中展开的过程。这一思想反映了政治权力空间化的过程，为空间理论的发展提供了新的视角，有利于城市化进程中对城市搬迁、移民安置和社会公平等问题的思考。

美国学者大卫·哈维（David Harvey）认为，空间是资本功能的产物，资本主义城市化是资本的城市化，是资本从初级循环向二级循环再向三级循环转移的空间表现，城市空间组织结构是资本生产的需要和产物，中产阶级的郊区化和城市中心的衰落是资本积累与阶级斗争矛盾作用的必然结果。此外，著名社会学家曼纽尔·卡斯特（Manuel Castells）从"信息技术"和"集体消费"的角度对空间生产进行了探讨。他认为集体消费设施和过程是城市社区的组织基础，政府干预促进集体消费品生产已成为城市空间发展和变化的重要因素。

综上所述，空间生产理论将城市空间作为社会关系再生产的物质工具，辩证地将城市空间的物理属性和社会属性联系起来，对当代城市空间研究具有重要的社会价值。根据马克思政治经济学原理，生产资料是指劳动者在生产中需要使用的资源或工具，是生产过程中劳动资料和劳动对象的总和。列斐伏尔发展了马克思的观点，认为空间也是生产资料，"可以像机器一样利用空间"；空间是产品、是商品，具有使用价值并可以创造剩余价值，"空间可以在生产中被消费"。从这个角度看，空间作为一种生产资料，可以通过生产过程创造新的价值，成为新的消费对象甚至旅游景点，为闲置资源空间的再利用提供了理论依据（王娟，2013）。

从我国现代化的历程可以看出，工业现代化还未达到真正意义上的全面实现就已经向信息社会转变。新产业的空间扩张需求与旧工业空间形成强烈的对比和冲突，使"空间的生产"逐步取代了原先"空间中的生产"。生产力的发展和知识对生产过程的全面介入使原本仅仅作为生产资料的场所逐步转变为自身能够产生价值的空间。例如，为了开辟文化创意产业基地，从杨浦水厂到杨树浦路黄浦江北岸的 15km 被完整地保留了下来。苏州河 M50 等文化创意产业集聚区，以及杨浦区文化创意产业基地，其自身作为旧工业建筑的闲置空间，已经或者正在成为新时代、新产业利润的来源（陈燕，2017）。

面对日渐衰败和被遗弃的大量闲置传统民居空间，怎样将现代元素与传统元素相融合，规避城市化和商业化进程产生的冲突和碰撞，是当代乡村振兴发展需要考虑的重要内容之一。闲置空间的再生是求得"瓦全"的权宜之计，利用闲置空间发展文化创意产业是新业态与传统文化空间在尊重历史的前提下对建筑本体的重塑，其有效地集聚文化创意产业，在为闲置空间带来经济效益的同时也对传统民居的传承和发展产生积极的作用。

2.2　学科研究取向的多元性

早期我国传统民居的研究局限于民间住宅，随着国内外前沿理论的不断发展，我国传统民居的研究逐渐从单向思考向纵深层次发展，研究视域逐渐扩大。一方面，在对建筑学及其相关领域研究的基础上，总结和归纳了传统民居建筑的形式、结构和建造技艺，为当代建筑设计方法提供参考；另一方面，以人文社会科学为基础,着重对传统民居建筑的社会功能和文化意义进行分析和探讨,目的是揭示传统民居建筑现象的差异及其成因,反映地域民居建筑与自然、社会、思想、文化、观念等的关系。总的来说,我国传统民居的研究不再局限于建筑平面、梁架、造型和装饰等,而是强调社会文化与哲学思想相结合,与民居的整体保护和发展相结合,由简单的单体建筑调查逐步转向对不同类型的地方建筑群、村镇结构、村落形态以及民居赖以存在的总体环境的系统关照,由从文化的视角考察民居建筑的社会生活背景转变为对民居建筑之间和区域村落之间的差异性与关联性的剖析(熊梅,2017)。

2.2.1　基于建筑学视角的乡村聚落研究成果

有关建筑学视角下的乡村聚落研究成果主要集中在聚落空间、地方建筑和建筑区系的探讨上。例如,彭一刚(1994)撰写的《传统村镇聚落景观分析》,重点从地形环境、区域气候、生活习俗、民族文化传统和宗教信仰等方面阐述村镇聚落空间的差异;陈志华(1999)撰写的《楠溪江中游古村落》,陈志华、楼庆西(2004)合著的《楠溪江上游古村落》等,是在实地调查的基础上,在乡土建筑中引入社会学,对古村落进行系列研究,并在前人研究的基础上对传统村落的历史、分布、社会变迁、家族演变和宗教信仰进行了深入细致的分析;黄汉民(2003)撰写的《福建土楼:中国传统民居的瑰宝》对福建土楼的形态、类型、施工工艺、保护与发展等问题做了深入细致的分析;曹春平(2006)的《闽南传统建筑》主要针对厦门、漳州、安溪、泉州等闽南地区民居建筑的布局空间、建筑技巧和村落选址等问题做了较为详细的阐述;林从华(2006)撰写的《缘与源:闽台传统建筑与历史渊源》从历史文化的角度对福建与台湾传统建筑、历史渊源与传统建筑的关系进行了分析和比较。近年来,在探讨聚落空间与乡村建筑的组织关系时,建筑区系的研究日益成为人们关注的焦点。例如,朱光亚通过比较传统民居建筑的结构体系和构成将中国传统建筑划分为不同的建筑文化圈;王文卿借鉴人文地理学思想,依据地域环境和社会文化的综合性对中国传统民居的构筑形态进行了区划;余英运用人文社会科学的概念,将中国传统民居的建筑形式从制度层面划分出来,为进一步研究区域性民居建筑拓宽了学术视野。

2.2.2　基于文化人类学视角的乡村聚落研究成果

乡村聚落的文化人类学研究在我国已开展了几十年。早在20世纪二三十年代,在西方人类学理论的影响下,国内学者就兴起了乡村建设运动,进行了大量的乡村人类学、社会学调查,并形成人类学研究成果。1929—1930年,南京中央研究院社会科学研究所的薛暮桥、陈翰笙、王寅生等分别对广西、江苏无锡、河北保定等地的村庄进行了调查，此时的研究主要是详细的数据收集和初步的自主研究，社会调查尚未完全形成。20 世纪 30 年代初，燕京大学引入了西方人类学社区研究理论和参与观察方法，由此进入"民族志"深描时期。利用该研究方法，费孝通、林耀华先后对广西、江苏、福建等地进行了人类学的田野调查，出版了《江村经济》《义序的宗族研究》《金翼》等著作，剖析了中国传统乡村社会的文化结构和社会情境，并提出了著名的"差序结构"和"均衡论"体系。从20 世纪 40～70 年代，受抗日战争和国内局势的影响，人类学和社会学的研究大幅度减少，且研究的区域多随高校和研究机构迁移到西部和西南部，这一时期的研究主要集中在少数民族的社会调查上，如费孝通的《禄村农田》《乡土中国》《生育制度》等著作就是在这一时期完成并出版的（黄丽坤，2015）。

随着改革开放及全球化、现代化的冲击，我国乡村进入了社会变迁和转型阶段，对此，一些专家、学者基于人类学的角度通过家族构成、人口结构等方面对乡村进行了深入细致的研究。例如，王沪宁（1991）的《当代中国村落家族文化：对中国社会现代化的一项探索》，从宗族结构、功能、社会背景等方面反映了新时期乡村宗族文化如何适应选择和转型的问题；陆学艺（1993）的《改革中的农村与农民》指出了村民的非农业化及其生活以及现代观念和生活方式的变迁；阎云翔（2000）的《礼物的流动：一个中国村庄中的互惠原则与社会网络》等，从不同角度对不同地区的乡村社会进行了广泛的研究。另外，学者们还开启了对考察点重访调查的研究，如费孝通对江村的多次考察、兰林友对华北乡村的回访、周大鸣对凤凰村的回访等，这些调查从不同的角度对以往的研究成果进行了反思或补充，反映了乡村结构的时代变迁。

近年来，这种跨学科和综合性的研究思路也被运用到传统村落建筑研究中。运用这种方式可以更有效、更系统地了解传统村落的本质。张晓春、李翔宁（1998）的《建筑与民俗：建筑空间的文化人类学探讨》认为不同的民俗文化影响着建筑风格和居住空间形态，人们可以通过空间感知建筑来获得归属感，这反映了人们对过往历史空间的记忆和怀念；雷凡（2002）的《乡土建筑的文化人类学研究》试图通过分析地方建筑总结和反思文化人类学在地方建筑研究中的意义；王小莉（2003）的《基于文化人类学的方法对榆林四合院民居的研究》系统地对榆林地区传统民居的形态特征进行了整理和分析；崔景（2007）的《文化人类学视域下漠中集镇型聚落形态的演化——以江川县江城镇为例》全面分析了江城镇聚落格局的特点，并结合文化人类学的相关理论提出了相应的保护和发展措施；黄丽坤（2015）的《基于文化人类学视角的乡村营建策略与方法研究》从多个角度对乡村建设进行研究，建立了三个层级营建策略体系，即"文化态""空间态"和"实践调整"，在乡村的软件建设、硬件建设和具体实践中实现内外力量的良好互动与合作；罗晓冰（2016）的《文化人类学视角下景迈傣族村落空间研究》结合文化人类学的方法分析了景迈傣族村落的空间文化，总结了乡村空间的演变特征，针对乡村空间现状提出了乡村空间的文化传承机制。这些研究成果和经验为村落研究提供了有价值的参考。

2.2.3　基于类型学视野的传统村落与民居研究成果

20世纪90年代初，湖南大学教授魏春雨撰写了《建筑类型学研究》，首次将类型学理论介绍到国内，基本奠定了建筑类型学的概念，并对类型学的研究性质进行了专门分析。他认为，"建筑类型学具有不定性，且通过历史性、文化性、地域性、系统性对建筑类型学进行说明"，同时从比例、尺度方面提出城市街区的保护和更新要求。汪丽君（2005）在研究国外理论的基础上撰写了《建筑类型学》一书，详细梳理了类型学的发展历程，对类型学的理论进行了深度和宽度上的拓展，并结合中国建筑的空间特色提出了"广义建筑类型学"理论。沈克宁（2010）的《建筑类型学与城市形态学》试图从文化、传统的角度，在整个城市的框架结构体系中寻找对建筑类型学创新变化的可能性和连续性。此后，一些学者在继承类型学研究成果的基础上，从学科交叉视角对我国传统村落民居开展了更高层次的研究，代表著作有《中国乡土建筑》《徽州古民居探幽》《平遥古城与民居》《晋中大院》等。

类型学在传统村落及民居中的应用主要见于近年的学位论文，如陈阳（2013）的《基于类型学的荥阳传统民居形态研究》，运用类型学的方法对荥阳传统民居的原型进行剖析，寻找原型与其他类型之间的关联性；张琦（2014）的《类型学视野下的东乡族传统民居研究——以果园村为例》，运用建筑类型学的方法，分析当地传统民居形成的背景和影响因素，并结合实地调研，归纳出这一地区民居建筑的原型；何冬冬（2016）的《类型学视野下的徽州传统民居研究》，选取徽州传统村落中具有代表性的理坑村作为研究对象，运用建筑类型学的方法，从传统民居形成的自然地理环境、文化风俗习惯、社会历史渊源等方面进行剖析，分析原型与现存建筑的转换推演关系；刘文斌（2017）的《类型学视野下晋西地区乡土建筑营造策略研究》，运用类型学理论，试图挖掘乡土建筑的类型特征，为乡土建筑的营造和传统建筑文化内涵的延续提供理论上的指导和适用策略。

2.2.4　基于文化地理学的传统村落与民居研究概况

文化地理学是人类文化空间组合的一门人文地理分支学科，也是文化学的一个重要组成部分。它研究的范围涉及地表各种文化现象的分布、空间组合及发展演化规律，以及有关文化景观、文化的起源和传播、文化与生态环境的关系、环境的文化评价等。基于文化地理学的传统村落研究主要通过信息收集获取各个要素的空间布局，并研究传统村落的地域布局形态及一般发展和进化规则。

国内学者从 20 世纪初开始从文化史的角度对文化地理学进行探讨和解释。以梁启超为代表的一批学者最早对文化地理学进行了初步的研究，并发表了一些论著，如李大钊的《东西文明根本之异点》。这时期国内文化地理学的研究已经初见特色，开始注重从文化史的角度出发进行研究。抗战时期因受战乱影响，学术界对地理学的研究暂时停止。直到 20 世纪 80 年代中期至 90 年代初，文化地理学的研究才逐渐得以恢复并进入一个新的阶段。这一时期的研究侧重于探讨地理环境与历史文化之间的相互关系。例如，1980 年地理学家陈正祥在其出版的《中国文化地理》一书中首次用地理学的语言描述了中国文化中心南迁、城市化进程、人口迁徙及地方志的价值等有关概念。同期，以北京大学教授王恩涌为首的国内学者引入西方文化地理学思想，将文化地理学划分为一门独立的学科。王恩涌教授在《文化地理学导论》一书中明确提出了文化地理研究的五大主题，即文化景观、文化扩散、文化源地与文化区、文化生态、文化整合（赵映，2015）。从以上文化地理学的研究过程可以看出，国内学者对文化地理学的研究经历了从单一到综合、从断代到区域、从核心到边缘的转变，在村落民居、方言、服饰等方面均取得了一定的研究成果。

针对传统村落的文化地理学论著主要从村落选址、村落布局及人居环境等方面着手开展研究，如刘沛林（1997）的《古村落：和谐的人居空间》。针对传统民居的文化地理学研究，以民居的平面布局、空间特征、装饰构件等方面的研究为主导，如那仲良的《中国传统农村建筑：普通民居的人文地理》。近年来，文化地理学视角下的传统村落与民居研究主要集中在华南理工大学，以肖大威教授为核心的团队先后对广东省境内广州、惠州、河源、梅州、肇庆等地的传统村落与民居展开了"地毯式"的调查与研究，并形成了颇为丰硕的研究成果，如冯志丰（2014）的《基于文化地理学的广州地区传统村落及民居研究》，解锰（2014）的《基于文化地理学的河源地区传统村落及民居研究》，汤晔（2014）的《基于文化地理学的梅州地区传统村落及民居研究》，彭丽君（2015）的《基于文化地理学的肇庆市传统村落及民居研究》，赵映（2015）的《基于文化地理学的雷州地区传统村落及民居研究》，徐琛（2016）的《基于文化地理学的琼北地区传统村落及民居研究》，等等。这些研究成果借助文化地理学的理念和方法，从文化地理角度分析传统村落民居的成因和分布规律，在传统村落民居保护和发展方面取得了一定的创新。

2.2.5 基于文化生态学的传统村落与民居研究概况

中国传统文化生态学理论主要体现在两个方面：一是自然生态方面，如从"天人合一"的角度强调人与自然的统一，这种自然生态观念能够把握自然生态的内在机理，合理利用自然资源，构建传统聚落空间格局理论。地理环境协调了人类活动与自然环境的适应性关系，形成因地制宜的人与自然和谐相融的人居环境的理想境界。二是社会生态方面，如儒家"天人合一"的思想对人类的生存环境有着深远的影响，其重点关注人与社会的价值观念、美学思想及个人在环境中所遵循的礼仪秩序。例如，构建具有普适价值的完善的儒家社会制度资源：和而不同——"以和为贵"的和谐秩序；化性起伪——"礼义法度"的社会秩序；参赞化育——"天人合一"的自然秩序；内圣外王——"仁、义、礼、智、信"的人性秩序（鲍志勇，2014）。

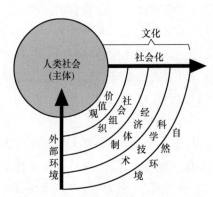

图 2-4　司马云杰的文化生态系统图

注：图片根据以下文献改绘：司马云杰，2006. 文化社会学［M］. 北京：中国社会科学出版社.

现代文化生态学理论主要是面对自然、社会环境发生的巨变进行有关研究。进入新时期以来，我国文化生态环境面临着严峻的挑战。国内专家、学者在引进国外文化生态理论基础上，从系统构成、系统发展和理论应用三个方面开展了研究。

其一是对文化生态系统构成的研究。著名学者司马云杰在其所著的《文化社会学》一书中将文化生态系统构成划分为三个部分，其核心主体是人类社会本身，客体是自然环境，中间因素是文化。构成要素重点研究了中间文化因素，并绘制了文化生态系统的结构模型，非常直观地展现了文化生态系统层级关系（图 2-4）。戴斌勇（2004）的《文化生态学论纲》认为，文化生态学是研究文化的产生与发展中的环境适应、发展规律的科学，其文化生态系统是由自然-经济-社会环境形成的复杂系统。冯天瑜（2005）的《中华文化史》立足于宏观整体层次进行分析总结，认为文化生态系统是由作为客观存在的自然环境、社会环境和经济环境构成的。

　　其二是对文化生态系统发展的研究。西方工业革命在推动社会发展的同时也对自然环境造成了巨大的破坏。正是在这种社会背景下，生态学的研究成为一大热点，研究领域逐步拓宽。方李莉（2001）的《文化生态失衡问题的提出》认为人类的每一种文化都是一个动态的有机体，这些文化汇集形成形态各异的文化系统和文化群落，最终构成了人类文化的整体；董欣斌、郑奇（2001）的《魔语——人类文化生态学导论》认为文化生态系统的发展已远离平衡态，进入了动态开放状态，在与外界的不断互动中，原有的文化系统平衡状态逐步被瓦解，重新进入一个新的均衡状态；黎德扬等（2003）的《论文化生态系统的演化》认为文化生态系统是协调内部文化的关键要素，能使系统处于平衡发展状态，文化生态系统正朝着现代文明方向演化，其本身是一个活态的、自组织有机系统。

　　其三是对文化生态学理论应用的研究，主要针对城市的发展、传统聚落文化活动区的保护和传承展开研究。江金波（2004）的《客地风物——粤东北客家文化生态系统研究》，从粤东北客家地区自然地理环境和人文环境出发，用历史演进的方式研究文化生态变迁的规律，以及传统文化行为对地域环境的传承、适应和再利用；侯鑫（2006）的《基于文化生态学的城市空间理论——以天津、青岛、大连研究为例》运用文化生态学的观点分析了城市空间的文化生态系统的组织结构，并指出信息化背景下城市空间形态发展的方向；常慧（2012）的《东北传统民居文化生态研究》从整体、关联的视角解析了东北民居的特点与东北地区独特文化的关系，并分析了文化环境、文化资源和文化生态对东北民居空间布局、建筑细部和特色行为场所的影响。

2.3　当前传统村落保护与发展的新形势

　　传统村落是农业生产空间、民居建筑与各类空间复合构成的本土化空间，是由密切的血缘和地缘关系构成的相对封闭和自给自足的社会文化体系，是乡村生产生活和自然环境共同构成的复合体，凝结着历史的记忆，体现了当地的建筑艺术、空间格局和地域特色，尤其在当今全球化背景下，其社会价值、文化价值、艺术价值得到越来越多的关注。2012 年 12 月住房和城乡建设部下发的《关于加强传统村落保护发展工作的指导意见》指出："传统村落承载着中华传统文化的精华，是农耕文明不可再生的文化遗产，是维系华夏子孙文化认同的纽带。"但随着社会经济的发展及城镇化的快速推进，传统村落正面临着"乡村城镇化、旅游开发、城乡统筹发展"的多重挑战和冲击，不断遭到"开发性、建设性、旅游性"破坏。与当代城市的"千城一面"一样，"千村一貌"的趋同危机也正在广大乡村蔓延。为遏制这种危机，各地根据自身状况采取了相应的保护和发展方式（表 2-4）。

表 2-4　国内传统村落保护和发展的方式统计

保护方式	具体措施	侧重方向
旅游开发式保护	是传统村落保护采用最多的一种形式，主要通过旅游开发吸引资金，从而使更多的村民关注传统村落文化的保护	保护
新建式保护	原村落不动，在其周边另建新区，供村民居住和生活	
重点式保护	对孤立存在的历史街区或代表性院落进行就地重点保护	
聚集式保护	将分散的民居建筑集中于一处进行保护，如山西王家大院	
博物馆式保护	强调文化遗产的真实性和完整性，主要针对有历史文化价值的物质文化遗产采取就地保护，不搬迁、不复制	
生态式保护	利用地域优势，因地制宜地开展村落的生态环境建设	发展
特色产业式保护	结合传统村落自身的资源和特点，发展特色产业，如种植业、养殖业、家庭手工业、休闲度假等	

2.3.1　传统村落保护发展中遇到的问题

1. 城乡一体化

为解决"三农"问题和更好地建设新农村，不少专家、学者试图从城市发展与改革和城乡关系上做文章。在城乡关系方面各界达成了更多共识，即缩小城乡差别，推动城乡一体化发展（赵璐，2016）。但在逐步实现城乡一体化的过程中，出现了过度重视城镇对乡村物质的同化，片面地把一些传统村落归入物质文化遗产范畴，而忽略了村落灵魂性的精神文化内涵及村落精神文化的异质存在的现象。在这种情况下，传统村落不可避免地受到影响和冲击，进而导致乡村文化的流失。从形式上看，农村已进入城镇化状态，农村与城镇正进行着一体化的融合；从实质上看，农民已开始抛弃千百年来祖先扎根的土地，步入"城镇"模式。城乡一体化或将导致全面城镇化，留给农村的发展空间会越来越少。但城镇的发展是以乡村为依托的，可以说，乡村是城镇的根。"皮之不存，毛将焉附？"霍华德所提的"田园城市"，实质上是城和乡的结合体，"城与乡应当有机结合在一起"（霍华德，2010）。2013 年习近平总书记在湖北调研时指出："实现城乡一体化，建设美丽乡村，不能大拆大建，特别是古村落要保护好。"这对于建设美丽中国，建设文化强国，传承中华优秀传统文化，增强民族自豪感和心灵归属感，提升国家整体实力和国际影响力，都具有重要的指导意义。

2. 新农村建设

受长期形成的城乡二元体制影响,我国城乡发展不平衡,农村仍然比较落后。虽然国家采取了许多有针对性的政策措施解决"三农"问题,但城乡二元制的社会结构并没有得到根本性的改变。2016 年《中共中央 国务院〈关于落实发展新理念 加快农业现代化 实现全面小康目标的若干意见〉》专门提出了要在科学规划的指导下进行新农村建设。文件要求按照新时代的需求,对农村经济、文化、政治和社会等方面进行全方位建设,最终将农村建设成为环境优美、设施完善、文明和谐的社会主义新农村。随着新农村建设改造工作的推进,农村的面貌发生了较大变化,但变化的背后也对传统乡土文化的可持续发展构成了不可复原的侵害。新农村建设中部分传统村落实行全面的"开发式"建设,有的甚至整个村落被拆除,使许多传统村落的文化风貌丧失。在新农村建设和发展过程中出现了无规划或规划不科学,或盲目性开发的现象。在新农村建设中如何既能顺应社会发展的洪流,又能可持续地传承乡土文化已成为亟须解决的时代问题。

3. 乡村建设性破坏

乡村建设性破坏主要指在乡村建设中为了眼前的利益而对原有的传统历史文化遗迹采取破坏的行为,其导致了传统历史文化的断裂和丧失。正如《北京宪章》所指出的那样,20 世纪是一个"大发展"和"大破坏"的时代,人类对历史文化遗产和自然的破坏已达到严重威胁到自身安全的程度,并且到目前为止对"建设性破坏"未加以禁止,甚至听之任之。我们到处可以看到在乡村建设过程中贴出的有关"旧村改造"的标语,而在实施时却没有考虑对传统村落文化遗产的保护传承;有的地方急功近利,大搞形象工程;有的地方则不分青红皂白,一律将传统民居拆掉重建,把传统村落当成"新村庄"建设,模仿城市建设模式大搞整齐划一的高层住宅,使传统村落的格局和乡土建筑遭受"毁灭性破坏";有的将宁静、古朴的传统村落重新规划,建设成欧式别墅;有的村落大搞村貌整治,大修水泥路,使原有的生态环境和历史风貌格局被肢解;有的村落在整治过程中进行"脸面式"建设,对传统建筑立面进行粉刷,使真文物硬生生被粉饰成了假文物。

造成建设性破坏的原因主要有三个:其一,保护理论落后,缺乏一套完善的、能指导实践的理论体系;其二,保护观念陈旧,简单地把村落发展理解为拆旧建新,缺乏对历史文脉、传统风貌、城市特色保护的认知;其三,保护方式原始,一味大拆大建,造成历史文明的失落。

4. 旅游性破坏

旅游业在给传统村落带来活力和发展的同时也给传统村落的原有风貌带来负

面影响。近年来，一些地方盲目发展乡村旅游，不依照《文物保护法》的规定制定保护规划，简单地采取商业化管理模式，将传统村落的管理权出售给旅游公司开发经营，将传统村落变成"摇钱树"，"把古迹当景点，把遗产当卖点"。传统民居建筑的保护和再利用混乱，维护质量差，随意改变原建筑遗产的真实性，甚至对原建筑遗产进行擅自模仿和改造，新建"仿古街""假遗存"，严重破坏了传统村落的真实性和原始自然生态环境。由于保护管理不善，一些具有重要价值的传统民居遭到严重损毁，特别是已申报成功的传统村落正面临着旅游业和开发性的破坏，正在走上文化遗产"加速折旧"和"文化变异"之路（周建明，2014）。

5. 保护资金缺乏

一方面，地方财政对传统村落保护投入不足。各级财政用于文化遗产保护的资金主要集中在城市文化遗产，对传统村落的保护投资较少，导致许多传统民居缺乏保护资金，无法得到保护和修缮。近年来，虽然地方政府对历史文化遗产保护的重视程度越来越高，专项资金逐年增加，但对于量大面广的传统村落来说仍是杯水车薪。另一方面，传统民居建筑数量多、规模大，维修费用高，在现行体制下，地方政府和开发公司投资和维护的热情普遍不高。许多传统民居建筑修缮成本远远高于新建建筑，而现行政策规定文物保护专项资金不能补贴私有房屋，致使当地传统民居不能及时得到修复和保护，只能"任其毁损"（周乾松，2015）。

6. 文化基因的传承

如何在妥善、有序地保护传统村落的同时发挥其作为文化基因的传承作用，是传统村落问题中关注度最高的话题。传统村落的文化基因主要通过两种形式显现：一种是现实存在的实体物质，通常所说的饮食文化、居住文化和生产文化都属于物质文化范围，这种物质实体的形式一般通过材料呈现、传承加以传播；另一种是虚体形式，即当今流行的非物质文化基因，又被称为"活态文化"，如信仰文化、语言文化、制度文化等，这种文化基因通常以精神状态的形式或通过口头讲述和亲身体验等方式来表现和传承。在传统村落保护发展过程中，如果一味追求商业化建设，不考虑传统村落的核心价值，本来就脆弱的传统村落文化就极易被"洗心革面"。因此，传统村落的保护和发展还需考虑文化基因的延续问题，否则传统村落的真实性和完整的格局风貌将难以维护。

2.3.2 传统村落保护和发展的举措

1. 转变观念

其一，要认识到传统村落保护和发展的意义。传统村落是承载和体现中华民族传统文明的重要载体，是乡村浓缩的历史文化遗产。传统村落一旦消亡，乡村文化和农耕文明的根基也就丧失殆尽。

其二，要认识到传统村落保护和发展的紧迫性。在历史发展过程中，传统村落不仅遭受了战争和自然灾害的破坏，还面临着现代工业化和城市化的冲击，几千年来承载中华文明的传统村落的衰落和消亡不断加速。因此，传统村落的保护和发展势在必行。

其三，要认识到保护和发展对提升本体价值的现实意义。传统村落承载着各地独特的历史文化记忆，具有较高的历史价值、文化价值和艺术价值，其保护与发展对于展示传统乡村生活方式、探寻传统社会人与自然和谐发展的文化根源具有一定的现实意义。

2. 制定法律法规

我国对传统村落的保护起步较晚，相关法律法规建设相对滞后。较早的《国家历史文化名城名镇名村保护条例》《文物保护法》并未反映出对传统村落保护的要求和规定。此外，地方政府的研究基础相对薄弱，建立相关政策法规的局限性导致不同地区的保护措施存在较大差异，再加上保护对象复杂，难以制定统一的保护规范和标准。

令人欣慰的是，在国家相关部门的领导下，从 2012 年起已陆续制定了有关保护的法律法规。目前的传统村落保护已有法可依，地方政府应认真解读和用好这些政策，明确传统村落的保护和发展方向，制定相应的地方法规，将传统村落的整体保护纳入城乡文化发展的总体规划中。首先，可以制定传统村落保护与发展规划。规划应当确定保护对象的保护范围，明确控制要求和保护措施，建设并落实基础设施和公共服务设施，制定出延续传统生产方式的措施。其次，尽快出台传统村落保护法规，完善保护管理制度，内容包括加强对传统村落的科学管理和分级保护，保护和挖掘传统村落中的非物质文化遗产，利用现有资源建立传统村落保护数据库，鼓励当地村民参与传统村落的保护和管理等。总之，应尽快将传统村落的保护和发展纳入科学化、规范化、法制化的轨道上来。

3. 管理因素

传统村落具有文化遗产和自然遗产的双重价值。各级管理部门协调管理职责，是落实传统村落保护和发展的重要环节。首先，应建立"保护责任追究"制，各级政府应端正发展理念，将传统村落保护纳入地方政绩考核，树立保护传统村落就是发展文化生产力的意识；其次，针对传统村落的管理问题成立传统村落保护领导小组和职能部门，由领导小组负责该区域内传统村落保护利用的协调指导工作，各职能部门分别负责传统村落的保护、修缮、管理等工作，及时解决管理过程中存在的问题；最后，组织专家对传统村落的保护进行定期检查，检查保护和利用过程中存在的漏洞并加以解决，对后期如何强化保护和利用提出建设性、规范性的意见和措施，实现传统村落保护发展和经济效益的双赢。

4. 资金因素

资金不足是传统村落保护与发展的最大阻碍。在解决和落实传统村落保护资金的问题上，可以采取以下多种方式筹集资金：一是由政府牵头，采取市场化运作方式，通过房屋产权的置换、土地租赁等方式吸纳和鼓励社会多种资本参与；二是制定政府奖励制度，对参与传统村落民居保护的优秀单位和有突出贡献的个人给予一定的奖励，发挥财政资金的引领作用；三是成立传统村落保护基金会，向企业、个人募捐资金，用于传统村落的保护和发展；四是制定旅游企业的税收返还税额，逐步形成"以旅游收入养村落保护"的良性循环机制。除此之外，当地政府应鼓励、扶持村民依靠自身力量"自保"私人产权，通过宣传保护理念增强村民的文化自觉，使传统村落得到间接的保护和发展。

5. 技术因素

传统村落民居维修技术由于受到市场因素的影响正逐渐"萎缩"。近年来，具备传统民居营建技能的人员严重减少，导致传统村落保护工作无法正常开展。加之地方政府缺乏对民居维修人员的政策扶持和技术指导，传统民居的修缮技艺逐渐失传。如果丧失了传统的建造技术，对传统村落的保护和再利用就无从谈起，复原传统村落原本的风貌也将难以实现。因此，弘扬技术文化的传承也是传统村落保护和发展的关键环节。解决此问题的出路是对农村乡土技艺人才进行挖掘和培育。一方面，做好对民间艺人的统计和申报，充分挖掘传统民间营造技术力量和维修技艺，制定出适合当地的传统村落维修技艺标准和质量控制体系；另一方面，地方政府应积极采取措施，举办传统村落的保护培训班，培养专业维修技术人员和管理人才，建立传统村落保护志愿者队伍，为传统村落的保护和发展培育后续人才。

2.3.3 当前我国传统村落保护和发展的契机

当前，我国传统村落的保护形势正处于一个前所未有的大好时期。习近平总书记提出的"绿水青山就是金山银山"的生态文明理念及"看得见山，望得见水，记得住乡愁"的城乡和谐发展的理念极大地了推动了我国优秀乡村传统文化的建设，使传统文化逐渐复苏；"美丽乡村"建设助推了对农耕文明的传承和保护，创造性传承和创新性发展已成为全社会的共识。

2012 年国家四部委启动了传统村落保护工作，此后每年的中央一号文件都涉及传统村落保护的内容。2013 年《中共中央　国务院〈关于加快发展现代农业　进一步增强农村发展活动的若干意见〉》提出："启动专项工程，制定专门规划，加大对具有历史文化价值和民族、地域元素的传统村落和民居的保护。"2014 年《中共中央　国务院〈关于全面深化农村改革　加快推进农业现代化的若干意见〉》具体描述为："制定传统村落保护发展规划，抓紧把有历史文化等价值的传统村落和民居列入保护名录，切实加大投入和保护力度。"2015 年的文件进一步扩大了保护内容："扶持一批具有历史、地域、民族特点的特色景观旅游村镇，打造形式多样、特色鲜明的乡村旅游休闲产品。""完善传统村落名录和开展传统民居调查，落实传统村落和民居保护规划。"2016 年的文件中将此项内容表述得更加全面："依托农村乡土文化、绿水青山、田园风光等资源，大力发展休闲度假、旅游观光、养生养老、创意农业、农耕体验、乡村手工艺等，使之成为繁荣农村、富裕农民的新兴支柱产业……加强乡村生态环境和文化遗存保护，发展具有历史记忆、地域特点、民族风情的特色小镇，建设一村一品、一村一景、一村一韵的魅力村庄……实施振兴中国传统手工艺计划，开展农业文化遗产普查和保护。""加大传统村落、民居和历史文化名村名镇保护力度。开展生态文明示范村镇建设，鼓励各地因地制宜探索各具特色的美丽宜居乡村建设模式。"2017 年文件以"推进农业供给侧结构性改革"为主题，对乡村旅游、传统村落保护等做了更深入的解读："大力发展乡村休闲旅游产业。充分发挥乡村各类物质与非物质资源富集的独特优势，利用'旅游＋'、'生态＋'等模式，推进农业、林业与旅游、教育、文化、康养等产业深度融合。丰富乡村旅游业态和产品，打造各类主题乡村旅游目的地和精品线路，发展富有乡村特色的民宿和养生养老基地。鼓励农村集体经济组织创办乡村旅游合作社，或与社会资本联办乡村旅游企业。多渠道筹集建设资金，大力改善休闲农业、乡村旅游、森林康养公共服务设施条件，在重点村优先实现宽带全覆盖。支持传统村落保护，维护少数民族特色村寨整体风貌，有条件的地区实行连片保护和适度开发。""打造'一村一品'升级版，发展各具特色的专业村。""开展农村人居环境和美丽宜居乡村示范创建。"2018 年文件以"实施乡村振兴"为主题，提出"立足乡村文明，吸取城市文明及外来文化优秀成果，在保护传承的基础上，创造性转化、创新性发展，不断赋予时代内涵、丰富表现形式。切实保护好优秀农耕文化遗产，推动优秀农耕文化遗产合理适度利用。划定乡村建设的历史文化保护线，保护好文物古迹、传统村落、民族村寨、传统建筑、农业遗迹、灌溉工程遗产。""利用闲置农房发展民宿、养老等项目……保护保留乡村风貌，开展田园建筑示范，培养乡村传统建筑名匠。实施乡村绿化行动，全面保护古树名木。持续推进宜居宜业的美丽乡村建设。"

综上，党和国家层面对传统村落的保护和发展战略逐年深化，政策、目标及措施也在层层细化。倘若守正笃实，久久为功，传统村落的保护和发展必将成为城乡统筹发展大格局的典范。

2.4　传统民居保护和再利用的模式

"乡建热"的兴起使传统村落的保护与发展不仅迎来新契机，也面临新的挑战。如何解决现代与传统之间的矛盾，如何满足乡村经济发展需要并将传统民居加以保护与合理利用成为研究的重点。由于各地的传统民居都有鲜明的特点，其保护和再利用方法也不尽相同，并随着时间的推移在不断地发展，所以应根据各地传统民居的特点因地制宜地制定保护措施。国内外一些专家学者已根据实践和经验总结出一些保护和再利用模式，从某种意义上来讲，这些保护和利用模式代表着传统民居价值传播的方式，为传统民居的价值传播提供了有效途径。本节尝试对各种常见的保护利用模式进行归纳，并总结不同保护模式下民居价值的传播特点。

2.4.1　传统民居的保护模式

1. 原地保护模式

原地保护模式是指对某些带有明显环境特征的重要历史民居遗存及名人故居等，因其历史价值在建筑的原地进行保护。这种类型的传统民居通常受国家文物法规的保护，被列入就地保护的范畴，如山西祁县渠家大院、江苏苏州雕花大楼、云南建水县朱家园等一些大院，因其艺术或文化价值适宜在原地原物保护。

依据国家指定的历史文化遗产法规，采用原地保护模式的传统民居在资金上可得到一定的保障，其原真性和周边的环境得到最大程度的维护，民居建筑的社会价值、文化价值、艺术价值和科学价值都能得到有效的保护和传承。《中国文物古迹保护准则》的首要准则就是要求对古迹文物的保护应尽可能采取不干预策略，力求保存实物的原状和历史文化信息。但此种保护模式也存在一些缺点。因为我国传统民居量大面广，且多数传统民居文物保护等级较低，对其排查力度不够，致使许多有保护价值的传统民居得不到保护资金用于维护和修缮，加上村民亟须改善生活条件，通常会对老宅进行翻建和改造，这些都会在不同程度上影响民居建筑的风貌。

2. 整体保护模式

整体保护模式是将传统民居建筑依据环境特点进行整体系统性保护。这种模式一般应用于遗存相对完整的传统村落。整体性保护模式要求保护传统村落的原生态，保护其历史文化的完整性，包括对传统村落非物质文化遗产进行保护。2007 年闽南文化生态保护实验区的成立标志着我国首个国家级文化生态保护实验区的诞生，也标志着我国非物质文化遗产的区域性整体保护之路正式开启。截至 2018 年，经文化部批准设立的国家级文化生态保护实验区已有 21 个，涉及江西、四川、福建、安徽、青海等 17 个省、自治区、直辖市。

整体保护模式的优点是通过对传统村落进行完整和有机的保护，传统村落的历史、文化、科学价值能够得到全面的展现，并且能够让人们宏观地认识到民居的价值。整体保护能为传统村落的发展提供新的出路，为传统民居的价值传播探索更多可能的途径。整体保护模式的缺点是保护范围具有局限性，只适用于遗存相对丰富的传统村落，而目前我国此类村落相对较少，且都在由传统向现代转化，因而此项保护模式不宜全面推广。

3. 异地保护模式

异地保护模式是将传统民居从原地整体移置到另一新地段进行保护。这类保护模式有两种情况：一是一些有历史价值、科学价值和艺术价值的典型传统民居在原地保护非常困难，可以完整地搬移进博物馆保护。这种移置应是整体搬移，不应带有任何"创造性"和"美化"。如晋中的王家大院和常家庄园，西安关中民居博物馆和安徽蚌埠的民居博览园等，就是将已残存零散的传统民居构件集中移到一处，进行整体保护。二是传统民居周边环境遭到破坏或已成为孤立的单元，或当地已被规划为其他项目，民居具有较高价值，且因教育或旅游需要可以原型异地搬迁。原型异地搬迁有两种方式：①原部件异地集中重建，如徽州潜口民居群即将附近散于各地的皖南民居部件拆卸后集中重建，达到了较好的效果。②按原型在异地重建，如深圳的中华民俗村、昆明的云南民族村等皆属这一类型。这种重建虽忠于原型，但因旅游及教育需要并不完全拘泥于原型，多少带有一点"创新"的成分。

这种保护模式的优点是可以将分散在多处的传统民居进行整合，形成一个相对完整的保护区域，整合时可以根据原建筑的特点进行复原或局部更新，将其文化价值加以继承与发扬。当然，异地保护的原则要依据文物保护法的规定，必须坚持建筑的完整性和原真性。这种模式的缺点是传统民居脱离了原来的生存环境，一定程度上会影响原有的历史价值；如果移置时方法不当，建筑构件较易受到损坏，其原真性会受到影响。

4. 活态保护模式

活态保护模式是指在物质与非物质文化遗产生成发展的环境中进行保护，即在人们的生产生活过程中进行传承与发展的保护方式。活态保护能达到物质与非物质文化遗产保护的终极目的。"活态化"保护模式是相对"静态化"保护模式而言的。"静态化"保护模式相对简单，仅对村落中散落的重要民居建筑进行保护，而对民居建筑周边的整体环境缺少关照。而"活态化"保护模式不仅要保护好村落实体，更要保护好其中蕴含的历史文化，包括对非遗项目传承人的重视与扶持、现有村落基础设施的改造与提升、鼓励公众参与等。

传统民居建筑是传统历史文化遗产的重要载体，因此传统民居的保护必须是活态保护。传统民居保护的活化构筑中，村落里的村民既是村落空间功能的使用者，更是一种文化共同体。因此，留住人才能留住魂。传统民居保护的是人——原住民，如果传统村落离开了人，魂也将不复存在。具体可通过传统民居内部空间的提升满足村民现代生活的要求，如云南丽江民居就是通过内部功能设施改造（如改作旅馆、茶室等）而形成活态保护的。

然而，面对社会的迅速变迁，活态保护也面临诸多难题。一座村落不可能原封不动地保持最初的状态，从某种意义上看，没有一成不变的村落。如何保持保护与发展、传承与创新的平衡，值得人们深入思考。保证人在村中，并保证当地独具特色的文化与村落同在，时刻考验着人们的智慧。

在"保护第一，开发第二"的原则下，融入体验式的旅游活动是当前我国传统村落保护最时兴的一种方式，异于其本身生活的体验使旅游者获得更直观、深刻的旅游地印象。当然，这种模式需要注意避免盲目开发旅游，不能只看短期利益。要从宏观上把握开发的角度，进行系统的旅游策划，旅游产业的多样化与系统化才能支持长久的旅游业发展，更好地解决居民就业问题，控制人口外流，传统村落的活力才能得以实现，传统民居才能再生。

5. 虚拟保护模式

虚拟保护即数字化保护，是通过数据记录的方式，利用现代信息技术、多媒体技术和计算机技术构建全新的保护理念与方式。该保护模式不受时空的限制，既是传统建筑历史、文化信息保存的重要手段，也是以上几种实体保护模式的重要补充。传统民居的虚拟保存、信息再现及建筑的可视化等技术手段可为各类专家和普通用户提供新的研究平台与观摩途径。在传统民居建筑的保护过程中，将传统建筑营造、修建等施工技术与现代计算机的数字化技术结合，使其展示、修复和复原等环节更加直观，符合当今信息化时代的要求和特点。虚拟保护的优点是可以对传统建筑及建筑群开展多种保护模式的评估，既快速准确又有效避免了对古建筑实体的损伤，为古建筑的修复、重建提供了新的技术手段，目前已逐步体现出在古建筑保护领域的应用价值和潜力。虚拟保护的缺点是我国传统民居分布较分散，研究团队较少，没有形成一个完整的平台。

通过对以上几种不同保护模式的分析（表 2-5）可以看出，传统民居的保护方式是在不断发生变化的，逐渐由原来的单一模式向多元性、综合性模式转化。以宏村为例，村落中的大部分民居采用生活性保护利用模式及改造成旅馆、饭店的原地保护利用模式，同时存在着少量真实性保护的重要民居，使得民居的保护利用更具有针对性，满足了本地居民和外来游客多层次的需求（叶昕，2015）。

表 2-5　几种传统民居保护模式的比较

保护模式	适用对象	优势	劣势
原地保护	文物建筑	有法律保护，保证原真性，资金充足	使用中易损坏，保护级别不高，保护范围小
整体保护	保存较好的传统村落	比较系统，可持续性较强	保护范围有限，受法律法规限制
异地保护	非迁建无以保护的建筑	拯救濒危建筑，资源整合，传承传统工艺	原始环境易破坏，原真性易损失
活态保护	保存较好的传统村落	公众参与，保护与利用相结合，可持续性强	内部改造造价较高，资金缺口大
虚拟保护	濒危性传统建筑	不受时空的限制，快速准确，避免对古建筑实体的损伤	平台建设较困难，信息易丢失

2.4.2　传统民居的再利用模式

当前，有关传统民居再利用的研究主要分为两方面：一是对建筑本体环境和内部环境适度改造和整治，使其在保持传统风貌的基础上满足新的功能需求；二是在不同自然环境和社会背景下将传统村落物质功能空间进行互补交融，使其自身价值与社会需求充分结合。笔者通过实地调研与文献梳理相结合的方法，广泛收集现阶段我国不同地域传统村落民居再利用的案例，将再利用方式归纳为文化宣讲模式、公共休闲模式、商业服务模式、旅游开发模式、生态养老模式及认养认领模式六种模式（表 2-6）。

表 2-6　传统民居再利用模式分析

再利用模式	实施主体	改造目的	效益
文化宣讲模式	政府或文教部门主导	收集、陈列文物史迹，传播地域文化，展演传统工匠技艺	社会效益为主，经济效益为辅

续表

再利用模式	实施主体	改造目的	效益
公共休闲模式	乡镇政府主导，村民委员会协调	改善村落公共设施，适应村民现代化生活需求	注重社会效益
商业服务模式	村民自主改造，或企业等外部组织主导	为村民提供商业服务，为外来游客提供旅游服务	社会效益为主，经济效益为辅
旅游开发模式	开发商＋地方政府	丰富和完善旅游产品的内涵及价值，促进地区经济结构的转型与发展	注重经济效益
生态养老模式	公司＋村集体	缓解老年人"养老"的社会问题，盘活传统村落闲置资源	社会效益为主
认养认租模式	政府引导，社会参与	吸收社会资本投入民居保护，创造更多价值	社会效益为主，经济效益为辅

1. 文化宣讲模式

通常由政府主导，文化企业与民间组织参与，将传统民居改造为传统文化教育基地、民俗展览馆等建筑类型，功能主要以陈列传统村落家族族谱、展演传统工艺、宣扬传统文化为主，为非物质文化提供空间载体。因展览、教育、传播等功能需要，决定了被改造民居多为内部空间较为开敞、权属关系清晰、方便实施的公属性房屋，如学堂、宗祠或规模较大的民宅。一般采用在原址的基础上进行外部风貌整治，重点对内部空间进行局部调整的改造方式。该模式能够最大程度地保护民居的传统风貌，适当拓展功能后便能满足当代教育与展演功能要求（冀晶娟 等，2015）。

这种模式的不足之处：功能上注重物质层面的静态展览与陈列，展示途径与宣传方法缺乏灵活性，导致游客只能作为局外人被动地接受信息，难以参与或体验；实施主体多为政府或文化主管部门，投入资金有限，渠道较窄，运营要靠地方财政维持。

2. 公共休闲模式

这种模式一般由政府主导，村集体协调，将传统村落民居改造为民俗手工作坊、艺术家创作室、影视拍摄基地、农家书屋、青少年或老年活动中心等，为游客和村民提供公共休闲服务。因传统村落具有良好的自然环境与历史底蕴，越来越多的文化企业和个人选择传统村落作为办公场所。通过与当地村民达成租用协议，将传统民居重新利用。这种通过闲置空间改造使其匹配外来客户所需的模式满足了使用者、参观者的需要，无疑是一种有效的途径。

这种模式注重传统民居的经济价值、文化价值，改造方式能够延续村落传统风貌。但由于该模式主要满足休闲与旅游需求，村民除获取相应的房屋租金外，对于改造后业态的选择、经营及创造的机会很少，不能反映村民与传统村落、民居之间的依附关系，文化内涵得不到保护与延续。

3. 商业服务模式

当前，将传统民居改造为民宿客栈、"农家乐"餐馆是民居功能转化的主要方式。这种改造不仅可为村民提供必要的商业设施，也可为外来游客提供旅游服务。该类型注重经济效益，主要有村民自主和企业主导两种实施方式。

（1）村民自主

传统村落民居因规模小、产权关系复杂，村民可自主选择部分房屋先行改造，通过提供民宿、餐饮服务增加经济收入，进而带动其他村民投入改造，解决闲置资源的浪费问题。但改造时要注意对传统民居的保护，从村落整体环境考虑建筑的风貌，避免对传统民居本体价值造成较大破坏，同时要注意避免建筑功能"趋同化"，防止低水平经营，以免造成恶性竞争。

（2）企业主导

其优点在于资金充裕，有利于传统村落整体环境的改善。但由于企业多追求经济效益，功能选择多倾向于利润高者，造成经济形态偏于商业化，村落原有的社会网络关系易被商业氛围瓦解；改造仅从浅层业态进行转变，不利于永久延续。另外，企业为外部投资主体，容易与当地村民产生利益纠纷。

4. 旅游开发模式

（1）文化开发模式

这种模式是以风格独特的文化资源为核心吸引力，吸引人们前往进行观光、体验、休闲、感悟等旅游活动。文化是旅游的灵魂，旅游是文化发展的重要途径。文化旅游不仅有助于保护和开发各民族各地方的特色文化，丰富和完善旅游产品的内涵及价值，还有助于促进地区经济结构的转型与发展。就传统民居的保护和发展而言，其文化内涵的梳理包括五部分：一是与民居有关的历史知识，游客可通过了解传统民居的历史厘清该民居特有的形状、结构等；二是与民居有关的地理文化知识，让游客通过了解有关民居或民居聚落的地理知识深层次认识传统民居，如选址、选址过程中的风水观念、村落整体布局的原因等；三是民居建筑方面的知识，如民居内部布置、摆设、选材、当地的营建思想等；四是与民居相联系的民俗，包括当地服饰、生活习惯及风俗；五是文学，如与民居有关的诗、画、楹联、传说、匾额等；六是艺术，包括雕刻艺术、民间工艺、民间音乐等。

（2）精品开发模式

这种模式是针对当地最具特色、保护最完整、最有代表性的传统民居进行开发，开展一些市场针对性强的特色旅游活动。这些传统民居旅游价值高，加之浓厚的民族文化，往往带有很强的神秘色彩，对旅游者具有很大的吸引力。精品开发模式应做好传统民居的筛选工作，首先应选取具有特色、品味较高的精品传统民居，并逐步配备相应的服务接待设施，进而培育和改善旅游目的地发展的环境和条件；其次，对那些区位偏僻、交通条件差、游人可进入性差的地域性较强的传统民居，可采取加大投入、集优势资源重点打造的方式。

（3）联合开发模式

传统民居是一种有特色的文化旅游资源，但由于观赏时间较短，所以传统民居应尽量与周围其他类型的旅游资源联合开发，延长观赏时间，满足游客在最短的时间内欣赏最多旅游景点的心理。传统民居联合开发在内容上分为横向联合和纵向联合，从地域上又可分为区内联合和区际联合。传统民居的横向联合开发是指与其他类型的旅游资源联合开发，而纵向联合则是指打造传统民居专题旅游线路。区内联合是指区域范围内与同质或异质类旅游资源联合开发；区际联合开发则是指区域与区域之间传统民居旅游资源与其他旅游资源的联合开发（李连璞，2008）。例如，江苏的周庄与同里的联合属于纵向联合、区内联合，安徽的西递、宏村与黄山的联合属于横向联合，如果西递、宏村与浙江的千岛湖联合则属于横向联合、区际联合。

（4）多维开发模式

传统民居多维开发一般从三方面考虑：一是开发的对象应涉及建筑景观、建筑文化、依存环境和民俗民风；二是开发的方式应多样化，包括新建、利用改造、挖掘提高等多种方式；三是功能取向应多样化，包括观赏功能、休闲度假功能和专题旅游功能，进行综合性多层次开发。具体来讲，要利用建筑景观开展观光游览，利用建筑文化和民俗民风进行专题、考察旅游，利用依存环境和建筑实体进行度假休闲旅游。

5. 生态养老模式

将传统村落"闲置村"置换成"养老村"是传统村落华丽变身的一种新形势。传统村落特有的环境带来的人与自然的和谐相处越来越成为稀缺资源。如能将老年人妥善安置在传统村落中颐养天年，既能缓解老年人"老无所居""老无居养"的社会问题，又能盘活传统村落物质功能空间，实现"闲置房"的流转与再次利用。在传统村落进行"生态养老"是目前正在探索的一种全新的养老模式，人们在经过几十年忙碌的工作后，对亲近自然、享受生活有着更多的向往，远离污染的环境，走近大自然，选择自然养老、生态养老将成为一种趋势。

这种模式的实施主体可以是由"公司＋村集体（村民自治组织）"共同组成的社会服务设施管理运行机构。公司和村集体是主干与枝条的关系，公司作为主干从传统村落、养老群体、运营管理三方面引领"养老村"模式的运行，把充足的"水分"与"营养"通过村集体的形式运送到各个农户（孙瑞，2016）。

作为一种全新的养老方式，也应该看到传统村落养老存在的一些不利因素，诸如村落基础设施落后，尤其与城市相比在卫生环境、医疗条件等方面差距较大；宅基地限制流转制度带来的隐形流转方式给进村老年人带来忧虑等。打造适合进村养老的社区，还需要做很多工作。另外，政府对村落养老政策和资金上的支持及涉老法规政策的系统性、针对性、可操作性也有待增强。

6. 认养认租模式

该模式主要是吸收社会力量出资维护传统民居，以保护和抢修为主，并对其进行合理利用。传统民居认养认租保护办法既有利于吸纳社会资金参与民居保护，破解经费不足的难题，又能很好地唤起全社会的文化遗产保护意识。安徽省黄山市在 2007 年 5 月出台了《皖南古民居认领保护办法》，首批推出 106 个古村落，向海内外推介全新的古村落和非物质文化遗产保护模式，海内外人士可通过认领方式保护古村落或单幢古建筑，认领者将可获得古民居的居住使用权。2015年 3 月广西壮族自治区住建厅与文化厅、财政厅联合出台《加强广西传统村落保护发展的指导意见（试行）》，对传统村落挂牌保护，对重要而又闲置的历史建筑采取政府回购、社会认领保护等多种保护方式。如开平碉楼在认养期间，认养人享有免门票参观开平世界文化遗产的权利。而黄山市部分地方政府也在民居被认养后对其植入新功能，打造旅游新村，产生了巨大的经济与文化效益。但由于再利用的经济效益需要一段时间才能显现，而原所有人有收回房屋的权利，对于认养人来说存在投资风险，需要政府、村民与认养者之间达成协商与利益分配机制，才能有序推进。

2.4.3　国内外传统民居保护和再利用的成功案例

1. 国外传统民居保护与利用的成功案例

（1）日本古川町村的保护与利用

通过专家＋工匠＋村民社区参与、村规民约约束，以及传统村落民居物质形态保护、民俗民艺等文化遗产的挖掘、周边生态环境的改善、建立村史馆等手段，激发村民对于乡土文化的自豪感，成为日本最美丽的乡村。

（2）欧洲传统村落的保护与利用

通过公益组织＋村庄合作社＋农户＋城市居民的方式，强调生态、文化、经济及村落和建筑形态的良性、可持续发展。通过城市居民绿色食品的网上订单配送服务，合理调整村庄产业结构，建构村民直接受益的新型城乡协作关系。

2. 国内传统民居保护与利用的成功案例

（1）黄山市"千村万幢"工程

该工程主要针对不同村落的特点及资源条件，采取"一村一品"的保护方式，并组织多个政府部门，多方协作，共同带动传统村落民居的保护与利用的良性互动。涉及的相关部门主要有住建、文物、农业、水利等，分别对基础设施、民居本体维修、农业水利设施及村规民约等进行针对性引导和支持，形成了"看得见山，望得见水，记得住乡愁"的美丽徽派传统村落。

（2）婺源传统村落集群模式

这种模式采用公司＋村集体＋农户股份制经营，产权归村民所有，运营和管理权在公司，整个婺源传统聚落区的村民的生活生产场景作为传统村落集群无形资产的一部分，加之婺源自然山水、粉墙黛瓦的徽派村落，形成了"中国最美丽的乡村"的整体形象。村民在村规民约和村庄旅游发展管理规定的约束下保护利用民居和生态环境，并从门票分成和年终旅游收益股份分成中共同受益，安居乐业。

（3）台湾传统村落民宿改造模式

采用专家＋村民＋游客生活体验的方式，强调政府与专家介入，旅游发展中重视对于村民利益的保护与原乡文化的尊重。游客的乡土生活体验需要与村民同吃同住，共同承担生产劳动、分担家务，以体现民宿的核心本质。

2.5 小　　结

传统民居的保护和再利用需要理论的借鉴和指导，所以对传统民居建筑保护理论的梳理和研究是非常必要的。本章对传统民居建筑保护理论进行了纵向和横向的梳理，包括可持续发展理论、适应性理论、文化地理学、类型学、建筑现象学、空间的生产等，并对传统民居理论研究及学科取向进行了分析，认为当下传统村落民居研究已从建筑学范围扩展到文化人类学、类型学、社会学、文化地理学、文化生态学等有关学科，研究内容和研究方法都发生了转变，已经从单学科研究发展到多方位、多学科的综合研究，且不再局限于一村一镇或一个群体，而是扩大到更大的区域范围中去研究。通过梳理归纳这些不同的保护理论，希望为传统民居建筑保护及其实践提供依据。

当然也必须看到，我国当前传统村落的保护和发展遇到了新的瓶颈，尤其是在城乡一体化的大背景下，传统村落的"建设性、开发性、旅游性"破坏仍在继续，"千村一貌"的趋同问题已在所难免。新形势下用什么样的保护模式解决传统民居的保护和发展问题已成为有关学者、管理人员共同探讨的课题。分析当下传统民居的保护模式和保护理念，可为后续传统民居的保护和发展提供有效的途径。

第3章 鲁中山区传统民居建筑现状

3.1 鲁中山区概况

3.1.1 自然环境

1. 地形地貌

鲁中山区又称鲁中南山地丘陵区，地理位置为东经 116°～120.2°，北纬 34.4°～37.5°。鲁中山区依据地形分为南北两部分：南部山峰有蒙山、徂徕山等，地势相对平缓；北部主要有泰山、沂山、鲁山等，地势相对陡峭，为鲁中山区的主体山峰，这些主峰海拔高度都在 1000m 以上，其中泰山为最高峰。由这些主峰向周围逐渐降低为海拔 500～600m 及以下的低山丘陵，约占山东全省总面积的 15.5%，后又降至 300m 以下的山麓丘陵，没入与黄河冲积平原相连接的山麓冲积平原（张晓楠，2014）。

多山是该地区典型的地貌特征。其地貌显著的特点是：地势高度对比明显，是山东全省中低山分布最为集中的地区；地貌格局受地质构造影响，构造运动反应明显，如泰山、鲁山、沂山、徂徕山等均为断块山地，其中岱崮地貌是这一地区的典型景观；地貌类型多样，有岩溶地貌、火山熔岩地貌、流水地貌等。受地形地貌的影响，这些散落在丘陵和山地之间的传统村落多以当地的地理环境命名，多带有"峪""崮""岭""沟""寨""湾""山""坡""岗"等字眼，其中以"峪""岭""崮""沟"命名的居多。

2. 气候特征

鲁中山区在气候带上属于暖温带湿润气候，受山地丘陵地貌和东部沿海局部气候影响，年降水量多于周边谷地和平原。该区域山区气候特征明显，降水丰沛，日照较短，气温较低，自然灾害普遍较多，如霜冻、冰雹、旱涝等。由于山区地形对水气的阻挡和抬升作用，区域年降水量平均为 750～850mm，局部山地迎风坡年降水量可达 900mm 以上，6～9 月是雨量较集中的月份，无霜期为 190～220 天；年平均气温 12～14.5℃，极端最低气温为 -18～-14℃，气温随地形的升高而降低，如岱顶年均气温仅 5℃ 左右（表 3-1）。

表 3-1　鲁中山区部分地市区年、季、月平均气温（℃）

季节	月份	地市区				
		济南	淄博	泰安	莱芜	泰山
春	3 月	7.6	6.1	6.3	9.5	−1.6
	4 月	15.2	13.8	13.5	14.5	5.6
	5 月	21.8	20.2	19.4	21	11.3
	平均	14.9	13.4	13.1	15	5.1
夏	6 月	26.3	25.1	24.7	25	15.6
	7 月	27.4	26.9	26.3	26.5	17.8
	8 月	26.2	25.5	25.4	25.5	17.1
	平均	26.6	25.8	25.5	25.6	16.8
秋	9 月	21.7	20.5	20.3	19.5	12.5
	10 月	15.8	14.2	14.4	11.0	6.8
	11 月	7.9	6.5	6.5	7.0	−0.2
	平均	15.1	13.7	13.7	12.5	6.4
冬	12 月	1.1	−0.5	−0.3	−4.0	−6.1
	1 月	−1.4	−3.0	−2.7	−0.1	−6.8
	2 月	1.1	−0.6	0.1	−2.5	−6.7
	平均	0.3	−1.4	−1.0	−2.5	−7.1

注：表中数据由笔者依据 2013 年天气预报数据整理。

由于山地与周围谷地相对集中，山区气候垂直分异现象明显。域内北部与南部气候差异较大。山区西北部由于山体阻挡，加之距海较远，夏季风势减弱，雨量较少；而东南部受夏季东南季风的影响，且临近海洋，可以更多地接纳温湿气流，雨量较多。

3. 水文特征

域内泰山、鲁山、沂山等山体连成一片，成为域内河流主要的发源地，如孝妇河、潍河、沂河、小清河等分别属于不同水系的河流。其中，区内水系以鲁山为中心，向东、南、西呈放射状分布，如淄河、弥河、沂河、汶河等水系均发源于这一带。该区域径流较为丰富，年径流深度达 300～400mm，为全省径流的高值区。因水域径流季节性较强，年内分配不均，地表水仍感缺乏。例如，沂河

（又名沂水）全长 386km，山东境内长 287km，流域面积 11600km²，山东境内面积 10772km²，年径流量为 35.1 亿 m³，其中 7 月、8 月占全年径流量的 67.6％。

鲁中山区地表水源存量较少，但地下水源较为丰富。由于山区地质构造特殊，地势起伏较大，形态多变，再加上山势局地承压上升或潜流的影响，为地下泉水的汇集和渗透提供了相应的地质水文条件，在其山谷或地下形成涌量较大的泉水。例如，济南也称"泉城"，其中著名的七十二泉多数位于南部山区，泉水资源和临水而居的生活方式诱发了不少具有独特建筑风貌的传统村落，如历城区仲宫镇大泉村、历城区柳埠镇突泉村等。

4. 土壤、植被和岩石

（1）土壤

区内土壤类型多样，主要有棕壤、潮土和褐土等土类。土壤深受母质的影响，酸性岩区基本发育为棕壤，石灰岩及黄土分布区基本发育成褐土（张永利等，2005）。

（2）植被

鲁中山区属于暖温带，自然生态环境优越，植被资源较为丰富，地带性植被是暖温带落叶阔叶林，主要植被类型有乔木、灌木和草本植物（徐萍，2013）。

山区内以松类、柏类和落叶阔叶树为主，乔木植物主要有赤松、刺槐、麻栎；灌木分布最广的是黄荆、酸枣和胡枝子，还有紫穗槐、白蜡、金银花、玫瑰花及近几年引进的沙棘等。

丘陵地带的草类主要有苜蓿、黄背草、白羊草、狗尾草、荩草、马唐、鬼针草、画眉草等。

平原地带的粮食作物以小麦、玉米、甘薯、大豆为主，经济作物有棉花、花生、黄烟等，多为二年三作（徐萍，2013）。

（3）岩石

整个山东大陆在长达 30 亿年的地质历史演化过程中，地质构造经历了复杂的变化。山东中部地区的地质结构演化主要经挤压作用形成大量造山花岗岩，还有其他造山岩石，如石英砂、大理岩、安山岩、辉绿岩、橄榄岩、闪长岩等。此外，建筑用的石灰岩也很普遍，如淄博柳泉的石灰岩、炒米店的石灰岩、张夏的石灰岩等。

丰富的岩石资源为该地造屋提供了原材料。工匠们会根据每种岩石不同的物理特性选择作为建造的材料，并依据岩石的肌理和色彩分别运用到建筑的不同部位。例如，石灰岩硬度适中，易于加工，通常用于外墙的垒砌、地基和台阶的铺设，也有的在门梁和基座的部位采用石灰岩砌筑或雕刻装饰；青白石质地坚硬，纹理细腻，抗风化，适合做建筑的构件，常用它制作建筑的台基、栏板、柱顶石、阶条石等。西汉著名文学家东方朔在其《神异经·中荒经》中有关于青石的记载："东方有宫，青石为墙……门有银榜，以青石碧镂。"由此可知，青石在古代建筑中就已得到利用。

3.1.2　人文环境

1. 人口迁移

人口迁移是指人口在两个地区之间的空间移动，这种移动通常涉及人口居住地由迁出地到迁入地的永久性改变。一个地区的人口状况是社会生存和发展的重要基础。由资料记载可以看出，山东人口状况与历代移民有着密切的关系，历史上以明初山西洪洞移民和 20 世纪末的三峡移民为最。移民大多为了躲避战乱或因民族大业而举家迁徙，不仅促进了地方人口增长和经济发展，还促进了当地民俗的结构调整。民居作为居住文化的主要内容，融合了不同地区人民带来的民俗文化，在山东文化的融合中发挥着重要作用。

历史上鲁中山区的人口迁移大致可分为三个阶段：第一阶段是从宋朝至元朝时期，在这三四百年的时间里，由于该地区战火不断，出现了大量百姓四处逃亡的现象，尤其是元末战乱，使山东人口急剧减少。第二阶段是明代初期。这个阶段也是鲁中山区乃至整个山东人口调整力度最大的历史时期。明朝的统治者为了开垦荒芜的土地，大力发展地方经济，推行了"移民就宽乡"的民垦政策，当时山东很多县城皆被列为"宽乡"区，从洪武二年到永乐年间大批百姓从山西洪洞县、河北枣强县等人口稠密的地区迁至山东山区。据山东部分县市的村落历史档案资料记载，山东省许多地区的村落大多建于明朝初期。据统计，兖州区有 533 个自然村，其中建于明代的有 388 个；嘉祥县有自然村 782 个，明朝建村 530 个；郓城县有自然村 1388 个，明朝建村 966 个；曹县共有自然村 2776 个，明朝建村 1606 个；滕州市有自然村 1223 个，明朝建村 687 个；沾化区有 422 个自然村，建于明代的有 303 个。而地处鲁中山区的传统村落更在少数。以地处济南近郊的章丘区为例，20 世纪末有 1061 个自然村，其中建于明代的村落就达 640 个。潍坊青州市井塘村距今已有 600 多年的历史。据《吴氏家谱》记载，吴氏三兄弟就是明初从山西洪洞经由河北冀州府枣强县马安场中转迁来的，老大迁至高柳吴家庄，老二迁至安丘洪河村，老三迁至吴家井，于明景泰年间至井塘立村。又如，济南市章丘区朱家峪村，据《章丘地名志》记载，明洪武初年，朱氏家族自河北枣强迁到该村。这场人口大迁徙极大地促进了明初经济的发展，也为山东山区村落的形成奠定了基础。第三阶段是清末民初。从清末到民国，许多山东人背井离乡开始"闯关东"。当时清政府将关东划为"龙兴之地"，严禁汉族人进入东北垦殖。迫于连年战乱和不断的自然灾荒，越来越多的山东籍农民走陆路或泛海辗转到辽东，数量之多，规模之大，在中国近代史上少有。据记载，"闯关东"的流民有700万～800万人。这次人口外流对山东人口和村落的重构产生了较大影响。

显然，大规模人口迁移对区域文化融合起到了积极作用，但人口外流必然对村落形态的变迁产生负面影响。从迁入鲁中山区传统村落的居住关系来看，血缘因素引起的同族聚居现象十分明显，且邻里关系非常密切。大多数村落都是以村民的姓氏命名的，村民对其有很强的归属感。对于村外的人，人们以其所在的村落相辨认；对于村内的人，人们以其所属的血缘族群相辨认。这种宗族社区的村落组织形式是人口迁移的重要结果（张晓楠，2014）。

2. 民风民俗

山东民俗发展源远流长，早在原始社会山东民俗就已大量存在，其中以东夷文化创造的民俗较为突出，遥遥领先于同时代其他地区的文明。作为华夏文明的重要源头之一，东夷文化的主要发源地就在鲁中山区和沂沭河流域。在历史发展的长河中，人们逐渐创造出具有山东民俗特点的典型文化，如礼乐制度、制陶技术、酿酒技术、丧葬制度等。

随着周王室的没落，各路诸侯逐渐兴起，列国异政使民俗在各诸侯国出现较大变化，但随着孔孟学说的传播，礼仪之邦的地位和形象逐步得以确立。历史上的齐、鲁民俗之别对后来山东民俗的地区差异有较深刻的影响。姜尚治齐采取的是"因其俗，简其礼"政策，因此齐国的习俗继承了东夷的文化传统，保留了长女不嫁、婚不亲迎、禳田祭土等风俗。它较少受宗周礼制的束缚，其通商惠工、尊贤尚功等行事更带有商品经济的色彩。鲁国风俗以周礼取代原有的文化传统，带有自然经济的色彩，其风俗更加保守、简朴。齐鲁风俗虽不同，但都源于东夷文化的传统，都以礼仪为民俗思想实践的核心。儒学和孔孟学说在这一时期的兴起对山东民俗文化的传承起到了重要的规范作用（高梅，2008）。

秦汉之后，山东民俗在儒家思想的影响下逐步得以统一并形成传统。虽经历次朝代更替和民族文化融合，但以礼仪为民俗思想和民俗行事的核心并无多大改变。直到近代，山东民俗才开始向现代化演进。

鲁中山区作为东夷文化的发源地，民俗文化可谓丰富多彩。例如，其中的音乐、戏剧、舞蹈等，地方戏曲以济南地区的山东快书、山东大鼓，泰安地区的山东梆子，淄博地区的五音戏等较为著名，地方舞蹈以济南的灯舞、狮子舞、高跷、火龙舞，淄博地区的商家大鼓等较为著名。

3. 宗教礼法

中国传统社会是一个以血缘关系为纽带的家族社会，地缘是血缘的投影（费孝通，2011）。中国古代村落的形成是血缘关系和宗族制度共同作用的结果，很多村落的形制都表现出很强的宗族性，符合中国传统建筑讲究的"尊卑有序、长幼分明"的规制。《礼记·曲礼》有云："道德仁义，非礼不成。教训正俗，非礼不备。分争辨讼，非礼不决。君臣上下，父子兄弟，非礼不定。"这充分说明礼教已渗透到社会各个领域。

老子曰："人法地，地法天，天法道，道法自然。"孔子曰："智者乐水，仁者乐山。"道家思想提倡道法自然，无为而治，与自然和谐相处，这种"天人合一"的理念影响着中国传统建筑的整体布局，而儒家传统文化的礼制观念又使中国传统建筑的秩序得以展现。儒家文化作为中国封建时代的主流文化绵延两千多年，成为封建统治者统治社会的正统思想。受儒家文化"三纲五常"及"家天下"伦理的影响，鲁中地区传统民居严格遵守礼制秩序，其建筑平面往往有明确的轴线和主从关系，通过轴线将整个组群贯穿起来，形成统一的整体。这种主次和秩序表现无疑是儒家"中正无邪，礼之质也"思想的物化，同时这种格局也影响了山东人淳朴、忠厚、循规蹈矩的人文性格，反过来更加强调居住形制上的"讲究"和对"秩序"的尊崇。

4. 文化信仰

由于鲁中山区以泰山为中心，其地方文化信仰与泰山文化紧密关联。历代帝王到泰山封禅与祭祀的行为就是对泰山信仰的重要尊崇，这种泰山祭祀的制度化多带有官方色彩。历代帝王将"通天"和"辖地"看作人与"神"沟通的外在形式，其敬畏之意是实现与神灵交流的有效途径，故《孝经·士章》曰："祭者际也，人神相接，故曰际也；礼者，似也，谓祀者似将见先人也"。从秦代开始，不少统治者会登临泰山举行盛大的祭祀仪式，泰山封禅文化由此诞生。例如，汉武帝六次"东巡"，到泰山举行封禅仪式；清代乾隆皇帝十一次朝拜泰山，六次登岱顶。可见，以泰山文化为主题的祭拜活动早已渗透到国人物质和精神生活的多个层面（逯海勇 等，2017）。

另外，中国人有"泰山安，四海皆安"的说法。民间将泰山当作生命的保护神，因此登顶祭拜，希望"泰山神"保佑自己。在汉代铜镜上就有铭文记载了人们登泰山祭拜的行为："上太山，见神人……受长命，寿万年。"人们相信亲自登顶能见到神仙，能长命百岁，"官秩""子孙""富贵"就会得到保障。《方术·许曼传》云："许曼者……自云少尝笃病，三年不愈，乃谒太山请命。"《后汉书·

方术传》中也有泰山不仅掌管人之生命，而且是生命安全的靠山的说法。

庙会是最能体现民间信仰的活动。庙会因信仰而"会"，赶会者不分阶层、男女，不计贫富差距，均可参与，具有全民性的特点。每逢起会，"天下之人，不远数里，各有香帛牲牢来献"。人们在这里可以完成生活的诉说，或兴奋，或苦闷，或祈求，精神得到慰藉，心理得到满足……信仰是朴素的，情感是真挚的，无论出身如何，不分贫富贵贱，人们在泰山信仰里都能找到精神的慰藉与寄托。国泰民安成为泰山信仰的终端关怀（刘慧，2015），影响着人们居住、生活的方方面面。

5. 风水文化

风水学又称"堪舆术"，是中国传统文化的重要组成部分，在古代建筑选址中扮演着重要的角色。通过考察包括地势地貌、气候、水文、植被、土壤等在内的地理环境，择"吉地"布局建设，其目的就是充分发挥地理环境的优势，规避地理环境的劣势，以求理想的人居环境。

从鲁中山区的山脉之势分析，山势北高南低，区内水系丰富，流域内部又形成数条小流域，层层嵌套，具有优越的风水整体格局。针对不同的小气候环境，原始村落因地选址，不断调整发展。

3.2 鲁中山区典型区域划分

鲁中山区面积约为 6.5 万 km^2，东侧有潍河和沭河谷地与鲁东丘陵分界，西侧有鲁西平原，北依泰山、鲁山、沂山，南接蒙山；地形以山地、丘陵为主，还有盆地、山间平原和山前平原等地形。整个山区地势北部较高，从西北向东南以泰山、鲁山、沂山等山地构成较为明显的分水轴。本书根据地貌组合、区域差异及研究侧重点，将鲁中山区分为济南山区、泰安山区、淄博山区、莱芜山区及沂蒙山区等区域。不同的区域特征造就了不同特色的传统民居建筑。

3.2.1 济南山区

1. 辖区概况

济南山区地处鲁中南山地北翼，属泰山北支余脉，自南向北有低山丘陵分布。从行政划分来看，济南山区地理范围涉及市中区南部、历城区南部、章丘区中南部、长清区南部及平阴县东部。

2. 自然环境

济南山区属暖温带大陆性季风气候，气候及地理特征主要表现为：四季分明，冬冷夏热，夏季雨量集中；地下水和地表水众多，山区水资源不仅保证了城乡居民的生活用水，也成为山区重要的自然景观；山区森林资源丰富，植被覆盖面广，为当地传统村落民居的建造提供了丰富的建材，也对水土保持和气候改善起到关键作用。

济南南部山区包括历城区所辖的柳埠镇、仲宫镇、西营镇，以及港沟镇和彩石镇的南部地区。该区地形属低山丘陵区，自南向北分布，区内山峰绝大多数都在海拔 900m 以下，唯有济南、泰安、莱芜交界地带的梯子山海拔在 900m 以上。该区群山环绕，峰峦叠嶂，山水相依，是济南市山地最集中、景点分布最多的地区，有济南"后花园"之称。

在这些山区中分布着许多传统村落，且多数历史久远。据历史记载，早在春秋战国时期柳埠镇就有人居住，还曾经是齐国的战略要地；至隋唐柳埠逐渐发展成为山东商埠重地，明代曾用柳蒲、柳埠店命名。据传，因柳氏最早居住在此地，以店铺经营为业，后因人口增多，遂成为当地商贸集散地，柳埠之名逐渐得以沿用。又如建于元代的彩石镇西彩石村，原名为探石庄，明洪武年间有党、杜两姓迁此居住，后又有其他姓氏由枣强县迁入。因村西盛产灵石，色彩多样，故名彩石村。

济南山区总体上山地分布较为广泛，仅章丘一区山地面积就超过 $500km^2$，长清区境内山地面积过半，平阴几乎全被山地覆盖。此外，济南山区还有一些小型盆地，盆地、丘陵和山地共同构成了该地区复杂多样的地貌特征。其地势总体南高北低，呈坡状。历城、章丘、长清南部、平阴东南部海拔较高，中部地区海拔较低。这些不同的地貌在某种程度上也影响着当地传统民居的形态特征（李士博，2014）。

3. 传统民居

济南山区传统村落民居受地形、气候、文化习俗、建筑材料等多种因素的综合影响，院落多为典型的合院式布局，略呈方形，个别区域受经济条件的限制，也有"一"字形和"L"形院落。民居院落布局相对集中，也有的因地形起伏较大而呈现立体化特征。院门位置视街巷方位而定，东西走向时入口通常在院落东南方设置，南北走向时则在东厢房或西厢房的南侧设置。院落正屋通常作为客厅和主人的卧室，厢房一般二至三间，东厢房作为厨房和柴房，西厢房是卧室，南部倒座用作杂物间。该区域传统民居以石材、土坯等材料为主，民居风格质朴厚重，体现出该地的建筑特色。由于技术条件不同和就地取材的习惯，区域内民居营建用材也不相同，以石灰坯、青砖为建材的民居主要分布在章丘山区一带，以石材、夯土为建材的民居主要分布在长清和平阴山区。以石灰坯砌筑的墙体色调稳重，坚固耐用，墙体寿命可达百年之久；用青砖砌墙，深灰色青砖与白石灰墙面相互映衬，再加上门楼、窗户、屋脊、檐口精美的造型，体现了当地较高的文化和经济水平（图3-1）；用夯土、石料建造的民居装饰简单，风格质朴。

受地理环境和气候的影响，济南山区各地民居屋顶形式差异较大，章丘山区多为硬山青瓦双坡屋顶，长清和平阴山区多采用囤形屋顶。囤顶民居与一般硬山民居相比高度较低，屋面不起脊、不挂瓦、不苫草，房顶用灰泥抹平，中间微微隆起，向前后两檐缓缓下降，呈漫坡弧形，显得厚重质朴（图3-2）。

图3-1　石灰坯砌筑的传统民居　　　　　　图3-2　囤顶民居

3.2.2　泰安山区

1. 辖区概况

泰安市位于泰山南麓，辖区有泰山区、岱岳区、肥城市、新泰市、东平县、宁阳县六个县市区，面积7761km²。该区地势北高南低，地形地貌多种多样。

2. 自然环境

泰山位于华北平原南北通道与黄河中下游东西要道的交叉枢纽之处，独特的地理位置对泰山文化的影响及弘扬起到了极其重要的作用。

泰安山区主要分布在市区北部和东部，面积为14.07万hm²，占全市土地总面积的18.3%。五岳之首的东岳泰山雄踞市域北部，面积为426km²，其中主峰玉皇顶为山东省内第一高峰，海拔1532.7m。区内徂徕山位于市区东南部，莲花山位于新泰境内；丘陵主要分布在新泰、宁阳、东平及市郊部分地区；平原主要分布在河流沿岸，多为河谷平原和山前冲积、洪积平原。

泰安市属于温带大陆性半湿润季风气候区，夏季炎热多雨，春季干燥多风。泰安市共有水域面积约300km²，占全市总面积的3.9%，其中东平湖是市内水域面积最大的淡水湖，为《水浒传》中八百里水泊唯一遗存的水域。

3. 传统民居

泰安山区民居院落的布局大多"因地制宜，坐北朝南"而建。例如，泰山、徂徕山等山脚下的民居院落多数布局不太规整，或临路而建，或沿崎岖的山路错落排布，受地形限制，院落一般相对较小，民居、山体相映成趣，浑然一体（张勇，2012）。

泰安山区山石多为花岗岩或石灰岩，也有变质岩。在民居用材上，山地、丘陵地区多用石灰岩或河滩里的石头打地或砌墙。石灰岩的色彩呈灰白偏黄、偏青，自然的肌理和凝练的色彩给人一种回归感和宁静感，有如泰山一般稳重、质朴，用它砌筑房屋，不仅美观，而且耐用。用河滩里被打磨光滑的形状各异的石头建造房屋或铺地，色彩斑斓，显得极有趣味（图3-3）。石料丰富的地区用毛石干搓院墙和屋墙，平原、洼地地区则用花岗岩、石灰岩做出屋角，腰线以上用泥土或土坯垒筑，腰线以下用乱石砌筑，防止雨水的冲刷（图3-4）。

图 3-3 以卵石砌筑的传统民居   图 3-4 用毛石干搓砌筑的传统民居

由于受泰山文化和儒家文化的双重影响，这片土地上的民居建筑呈现出特有的建筑形态和文化气息，如中庸、四平八稳。该地俗称的"簸箕掌"和"坐墙影壁"是当地民居的特色。"簸箕掌"实际上就是三合院，无倒座，院落格局较为封闭。堂屋作为山区院落的主要功能性房间，一般盖三到五间，中间作为客厅，用于招待客人，两边的房间作为主人的卧室。堂屋通常带有台阶，台阶一般三到五级，既显庄重，又能起到很好的防潮作用。"坐墙影壁"是当地人将影壁镶在厢房的外山墙上的做法，它是整个院落空间秩序的起始。影壁与大门呼应，有挡有开，既能阻隔视线，保护院内的隐私，又保持了院内生活的安宁。

3.2.3　淄博山区

1. 辖区概况

淄博市地处山东中部，主要包括淄川区、博山区、张店区、周村区、临淄区和沂源等地，市域面积 5965km²，占山东省总面积的 3.8%。

2. 自然环境

淄博山区东、南、西三面环山，中间低平，呈簸箕状，地势南高北低，南北高差达 1000m 以上。山地、丘陵、岩溶地貌主要分布在南部，占市域面积的71.9%。南部鲁山主峰海拔达 1108.3m，是山东省第四高山。宋代诗人梅尧臣曾游鲁山，写了《鲁山山行》，称赞这里优美的景色："适于野情惬，千山高复低。好峰随处改，幽静独行迷。霜落熊升树，树空鹿饮溪。人家在何许，云外一声鸡。"

淄博山区属半湿润半干旱的大陆性气候，年平均气温为 12.5～14.2℃，年均降水量为 657.8mm，主要河流有沂河、新汶河、牛角河、弥河等。区内超过10km 的大小河流有 78 条，平均河流密度为 0.295km²；已发现的矿产资源有 50种，已探明储量的有 28 种。煤、铁、铝土矿、耐火黏土等重要矿产多集中分布在中部地区，矿产聚集度较高，在山东全省具有明显的优势。

3. 传统民居

该地区的传统村落大多沿山或沿河布局，体现了村落与地形地貌的互融关系。尽管村落因地形和环境的差异呈现出不同的格局，但因村落民居依势而建，集中布局仍较明显。院落大小差异较大，有的呈合院形态，有的相对单一。村落民居及院墙均由石块砌筑，屋顶檐板外伸较大，以免墙体受雨水侵袭，也增加了建筑物的美感；早期屋顶采用山草苫顶，注重实用；街道为石板铺路，石砌台阶穿插其中，形成曲折、幽深的巷道，与主街相连；有较完善的排水系统，水系曲折蜿蜒，与民居呈平行之势，构成了自由、多样的街巷空间形态。尽管山区采石方便，但由于采石成本较高，一些墙体腰线以上仍采用土坯或夯土建造，腰线以下的建筑基础部分或墙角等承重部位仍用比较规整的石块砌筑。砖墙在山区较少见，主要由于山区地处偏远，难以运输，只有在个别富裕人家的门楼、窗口部位才能见到。在装饰方面，淄博山区传统民居受建筑材料所限，仅用石材在门枕石、墀头、屋檐等部位做简单的雕饰，少用木雕，仅限于大户人家的门楣部位，雕刻多粗犷、朴素，体现出该地民风朴实、忠厚、豪爽、守道的特点（图 3-5、图 3-6）。

图 3-5 以石材砌筑的传统民居　　　　图 3-6 用混合材料砌筑的传统民居

3.2.4 莱芜山区

1. 辖区概况

莱芜区为山东省济南市辖区，位于泰山东麓，总面积 1739.61km²。

2. 自然环境

莱芜地形为南缓北陡、向北突出的半圆形盆地，北、东、南三面环山，北部山脉为泰山余脉，南部为徂徕山脉，西部开阔。山地丘陵约占莱芜区总面积的 86%。

莱芜属暖温带半湿润季风气候，夏季炎热多雨，冬季寒冷干燥，年平均气温 13.4℃，年降水量 707.9mm。境内共有大小沟河 404 条，多数属于大汶河水系，其中牟汶河最长，为 64.5km，流域面积 50km² 以上。建筑用石材主要有花岗岩、石灰岩、白云岩、玄武岩、辉绿岩等。

3. 传统民居

莱芜传统民居多集中在北部山区。当地村民在 400 多年前就开始用石头建房，并用石块堆砌梯田的围堰，目前超过百年的传统民居大多数保存较为完整。该地民居建筑布局比较灵活，以实用为主，多采用合院形式。墙体全部采用石头垒砌，如石屋、畜棚、石磨、石槽，皆用石头，而且大多为两层，一层养牲畜或作储藏室，二层住人。这些石屋大都依势而建，沿街砌筑两层，虽拥挤但不凌乱，虽拐弯抹角却路路相通，尤其是通道拐弯处作了一人多高的抹角处理，充分反映了当地"上不让天，下不让地，中间让和气"的民风（图 3-7、图 3-8）。

图 3-7　全部用石头垒砌的石屋　　　　　图 3-8　依势砌筑的传统民居

3.2.5　沂蒙山区

1. 辖区概况

沂蒙山区是一个人文地理概念，主要包括沂南、沂水、蒙阴，其中蒙山、沂水为地域标志的革命老区。

2. 自然环境

沂蒙山区的沂水县为低山丘陵区，西部、北部和东部三面环山，中南部为平原，最高点为县境北部沂山南侧的泰薄顶山，海拔 916.1m。沂南县亦属低山丘陵区，地貌特征明显，自西向东依次为低山区、平原区、丘陵区。西部低山区面积为 1029.68km²，平原区面积为 412.73km²，丘陵区面积为 331.67km²。蒙阴县位于泰沂山脉腹地，地势南北高、中间低，由西向东逐渐倾斜，山地丘陵占总面积的 94%。辖区内蒙山是山东省第二高山，云蒙峰海拔 1108m，已被列为国家级森林公园。沂蒙七十二崮，其中三十六崮在蒙阴。

沂蒙山区属暖温带季风区半湿润大陆性季风气候，四季较为分明；境内水资源丰富，有沂河、沭河、中运河、滨海四大水系，其中沂河和沭河为主要河流。多样的地貌类型、温和多雨的气候条件、纵横交错的河流及得天独厚的人文资源使沂蒙山区成为全国重要的生态旅游区。

3. 传统民居

该地区传统民居受经济条件及地域文化的影响，整体上给人以质朴、厚重之感。院落以三合院为主，北面为主屋，东面是厨房，西南角为畜屋。当地有"东南门，西南圈，进了门就做饭"的谚语，反映出该地民居院落布局的基本规律。院门一般设在院落的东南角，是进出通道，也是雨水排放的主要出口。院门一般是用荆条编的小篱笆门，少有门楼，这就是所谓的"柴门"。柴门的木柱安装在山墙的宅门石上。安放宅门的围墙半人多高，全部由碎石砌成，人在街上就可以看到院子里的活动。柴门、院墙都是象征性的。房屋墙体多为土坯墙，墙体很厚，隔热性能好；屋顶为坡顶，用较厚的麦草铺成，夏天不易晒透，屋内比较凉爽。该地区居民崇尚节俭，民居建筑以朴素、实用为主，外部整体色调呈青灰色或褐色，反映了山民敦厚朴实、不事张扬的性格（图3-9、图3-10）。

图 3-9　质朴的农家小院　　　　图 3-10　用厚实的麦草铺就的屋顶

3.3　鲁中山区传统村落的分布及特征

"村落"一词最早出现在《史记·五帝本纪》中，"一年而所居成聚，二年成邑，三年成都。"其注释中称："聚，谓村落也。"（胡彬彬 等，2017）《三国志·魏志·郑浑传》有："入魏郡界，村落齐整如一。"《汉书·沟洫志》记载："或久无害，稍筑室宅，遂成聚落。"由此可以理解，早先村落主要是指处在都邑之外的乡村居民点。

之前有关传统村落的含义不甚明确，2012 年住建部等部门在联合出台的《关于加强传统村落保护发展工作的指导意见》中将传统村落定义为"拥有物质形态和非物质形态文化遗产，具有较高的历史、文化、科学、艺术、社会、经济价值的村落。"传统村落是我国农耕文明遗存的宝贵遗产，它们拥有丰富的民族历史文化资源，具有突出的现代价值（李技文 等，2017）。

3.3.1　传统村落的类型及划分

鲁中山区地形地貌丰富多变，农耕文化源远流长，加上区域商业活动繁荣，逐渐形成了一大批类型丰富、数量众多的传统村落。

依据地理环境特征，可将传统村落划分为山地村落、丘陵村落、台塬型村落、平原型村落和高原型村落等；按照村镇体系中的地位和职能，村落分为基层村、中心村、一般镇、中心镇四个层次；按不同层次及常住人口数量，村落可划分为大型、中型、小型三级；按村落主导产业结构及功能差异，可分为农业村落和非农业村落两大类（于东明，2011）。

以村落的形态划分，传统村落可分为三种：第一种是自然型聚落（多为血缘型聚落），形态保留非常完整，与自然地形地貌浑然一体，如淄博南部山区、莱芜北部山区等传统村落多属于此类；第二种是商贸型聚落（亦称为地缘型聚落），这种村落通常位于商贸比较发达的水陆枢纽处，如古商道、码头等，如章丘博平村、杨官村，泰安鱼池中村等；第三种是堡寨聚落，多为庄园堡寨，也有的在浅山丘陵地区依山势而建，如淄博李家疃、莱芜逯家岭等传统村落。

以村落的集散情况来看，传统村落还可以分为集聚型和散漫型两种村落形式（表3-2）。集聚型传统村落依照村落的平面形态又分为团形、带形和环形三种。

表 3-2　集聚型村落和散漫型村落的比较

类型	特点	区别
集聚型村落	多位于平原地区或丘陵地带，村落通常以主街为中心，道路多呈双排或多排分隔民居，通过民居各组团的主次两级道路组合成内聚型的村落形态	具有较强的普遍性
散漫型村落	村落没有明显的主街，民居院落零星分布，并尽可能地靠田地、山林或河流湖泊，各院落之间的距离因地而异，并无明显的隶属关系或阶层差别	分布在局部地区和部分村落

团形村落是我国最多见的农村聚落形态，其平面形态近似于圆形或不规则多边形，南北轴与东西轴基本相等，这种村落多位于盆地和平原地区；带形村落受地形条件的限制，或沿山谷呈带状发展，或为避免洪水灾害座落在山谷，或沿道路延伸，或靠近水源，以方便交通运输；环形村落类似于带形村落，通常环山或环水延伸发展。

散漫型村落的特点是民居比较分散，村落边界较模糊。这种村落虽比较分散，但也有一定的规律可循，通常与耕作半径及资源利用有一定关系。例如日本砺波平原上的散漫型村落，民宅之间的距离约为80m，很难确定村落的边界范围。

3.3.2　传统村落分布的规律

自人类开始出现营造行为以来，就对改造自然、创造适合于人类的生存空间进行了积极的探索和思考。农业时代的社会生产力和经济技术条件相对落后，人与大自然的关系表现为顺从与遵从，传统村落保留着更多自然、朴素的印记（张晔，2015）。然而，随着人类社会文明的发展，经济能力逐渐增强，人类社会关系的复杂性逐渐显现，单纯依靠自然和适应自然的行为逐渐减少，人类主观意识中与自然和谐共存的生存观念逐步增强，传统村落的原生态环境效应已成为人类与自然和谐共存的新型样板。

就鲁中山区的地形地貌而言，传统村落的分布大致可分为以下几种情况。

1. 沿山谷分布

山区腹地的村落一般沿山谷分布，山坡两边开有梯田和沿山道路，一方面为了方便村与村之间的横向交通，另一方面为了方便村落取水。在《阳宅十书》中，明代王君荣将山区居地誉为："人之居处，宜以大地山河为主。"尽管处在山区腹地的村落条件较为恶劣，但山区腹地的村落往往比平原地区的村落更适宜居住。此外，由于地处深山和相对封闭的环境，山村往往能够更好地延续传统村落的空间特征。

古人改造环境的能力极其有限。对古代的人们来说，大自然的力量通常被认为是神圣不可侵犯的。因此，在山区村落建设中，无论是村巷还是民居主体，都要符合山区的情况，呈现出与地形相一致的肌理特征。交通系统是整个村落的骨架，必须适应地形。为了方便运输和防洪需要，山区村落的街巷通常与等高线平行或垂直布置。平行于等高线的街巷通常通过爬坡街道和弯曲的道路与地形紧密结合，作为村落的主街，将村里的各个小街巷串联起来。垂直于等高线设计的道路往往是为了邻里交流的需求。山区道路交通最重要的特点是灵活性和易变性，这种特点必然导致海拔高差的变化，其曲折的平面和高低错落使得整个村落层次丰富、形式多变。山体、街巷、民居、溪流、植被共同构成了山村独特的景观（图 3-11、图 3-12）。

依据调研结果，将鲁中山区的传统村落与地形图重叠，可以看出淄博山区、沂蒙山区、莱芜山区、济南山区等地分布的传统村落较多。封闭的交通、落后的经济条件和相对封闭的生活环境使这些村落受到外界的影响较小，村落的总体风貌和格局几乎没有改变，它们的存在为研究鲁中山区传统村落的空间形态提供了实证依据。

图 3-11　街巷的高差变化使整个山地　　　图 3-12　街巷既可行人也可在雨季排水
　　　　　村落富有层次

　　2. 沿山地与平原交界处分布

　　平原和山区交界处的村落通常位于地质条件较差、不宜耕种的斜坡上。相反，那些地势平坦、土壤松散的土地往往留作耕作，它们对于山区村民来说是弥足珍贵的。

　　平原与山区交汇处的村落由于地形变化较大，外部形态和内部结构较山区腹地的村落更具有地方特色，也更符合我国传统居住建筑营建的需求。以朱家峪村为例，该村选址的基本原则是"背山面水，左右围护"。该村三面环山，左有笔架山，右有东岭山，后有文峰山，前有水塘和河流，完全符合传统风水学的要求，是典型的"风水宝地"。村落的外部形态沿着山体等高线向内延伸，犹如坐在一把巨大的太师椅中。村落总体依势而建，利于防御、防风和防洪，不仅符合传统建筑选址的要求，而且为人们提供了冬暖夏凉的良好生活环境。其他位于平原与山区交汇处的原始村落，如方峪村、二起楼村等，大多遵循上述村落的选址和分布规律。

　　3. 沿河流分布

　　聚落因水而兴，历史使然，其形成和分布与河流密切相关。例如，在原始社会就有聚落沿黄河和长江等水域分布，诞生了中国传统的优秀历史文化。同样，在国外，如埃及的尼罗河流域及西亚的底格里斯河和幼发拉底河，也因聚落沿水域分布而孕育了灿烂的文明。《管子·乘马》载："凡立国都，非于大山之下，必于广川之上，高毋近旱而水用足，下毋近水而沟防省。因天材，就地利，故城郭不必中规矩，道路不必中准绳。"在人与自然的关系中，聚落作为人类的栖息地、生活场所和自然景观，有着自己独特的环境适应性。

　　从地域情况来看，河流对村镇发展的影响南北方有较大的差异。以长江为例，长江在为沿岸地区带来优良的航运条件和丰富的渔业资源的同时也极大地促进了沿线乡镇的发展。一些长江流经的城市都把长江作为重要的自然资源和景观要素，把长江之水引入城市或跨江建设，如重庆、武汉、南京、上海等。沿岸村庄在形态上也表现出极强的亲水性。这种基于河流的布局模式在南方的其他流域也很常见。与长江相比，黄河的水位、水质、水量和航运条件都有较大的局限性。两千多年来，因西部地势高、东部地势低，黄河下游发生了 1500 余次泛滥，除给沿线部分地区带来肥沃的土地外，也给沿岸许多地区带来了毁灭性的灾难。据史料记载，20 世纪 30 年代在黄河下游就发生了 54 次决口，受灾面积超过 11000km^2，受灾人口达 360 多万人。山东除有黄河流经外，还有大汶河、小清河和徒骇河等河流，这些河流与黄河有相似的属性，在历史发展过程中它们也多次泛滥。因此，沿岸村落居民点的分布与河流有一定的距离。然而，由于灌溉、取水、航运等需要，周边村庄仍沿河流呈线性分布。

4. 沿城镇周边分布

一般来说，农村城镇分布结构的形成和等级关系的建立是以满足商品交易的可达性为前提的，商业活动辐射能力的差异促进了城镇间等级的形成（杜晓秋，2012）。在这方面，美国学者施坚雅（G. William Skinner）的理论有较大的说服力，他认为"中国传统乡村城镇的分布呈现出一种等级结构，依次为中央市场、中间市场和标准市场"。就鲁中山区城镇分布结构来看，大多为中间城镇和标准城镇。对照施坚雅的理论，该区域商业城镇受到商业竞争、运输效率等因素的制约，其距离保持了相对的均衡，从而形成了与中心地理理论相似的六角形结构模型，充分反映了聚落空间结构和市场结构的互融关系（图3-13）。

由于中国传统村落封闭性较强，不存在交易市场，交易场所通常设置在村落之间。这种基层市场一般是定期的集市，居民不需要居住其中。之后，随着村落交易市场规模的增大，市场本身也逐渐成为商业居住区。事实上，市场需求和运输效率不断调节着乡村和集市之间的距离，使村镇与集市相互关联，在市场组织下形成统一的组织

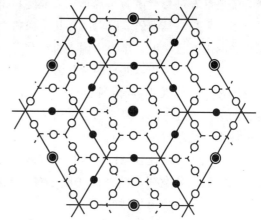

图 3-13　中心地理论六角形结构模型

注：图片来源于杜晓秋，2012.鲁中地区乡村聚落的发展研究——以农业资源配置方式为基础视角 [D]. 北京：北京建筑工程学院.

网络。当然，由于地形、交通条件和经济条件的不同，定居点的分布模式不能像中心地理理论模型那样理想化，就其一般性的规律而言与上述模型相比还是显示出较大的差异性（杜晓秋，2012）。这种近似六角形结构模型的分布模式在远离交通干线和水路的平原地区最为突出。

3.4　鲁中山区传统民居建筑形态的变迁及影响因素

中国传统民居具有独特的民族和地域特征。《晏子春秋·问上十八》中提到："百里而异习，千里而殊俗。"也就是说，传统村落中的每个聚居区域都会受到其独特的地理环境、文化环境、生活习惯和经济条件的制约，从而形成地域特征明显的建筑文化和民居建筑形式。

鲁中山区传统村落大多分布在河流沿岸或沿山体依势而建，人们在空间狭窄的山间营建家园，逐步形成了一个个较大的村落聚居地。这种地形的限制和空间的封闭性导致了不同形式的传统民居院落的多重组合，又因家庭成员结构的变化、宅基地的规模和居民生活方式的改变，传统民居的形态和构成形式也在不断转换和演变。

3.4.1　传统民居建筑形态的变迁历程

1. 传统院落的原型及特征

传统的四合院是人居文明的缩影。受中国传统城市布局和宗法礼制的影响，四合院也有着自身严谨的布局形式，具有南北纵轴对称、院落封闭独立的特点，提供了一个相对私密的庭院空间，其结构和模式充分反映了中国传统的尊卑等级思想和阴阳五行学说。作为中国人世代居住的建筑形式，四合院不仅种类繁多，而且分布广泛，其中以北京四合院为最，是中国传统民居的典型形式（图3-14）。四合院按其规模大小，有最简单的一进院、二进院，或者沿着纵轴延伸为三进院、四进院或五进院，复杂的合院通常由最基本的单元空间通过纵向和横向的组合形成多重院落（图3-15）。

四合院作为研究区域内传统民居院落布局的原型，其合院的"原型"样板功能尚未得到充分发挥。村民往往通过对当地房屋建筑的相互模仿或稍做调整建房，民居样式表现出强烈的趋同性。受地形条件的限制，大多数院落不是有意追求或无法追求平面形式的对称和严谨，主体建筑方位也不是南北走向，而是随地形的变化，形式自由灵活、曲折多变，与地势环境融为一体。通过对研究区域民居院落的调研，可将其院落形式概括为四合院、三合院、"L"形合院和"一"字形院四种样式（表3-3）。

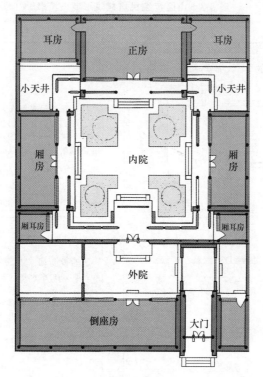

图 3-14　典型的四合院平面图示

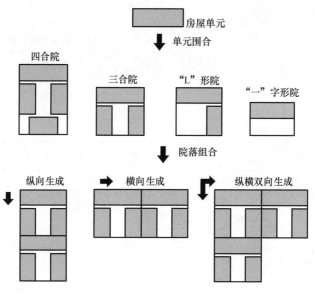

图 3-15　合院空间的组合方式

表 3-3　山区传统民居建筑形制一览表

形制	建筑平面	空间组合特征
四合院	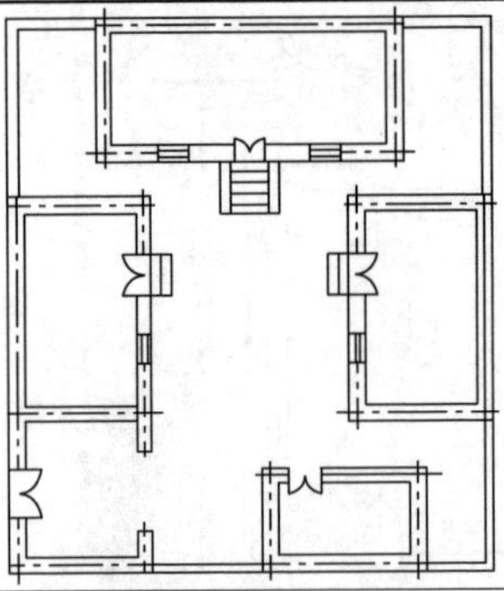	院落通常沿轴线布置，庭院位于院落中心，东、西、南、北由相互独立的正房、两厢房、倒座房进行围合，四座房屋之间的空隙再用墙体围堵，具有较强的封闭性
三合院	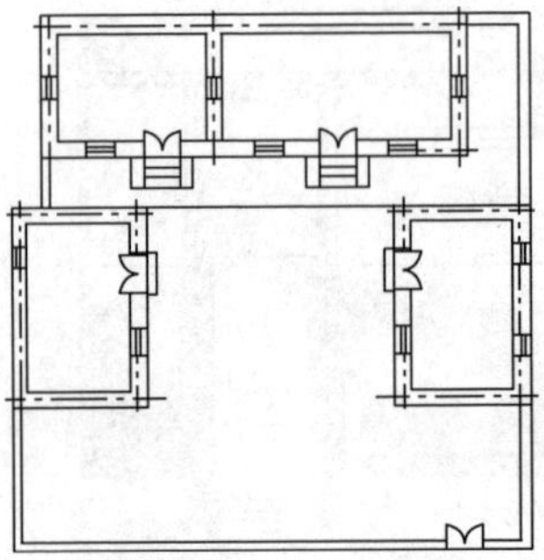	三合院是四合院的一种变体，正屋两边都伸出厢房；这种房屋的平面形制一般为正屋三间、五间或七间，两边厢房两间或三间，主要取决于居住者的经济条件和家庭成员需要。这种"凹"字形的合院具有较强的围合意向
"L"形合院	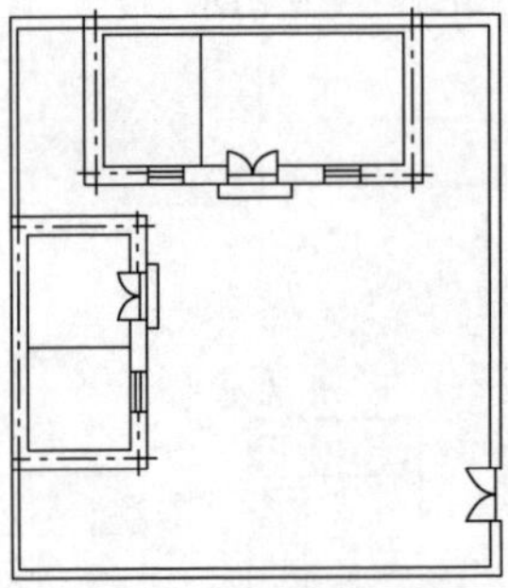	由正房和厢房与墙体围合而成的院落，厢房建在一边，具备一定程度的围合意向，但不太明显
"一"字形院	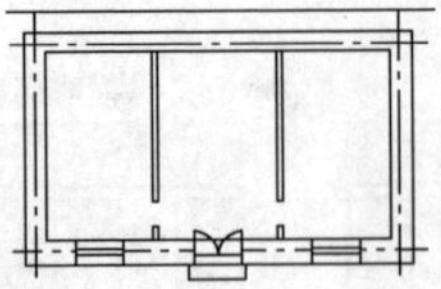	只有正房，也叫"长三间"，是山区传统民居中最普遍的形制。该类民居常见的是一列三间或五间

（1）四合院

四合院主要由正房、左右厢房和倒座房组成，有时带有耳房，在民居形式中等级最高，轴线关系比较明显。其院落入口一般采用门楼的形式或利用厢房的一间作主入口。在鲁中山区，真正称得上四合院的并不多，二进以上的四合院更是少见。村落中少量四合院多是当地富裕人家所建，与周围其他院落相比显得门楼高大、庄严气派、古朴庄重，如杨官村裘家大院、古窑村刘家大院、上端士村武举楼等。

（2）三合院

院落由正房、左右厢房、入口、围墙或借助邻院后墙围合而成，前无倒座，基本呈平行状态。此种院落在山区较多。

（3）"L"形合院

由正房、一处厢房和围墙构成，厢房或东或西，有时也借助另一院落的后墙围合而成，无倒座。此种形制在山区亦较常见。

（4）"一"字形院

院落只有一座正房（不一定是坐北朝南），在同一方向布置，或三间或五间，院落利用前院住户的后墙或院墙构成。这种院落在山区虽较多见，但多坍塌或被弃用，成为空房。

2. 院落空间构成及演变

传统民居院落空间通常由生活用房、附属设施和庭院绿化组成。生活用房主要包括主屋、东西厢房和南屋（包括卫生间），它们构成了院落的基本框架；厨房和杂物房相对简单，大多建在厢房的一端；附属设施主要由家庭养殖用房、地窖、石磨等构成。在鲁中山区传统民居院落空间构成要素的演变过程中，主要生活用房具有相对的稳定性，最大的变化在于附属设施的逐渐取舍与完善（于东明，2011）。

（1）中华人民共和国成立后至改革开放之前

山区传统院落除了地窖，其他附属设施几乎家家拥有。家庭养殖是村民获得收入的重要途径，畜栏是庭院不可缺少的组成部分。一方面，牲畜养到一定程度可直接销售；另一方面，其粪便可作为肥料或交给生产队换取劳动力和食物。家庭牲畜养殖场所一般位于院落的一角，形成人畜混居的现象。虽然这种方式影响了居住环境，但也反映出强烈的庭院经济意识。为了避免人畜混居造成的环境污染，有条件的村民就在院落外设置猪圈和羊圈，使生活空间和养殖空间分离，有的则借助山地的高差在低处饲养牲畜，并通过台阶连接起来。石磨通常位于庭院的一角，这是家庭必备的设施。地窖直接在庭院中向地下挖取，口部覆盖石板，用来储存冬季蔬菜等，如红薯和萝卜，但此设施并非各家都有。

（2）改革开放后至 20 世纪末

改革开放后，农村实行家庭联产承包责任制，农民经济状况普遍好转，农村新建、改建房屋的数量逐渐增多。之后，随着国家人口政策的调整，农村家庭人口结构也逐渐发生变化，由原多人聚居向家庭小型化分离过渡，这种改变客观上影响了院落的形制和大小。新建院落主要以三合院为主，生活用房及养殖用房得以合理安排，环境条件得到改善，家庭养殖业依然占有一定的地位。20世纪90年代末，随着饮食结构的变化和磨坊的普及，石磨在庭院中的地位逐渐弱化，有的家庭不再设置，有的设置后闲置。为了增加家庭经济收入，部分地方在庭院内或院落附近设置了烤烟房，由于数量较多，为村落空间增添了新的景观元素。

（3）21世纪初至今

早先由于山区人均耕地和土地生产力有限，村民只能"日出而作，日落而息"。随着生产工具和农业生产新手段的应用，村民有了更多的闲暇时间。青壮年男性外出务工已成为一种普遍现象。与专业化、规模化农业相比，家庭养殖业存在成本高、收入低的缺点，农民不再养猪、养羊，牲畜围栏也变得杂乱无章，并逐渐被废弃。这时新建的民居多为砖房，建房时已不再考虑畜圈，鸡舍也成了摆设。

3. 典型院落实例分析

（1）四合院：逯家岭村

逯家岭村隶属济南市莱芜区茶业口镇。全村200多户，人口300多人，多数人外出打工，现村里仅剩100多人。由于该村坐落于岭顶，当地有"冲了泰山顶，冲不了逯家岭"的谚语。村内有"石头房"民居300余座，绝大部分保存完好。

调研组在该村调研的四合院位于古街道南侧，被称为"逯家大院"，始建于清乾隆年间，占地1200m²，是该村占地面积最大、规格最高的四合院。整个院落沿由东至西的轴线延伸布局，大门设在院落的东北角。院落南北长22.15m，东西宽22m，建筑面积305m²。该院的修建非常讲究辈分和长幼排序，主屋为上，为父母所住，五个儿子按长幼分住其他三个厢房。每座房子外观相似，但等级分明。父母居住的主屋有五个台阶，老大门前有四个台阶，老二、老三门前分别为三级和两级台阶。整个院落全石砌筑，人字屋顶。院内有石碾、石磨等设施（图3-16）。

（2）三合院：二奇楼村

二奇楼村位于泰安市岱岳区，村内共有104户，人口不到60人，且80％为老人。该村原是一座不可多得的泰西人文古村落，目前村内石砌房屋仅剩60多座，其余大部分已坍塌损毁。调研组选择的三合院位于村落的东南部，院落较

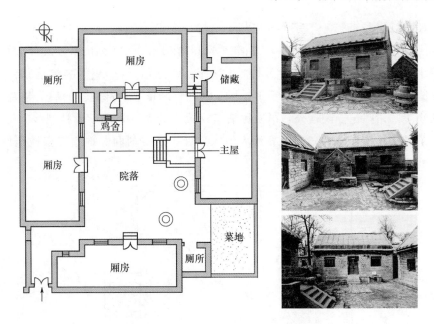

图 3-16　建于清乾隆年间的"逯家大院"

大，呈方形，家中已无人居住，主屋、西厢房保存尚好，东厢房已被拆除，院门设在西南角（图 3-17）。

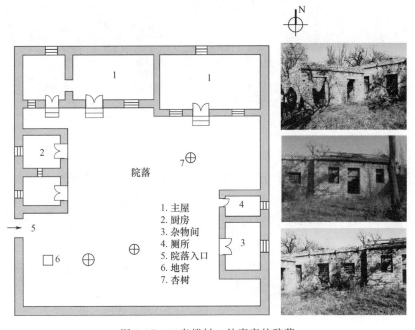

图 3-17　二奇楼村一处废弃的院落

（3）"L"形与"一"字形合院：土泉村

土泉村隶属于淄博太和镇，总面积 4.4971km²，全村 270 户，人口 780 人。调研组选择的院落位于村落的西北部，建于 1982 年，两个相邻的院落原属于三个家庭。院落 1 基本呈"一"字形，厨房和杂物间依靠南部院落的后墙建造成简单的小屋，猪圈位于院落外，沿主屋墙基设置一处条石，用于遮挡视线。院落 2 由兄弟两人居住，老大三间，靠近大门入口处，老二两间。现老二搬迁至城内，房屋赠予老大居住（图 3-18）。

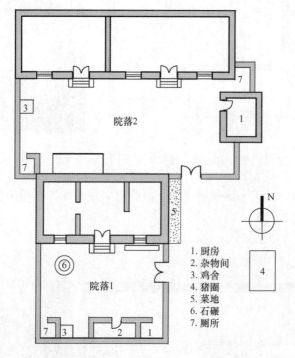

1. 厨房
2. 杂物间
3. 鸡舍
4. 猪圈
5. 菜地
6. 石碾
7. 厕所

图 3-18 "L"形与"一"字形合院

4. 传统民居单体的演变及其特征

民居建筑单体作为村落形态或院落的最小单元，在不同的历史发展阶段具有不同的形态和功能要求。民居建筑的原型与变异、同化与异化、继承与摒弃都在不断的博弈中（于东明，2011）。在鲁中山区，虽然传统村落建村历史悠久，但在调研中却发现，现有的民居历史遗迹并不明显，毕竟在山区居住的大户人家不多，现有民居大部分是普通村民建造的石砌民居，虽然经历代修复和改建，但是民居建筑的单体形态和空间结构变化不大，且有规律可循。

（1）墙体

墙体是民居建筑的重要组成部分，其作用是承受荷载、围护或隔断空间。不同的区域墙体材料也有较大变化。调研发现，鲁中山区传统民居墙体主要有石墙、土墙和砖墙三种。由于地域环境、建筑材料、营建技术不同，山区民居建筑立面在共性中也存在一定差异。其共性主要表现在墙体厚度上，一般都在350mm 以上，个别达到500mm 以上。而差异性主要体现在建筑材料方面，如在偏远的山区，建筑立面全部采用石头，包括围墙等。在经济条件较好的地方，建筑墙体则采用石灰坯砖或土坯，很少采用青砖。如朱家峪村传统民居立面，一般先是在台基之上用石料砌高 800～900mm 的墙裙，再用石灰坯砖或土坯砌筑上部墙体，这种做法主要是为了避免土墙遭雨水冲蚀。博山太和镇传统民居建筑，山墙全部采用石头，前脸则用土坯替代。泰安山区民居建筑材料则以当地随处可见的圆石为主，砌筑较讲究。长期生活在山区的人们已习惯以当地经济易取的材料建房，体现出就地取材、因材施用的民间建筑原则。

（2）屋顶

鲁中山区传统民居屋顶有坡顶和平顶两种类型。平顶是由梁、檩相互搭接而成的，通过悬挑石板保护檐墙、山墙免受雨水侵蚀，主要分布于鲁中山区西部，如济南的平阴县、长清区，泰安的东平、肥城等地。受地理环境和局部气候的影响，屋顶中间微微隆起，当地人称为"囤顶房"。其余地带皆为清一色的硬山坡顶。坡顶结构是由墙体和屋顶构成的三角形框架构成的，三脚架由横梁、两根斜木（当地称为"叉手"）和一根桁木（有时无）组成，直接架置在墙上，无需支柱支撑，由前后墙体承载屋顶的重量，檩条放置于三脚架和山墙上，上部再放置秸秆和厚实的山草以抵御风寒。

早期山地民居的屋顶多为山草苫顶。山区山草资源充足，山草耐腐蚀，保温、隔热性好，夏天可使屋内保持凉爽，是极好的覆盖材料。随着山区经济条件的改善，屋顶材料和施工技术也有了新的变化，目前当地通常的做法是在屋顶上抹一层黏土或水泥，然后覆盖红色板瓦，或用灰色石棉瓦材料覆盖屋顶，以增强屋顶的保温性能和坚固性。这种做法既可保持传统民居的原始性、真实性和完整性，又改善了村民的居住环境。

（3）建筑材料

改革开放之前，鲁中山区传统民居营建材料主要是石头，"就地取材，靠山吃山"是山区建筑建造的显著特点。以石头建造的传统民居建筑色彩呈灰色调，呈现出一种深厚、亲切的历史沧桑感。改革开放之后，村民的居住条件得到了改善，用石材与灰砖混合建造民居成为普通居民的首选。由于灰砖的成本相对较高，仅用于建筑的墙角和门窗等突出部位，其他墙面仍用石材砌筑。不过，为了墙面装饰或掩盖石材的粗糙纹理，对建筑基础的部分石材进行了磨制处理。建筑屋顶覆盖厚实山草，屋檐周围使用灰色板瓦压边，当地人将这种做法称为"穿半身"。

自20世纪90年代以来，新建或改造的民居墙体几乎都采用红砖建造，建筑基础部分仍然采用石材砌筑。近年来，随着国家和地方政府对黏土砖生产的限制，利用黏土和煤渣灰等再生材料生产的空心砖已成为墙体的主体材料，墙面装饰采用水刷石、石灰抹面、水泥砂浆抹面或瓷砖贴面等，墙面处理逐渐多样化，其中瓷砖贴面是一种普遍的墙体处理方法。建筑结构上构造柱和钢筋混凝土预制板也被逐步采用，建筑材料趋于多样化。

（4）装饰构件

在《辞源》中装饰被解释为："装者，藏也，饰者，物既成加以文采也。"它是对特定物质空间按照一定思维方式进行的一种美化活动。装饰不仅代表着文化的起源，也是文化的固化形式，在古典建筑装饰构件形式和风格演变的过程中体现了人们朴素的价值观，也寓意着人们对祈福纳祥、辟邪压灾、人丁兴旺的精神追求。我国传统民居从建筑屋顶、屋身、基座到门窗，从梁柱到斗拱、雀替、门楣等构件都有装饰展示，由于建筑形式、地域特征、民族特色、历史发展阶段等多方面的差异，建筑装饰构件表现出较大的差异。以下以门窗、檐口、墀头几个部位为例对鲁中山区传统民居的装饰构件加以分析。

1）门窗。老子在《道德经》第十一章载"凿户牖以为室，当其无，有室之用，故有之以为利，无之以为用。"西汉刘安《淮南子·氾论训》曰："夫户牖者，风气之所从往来。"宋曾巩《寄郓州邵资政》诗："宿云依户牖，流月过松筠。"陈毅《太行山书怀》诗："朝来启户牖，山光照四壁。"门窗作为建筑的入口和虚空间，具有吸纳阳光和空气的作用，因借景和交通需求，它们在传统民居装饰中成为重点处理的对象。

鲁中山区传统民居的门窗主要采用木质构件。窗户多为直棂式木窗，冬日以纸裱糊，具有较好的隔热和保温功能。门窗构件多为木制，很少由石头制成，门窗造型、装饰简洁，体现了当地自然淳朴的审美观。部分地方的民居有两道房门，外面的一道俗称"半门子"，只能向外开启。"半门子"既能保证室内通风透光，还能防止鸡、鸭、狗等动物进入房间。尤其在冬天，当房门关闭时，房间显得昏暗和阴冷，这时打开房门，关闭"半门子"，就可以为室内提供阳光和采暖。这种门在淄博山区民居建筑中较常见。

门窗上部的过梁通常用石、木、砖等材料制成。石材多为青石，厚200～300mm，延伸至两侧石墙内300mm；木材通常为较硬的柴木，如榆木、槐木等；砖一般采用叠涩券的形式砌筑。部分门窗边框采用砖砌，不仅提高了门窗的强度，也起到了装饰的作用。山区民居建筑的两侧山墙和后墙通常不开窗洞，主要是为了冬天保温。

虽然普通民居门窗无任何装饰性，但通常会对门、窗周边进行重点处理，如山区传统民居中"镶门镶窗"的做法，即采用整条石块或砖石混合对门窗周圈进行特殊处理。山区民居石墙或夯土墙门窗的周圈边框通常由匠人专门打制而成，条石宽 300mm，其他部分仍由普通石块砌筑；砖石混合墙体民居一般用砖镶 240mm 宽的边框，用作对门窗的装饰（图 3-19）。现新建民居已改由空心砖砌筑，外饰瓷砖贴面或粉刷，门窗亦变得宽大敞亮，"镶门镶窗"等传统做法已弃之不用。

图 3-19 泰安山区传统民居"镶门镶窗"的做法

2）屋檐。屋檐是指墙体与屋顶交接的部分，通过将檐口封砌可使墙体与屋面的连接和过渡变得富有层次。鲁中山区传统民居封护檐常用的材料有块石与砖两种，早期以石板为主，有些屋顶的檐板石可挑出 1m 以上，非常特别。封檐多为三层，形式有三种：一是抽屉檐，二是菱角檐（当地称"牙子檐"），三是鸡嗦檐。在现存的一些大户门楼上也少量出现了四层冰盘檐、五层冰盘檐的形式。

3）墀头。墀头是中国古代传统建筑装饰构件之一，俗称"腿子"或"马头"，位于山墙两侧的顶端部位，多由叠涩出挑后加以打磨抛光装饰而成，所以是成对出现的。这部分因为处于屋檐两侧而引人注目，是墙体立面重点处理的部位。墀头一般分为三部分，即下肩、上身和盘头，盘头之上为戗檐砖。部分房屋采用屋檐石，并将其端头加工成盘头形状。例如，姚成祖在《营造法原》中将墀头称为"垛头"，在第十三章述"垛头墙就形式可分为三部分，其上为挑出承檐部分，以檐口深浅之不同，其式样各异，或作曲线，或作飞砖，或施云头、绞头诸饰。中部为方形肚兜。下部为呈肚兜之起线，作浑线、束线、文武面等，高自一寸半至二寸。自墙而上渐次挑出。"（姚承祖，1986）面积较大的肚兜和戗檐砖往往是装饰的重点，大多采用山水、花鸟、人物等吉祥图案装饰。

鲁中山区传统民居墀头多采用素石处理，无装饰，或少量雕刻图案。如章丘石灰坯民居墀头多采用带有鸟兽花纹的砖雕墀头；淄博民居墀头多雕刻祈福纳祥类文字或图案，并将边缘加工成莲花柱、卷轴等造型；莱芜民居则采用素石处理。总体而言，墀头的处理较为简洁、质朴，具有一定的层次感，曲线和弧线搭配，粗犷中不乏细腻（图3-20）。

图 3-20　鲁中山区不同地区传统民居的墀头

3.4.2　传统民居门楼形态的变迁和遗存情况

门楼代表着宅院的格局和等级，在人类社会生活中有着特殊的地位和作用。明代计成在《园冶》中将门楼描述为："门上起楼，象城堞有楼以壮观也"。可见，门楼是传统民居建筑的脸面，彰显着主人的地位和财富。所谓"辨贵贱，明等威"，充分体现了儒家礼制文化中的门第观念。门楼作为民居建筑的出入口和形象标志，起着划分与连接内外空间的作用，是空间转换和心理转换的媒介（逯海勇 等，2014）。鲁中山区传统民居受儒家文化的影响，其平面格局往往以门楼为起点沿着轴线将整个院落组群贯穿起来，形成一个统一有序的整体。这种"一点带面"的秩序表现是儒家思想"中正无邪，礼之质也"的物化体现。

1. 鲁中山区传统民居门楼遗存现状

（1）完整保存极少

除济南山区的博平村、杨官村、朱家峪村，淄博山区的李家疃村、上端士村、土泉村，莱芜区的逯家岭村、钢城区澜头村等传统村落民居门楼保存较为完整外，其他或年久失修（淄博山区大七村、青石关村）、坍塌残破（如东峪南崖村），或遗址尚存、建筑已损（如莱芜区南文字村、上法山村、下法山村），还有的先拆后建，属于完全翻修的建筑（如泰安李家泉村、临沂常山庄村）等（图 3-21、图 3-22）。

（2）现存门楼呈"孤岛"分布，缺乏依存环境

与全国其他地区相比，鲁中山区传统民居门楼遗存不仅数量少、保护质量差，且基本处于零散分布状态，大多呈"点"状分布，有的传统村落仅有一两处门楼，屋顶、墙体多坍塌损坏，门楼由于缺乏依托环境而显得孤立无根（图 3-23）。这种"孤岛"状态大大降低了其原有的历史文化价值，使其很难得到充分保护和有效利用，只能任其"自然衰败"。

图 3-21　年久失修的老门楼　　图 3-22　坍塌残破的门楼　　图 3-23　被周围新房子包围的门楼

（3）现存门楼修缮遗留问题较多

由于建造年代久远、后期保护不力等原因，村民对现有门楼基本都进行了不同程度的整修，部分已全部拆除重建，门楼的整修、重建技术和质量普遍不高，有的甚至毁坏了建筑的原貌，整修出了"假古董"（白艳玲，2016）。

（4）保护现状不理想

鲁中山区传统民居门楼保护现状不容乐观。除了少数门楼保护较好外，绝大多数都遭到不同程度的破坏。一种是自然的破坏，民间工匠大量消失，一些年久失修、坍塌残破的门楼最终在岁月的侵蚀下走向消亡（吴昊 等，2014）。另一种是人为的破坏。实地调研中发现，"文化大革命"时期鲁中山区传统民居门楼艺术大量消失。近年新农村建设中一些地方不顾当地传统文化和地域特征，强行推进统一的规划与设计标准，导致大量门楼随传统民居一起被拆掉，也是传统民居门楼迅速消亡的主要原因之一。

2. 鲁中山区传统民居门楼遗存情况调查

鲁中山区传统民居门楼多种多样。依据地貌组合、区域差异及研究侧重点，

可将该区域的门楼遗存分为济南山区门楼、泰安山区门楼、淄博山区门楼、莱芜山区门楼及沂蒙山区门楼等，这些不同形式的门楼共同构成了本区域的标志性景观（表3-4）。

表3-4　鲁中山区部分传统民居门楼情况及保存现状

区位划分	名称	坐落位置	建设年代	保存现状及存在问题
济南山区	裴家大院门楼	杨官村	清朝嘉庆年间	人为破毁严重，雕饰花纹已所剩无几
	朱氏祠堂大门	朱家峪村	清朝光绪八年（1882年）	基本框架保存较好，后因民国时重建，具有中西混杂印迹
	朱逢寅故居门楼	朱家峪村	清朝末间	保存完整，基本无破坏
	朱氏北楼门楼	朱家峪村	嘉庆初年	保存较完整，基本无破坏
泰安山区	史氏门楼	小辛庄村	民国	风化损毁严重，檐口叠压厚木板已弯曲变形
	赵氏门楼	北店子村	清朝末间	基本框架保存较好，但屋顶材料已更换
	崔家大院门楼	鱼池中村	清道光年间	损毁较为严重，门楼构件多已脱落
淄博山区	武举楼	上端士村	清代	自然损毁严重，部分构件已更换
	刘家大院门楼	古窑村	清朝宣统元年（1909年）	保存基本完好，但门面已被油漆，院落内部已翻建
	王家大院门楼	张李村	清朝光绪年间	保存基本完好
	石氏庄园门楼	大七村	清末民初	门楼构件已丢失或被剔除，门前两座精美的石狮已消失
	"悦循门"门楼	李家疃村	清朝嘉庆年间	保存基本完好，门口两石兽已丢失，房檐已破损
	"亚元府"门楼	李家疃村	清朝嘉庆年间	保存较为完整，基本无破坏
	蒲松龄故居门楼	蒲家庄村	原建于清代	20世纪50年代重修
莱芜山区	吴家大院门楼	澜头村	清朝嘉庆年间	门楼损毁较严重，多处损毁或坍塌
	李文珂故居门楼	东沟里村	清代	20世纪五六十年代重修
沂蒙山区	王换于故居门楼	常山庄村	现代	新建

（1）济南山区门楼

济南山区门楼遗存主要集中在济南东部章丘一带，西部长清一带虽然也有遗存，但门楼多为低矮的石制门，如长清孝里镇方峪村的石头大门，形制与东部门楼差别较大。济南东部传统村落受商业的影响，民居院落多沿官道两侧布局，院落格局延续了中国传统合院的布局和结构。门楼高大、气派，门口两侧多以青砖砌筑，墙基用青石打底，山墙则用当地特有的石灰坯，门楣、墀头雕以各种象征美好或吉祥富贵的图案（图 3-24、图 3-25）。例如，章丘杨官村裘家大院门楼，该门楼是裘家十七代孙裘肇运于清朝嘉庆年间建造的，迄今已有 200 年的历史。裘家大院门楼比一般屋宇式大门显得更宽大，大门头层盘头雕刻回纹，二层雕以宝相花纹，戗檐雕以瑞兽，构图饱满，技艺精湛，只是雕饰花纹已所剩无几。

　　章丘这片古老的土地上汇集了众多清代至民国时期的传统民居门楼，随着岁月的变迁和城市的发展，许多传统民居门楼消失或受损严重，有的因居民维修不当留下诸多遗憾（张勇，2012）。裘家大院只是其中的一个。相反，一些地处偏远的民居门楼则基本保持了原始风貌，如章丘南部山区的朱家峪村至今保留了两处古老的民居门楼。一是建于嘉庆初年的朱氏北楼，至今已 200 多年，其门楼依然保存完好；二是清末进士朱逢寅的故居门楼，其上方以透雕手法雕以牡丹和梅花，寓意吉祥富贵，下雕九个葫芦。在中国传统文化中，九为极数，乃最大，可见当时主人地位之重（图 3-26）。

图 3-24　博平村传统民居门楼　　图 3-25　杨官村传统民居门楼　　图 3-26　雕刻精美的门楼

（2）泰安山区门楼

　　泰安城区边缘村落由于受到城市化进程的影响，传统民居门楼已基本消失（田毅鹏 等，2011）。经调研统计，泰安山区传统民居门楼现仅剩十几处，主要集中在泰山区和岱岳区的大津口、黄前、下港等几个区域，市内其他区域仅有零星遗存。便利的交通条件使村民翻建房屋较频繁，保存下来的清代、民国时期的建筑较少，20 世纪六七十年代翻建的砖木结构叠涩出檐式门楼相对较多。

　　受地形高差的限制，泰安山区民居院落大都较小，院墙也较矮，高大、阔气的门楼甚为少见，多为等级较低的"随墙门"。院门一般开在东南角，建筑材料以当地的圆石为主，砌筑较讲究。如岱岳区小辛庄村某户院落门楼，前脸及墀头用青砖砌筑，檐口叠压厚木板，屋顶采用小青瓦和板瓦铺就，山墙则选用河滩圆石压泥砌筑，缝隙以小卵石填实，印证了当地"圆石垒墙墙不倒"的习俗（图 3-27）。大津口、黄前、下港等地门楼墙基通常用料石，上部用青砖，山墙及院墙用毛石干槎，俗称"干槎墙"（图 3-28）。

图 3-27　门楼虽矮，但很有地方特色　　图 3-28　具有地方特色的现代门楼

（3）淄博山区门楼

淄博山区传统民居门楼遗存较多，这主要是由过去闭塞的交通、落后的经济及相对封闭的生存环境造成的。课题组经过认真排查，发现该区域现存的传统民居门楼虽然数量较多、原始风貌保持较好，但整体保护现状也存在很大问题，如废弃的门楼较多，屋顶坍塌严重，山墙存在裂缝和倾斜现象，门饰构件多老化或已遗失。

南部淄川区和博山区传统民居主要以石木结构为主，大型砖墙门楼甚是少见，一个村落只有两三座，多数门楼以石头砌筑，体量较小，无华丽装饰，质朴而简洁。太和镇上端士村有一座明清风格的李姓门楼，当地人称为"武举楼"。门楼为四柱框架式砖木结构，门脸为青砖砌筑，尽管门楼上无精美的砖雕和石刻，然而其尺寸和规格显然高于其他门楼（图 3-29）。山头镇古窑村刘家大院门楼建于清朝宣统元年（1909 年），距今已 100 多年，迄今仍保存完好，尤其是二道门雕饰格外精美，但院内建筑多已翻建（图 3-30）。

北部周村区由于地形等原因传统民居主要以砖石结构为主，门楼遗存相对较多，如李家疃村的门楼遗存有十几座，门楼高大、壮观，砖木雕刻精美。其中一座叫"悦循门"的门楼，为六柱框架式出袖门楼，高 10m 多，宽 4m，两侧墙壁用六棱青砖磨光砌成，大门双框双砧，门砧青石浮雕。但门口两石兽已丢失，房檐已经破损（图 3-31）。再如蒲松龄故乡蒲家庄村，该村的建筑多为北方典型的传统合院民居，但门楼基本上都有不同程度的损坏，保存完好的不多（图 3-32）。北郊镇大七村石氏庄园兴建于清末民初，距今约 120 年。现存门楼两座，院落 9 套，房屋 100 余间。门楼构件已丢失或被剔除，门前两座精美的石狮也已消失（图 3-33）。

图 3-29　朴实无华的山村门楼　　图 3-30　古窑村刘家大院门楼　　图 3-31　李家疃村"悦循门"

图 3-32　蒲松龄故居门楼　　　　图 3-33　石氏庄园门楼

（4）莱芜山区门楼

莱芜山区传统民居门楼多为石头砌筑的随墙门，体量较小，以朴素、实用为主，很少刻意装饰（图 3-34）。早先这一地区门楼遗存较多，由于各种原因，近年来民居院落形制发生改变，门楼也遭到破坏。便利的交通以及村民对现代生活方式的追求使富裕起来的村民不断在原址上"拆旧建新"或"弃旧建新"，导致许多有地域特色的门楼被拆除，即使勉强保留下来，也是"门前冷落鞍马稀"。废弃的门楼由于长时间未能得到及时的维修和保护，逐渐风化损毁，屋顶坍塌，墙体裂缝，只剩下残垣断壁。如下法山村一处门楼，从门楼形制及体量来看，应属当地的大户人家，但门楼屋顶及院落墙体严重损毁，缺乏应有的保护和修缮（图 3-35）。再如上法山村，20 世纪八九十年代以来，许多传统民居门楼被村民肆意改建翻新，直接破坏了当地传统民居的肌理和风貌，也表现出传统民居保护意识的滞后。

图 3-34 富有特色的山村小门楼

图 3-35 下法山村传统民居门楼

图 3-36 经过改造的沂蒙山区门楼

（5）沂蒙山区门楼

沂蒙山区门楼同莱芜山区门楼一样，多为随墙门。院门随墙体而建，墙体全部用粗糙的石头砌筑，门楼顶为坡顶，以黄草或麦秸苫顶。这种门楼门的高度一般在 1.7m 左右，需要低头通过（图 3-36）。近年来随着"红色旅游"业的兴起，沂蒙山区当地政府对传统民居门楼多有改造，如沂南县常山庄村许多民居都进行了修缮，门楼的改造也很有特色。

3.4.3 传统民居建筑形态变迁的影响因素

传统民居作为村落的一个单元，如同细胞，在其分裂、扩散、重组和新陈代谢过程中，各种物质流、信息流和资本流不断输入和输出，使得其形态演变随时间的持续产生很大的差异，这可能需要几十年甚至几百年，或者可能因战争等瞬间发生巨大的质变。传统民居居住形态的演变因素是多方面的，是人类社会、政治、经济、文化活动与自然因素相互作用的结果，反映了特定历史时期人类活动的具体物化、技术能力和功能要求。

从人类早期的天然洞穴、茅草屋、土坯房，到现今的砖瓦房、钢筋混凝土建筑，居住形态的变化反映了人类与生活环境的关系，一部人类社会的居住史正是凝结在这些不同的建筑中。中华人民共和国成立初期，绝大多数农民生活在老房子里，居住条件较差。到 1978 年年底党的十一届三中全会以前，农村居住条件有了一定的改善，但总体上居住形式变化不大。党的十一届三中全会以后，随着农村家庭联产承包责任制的实施、商品经济的迅速发展和农民生活水平的提高，农民的居住形式产生了较大的变化（表 3-5）（于东明，2011）。

表 3-5　中国农村家庭住房样式抽样比较

年份	省份	单位	草（土）房	砖瓦房	楼房	其他	小计
1978	山东省	人数（人）	250	161	1	5	417
		占比（%）	60.0	38.6	0.2	1.2	100
	河北省	人数（人）	167	343	1	8	519
		占比（%）	32.2	66.1	0.2	1.5	100
	江苏省	人数（人）	213	274	5	0	492
		占比（%）	43.3	55.7	1.0	0	100
1986	山东省	人数（人）	155	312	1	1	475
		占比（%）	32.6	65.7	0.2	0.2	100
	河北省	人数（人）	66	469	4	4	543
		占比（%）	12	85.0	0.4	0.7	100
	江苏省	人数（人）	30	411	56	1	498
		占比（%）	6.0	82.5	11.2	0.2	100

注：资料来源于李永芳，2002. 我国乡村居民居住方式的历史变迁 [J]. 当代中国史研究，9（4）：49－57.

1. 自然环境

自然环境作用是影响传统村落民居演变的重要因素。在封建社会较长的时间内自然环境处于一种长期稳定的状态，人类的生产能力有限，只能依靠自然环境生存，这时人类对自然环境的影响较小。自工业革命以后，随着科学技术的迅速发展，人类改造自然环境的能力增强，从而加速了对自然环境的改变，传统民居与自然环境的关系也发生了质的变化。

（1）早期自然环境对传统民居的影响

早期人类社会生产力水平较低，无论从财力还是人力资源方面都无法对居住环境进行有力的改造，人们只能向自然妥协，自建房屋也尽量满足自然环境条件，民宅与自然的契合度较高。因此，在不同自然环境条件的孕育下诞生出形态各异的传统民居形式。

鲁中山区传统村落受地形地貌的影响，大多数村落坐落于地形复杂的斜坡上，而将少量的土地用于耕种，民居主体建筑也因地形限制表现出对朝向和环境的适应。事实上，山区传统民居主体建筑并非都是坐北朝南的，而是随地形的变化呈现出多样性特征；院落形态也是多种多样，并非呈均匀且棱角分明的长方形，在山区很难找到类似标准式的合院建筑模式。

鲁中山区冬季气温较低。过去，人们在没有冬季供暖的情况下不得不利用阳光提高室内温度。因此，在地形条件允许的情况下，主体建筑尽可能坐北朝南而建。为防止冬季寒风，大多数建筑物都在向阳或内院的一侧开窗，其余三面则封闭。除了受到气候影响外，水资源对居民的生活、生产及生态环境也表现出较强的制约。鲁中山区水系季节特征明显，夏季水资源丰富，其他季节水资源稀缺，一些村落傍水而建的同时也采取多种措施对夏季水患进行防治。早期阶段民居建筑的营建还受到地方性材料的影响。在过去"靠山吃山，靠水吃水"的年代，原始的天然材料或许是材料获取的唯一途径，因而民居具有显著的地域特色。总之，受地形地貌、采光采暖、水资源及地方材料影响，早期阶段的鲁中山区传统民居显示出较强的自然适应性。

（2）当代社会环境对传统民居的影响

进入当代社会，健康、文明、科学的现代生活方式已成为广大人民群众普遍追求的自觉行为。"面朝黄土背朝天""日晒雨淋""人拉犁耕""日出而作，日落而息"的劳动生活方式已逐渐被现代化的生产方式取代，村民的生活方式有了较大的改变。这种现代生活的改变客观上对传统民居的风貌产生较大的影响。长期在城市务工的村民把主要的资金用于建房、结婚、生子，不合理的消费使许多乡村村民讲排场、摆阔气，攀比之风盛行。村民为了追求所谓的"时尚"，显示自己的能力，纷纷回村择地建新房，或翻修旧宅，如同"赶集"一般，生怕错过机会。在这样一个疯狂建新的过程中，鱼龙混杂的现象层出不穷。有的村落不顾历史文化名村招牌，擅自将传统民居拆旧建新。这种犬牙交错、违背自然生态的建筑做法显然是将村落的生态发展带入了误区，严重破坏了传统村落的环境肌理。这种所谓的"人性化设计"居住模式没有真正起到人文关怀的作用，反而使传统村落的文化断层进一步加大。经过城市化的浸染和新建民居之间的相互模仿，山地民居建筑的独特性几乎完全泯灭，取而代之的是千篇一律的呆板村落景象。

2. 社会文化

早期受地缘与血缘的影响，传统民居建筑形态相对稳定。进入现代社会，由于人口流动、家庭结构变化及外来文化的影响，原有居民生活、活动而形成的民居形态正悄然发生变化。

首先，在中国早期传统村落格局中，血缘关系始终是一种相当稳固的宗族关系，维持着整个家族的世代繁衍和更替，家庭血缘关系不仅制约着个体的系列社会活动，而且主要限制着群体的冲突和竞争。为了求得自身的安全和发展，家族必须团结起来抵御外来侵扰。地域上的靠近可以说是血缘上亲疏的一种反映，一旦人和土地"绑定"，人与环境的因缘也相对固定，所谓"生于斯，死于斯"，可以说血缘与地缘的统一是原始村落生态循环的最佳状态。然而，随着近代村落不断的增生与裂变，乡土社会"细胞分裂和增殖"的必然过程是无法避免的。尤其是进入工业时代，城市化和商品经济的发展使社会关系发生了重大变化，血缘关系和地缘观念逐渐被淡化（于东明，2011）。

其次，人口流动使中国传统村落的格局逐渐被冲散。过去"父母在，不远游"的宗亲观念使村落格局始终处于聚集状态。当代受工业化和城市化的影响，乡村人口在城乡地域间流动，成为助生传统村落成为"空心村"的最大力量，导致大量闲置民居或宅基地荒废。生活方式的变化也造成传统民居被大量闲置。乡村已婚子女通常选择另批宅基地按新式样建造房屋，而原来居住的房屋当老人去世后便会闲置下来（表3-6）。

表3-6 淄博山区部分村落闲置民居统计

村落名称	现居住户数（户）	闲置民居状况			院落面积（m²）
		房屋户数（户）	房屋套数（套）	房屋间数（间）	
纱帽村	237	20	60	177	2938
土泉村	262	38	35	210	2280
上端士村	155	63	131	383	20444
东峪村	241	78	78	271	13274
柏树村	143	37	70	193	5387
鲁子峪	155	43	129	346	11295

注：资料来源于于东明，2011. 鲁中山区乡村景观演变研究——以山东省淄博市峨庄乡为例［D］. 泰安：山东农业大学.

3. 经济技术

经济技术对传统村落民居的规模、营建水平和质量影响较大。土地越是肥沃的地方，经济发展越好，村民越富裕，人口也发展得越快，村落的规模和民居的密集度就越高；而灾害频发和资源短缺的区域，经济发展就会受到限制，村民越贫穷，民居的数量和规模也越难发展起来。同时，越是富有的家族院落选择也会更加优越，形制规格较高，规模越大，建筑装饰也越精致。

过去农民主要从事农业生产，生产方式和生活方式基本相同，传统民居形态也呈现出平衡性和匀质性的特点。随着工业化和城市化的快速推进，农民的收入显著增加，收入差距逐步扩大，条件好的农民想要翻盖舒适宽敞的房子，并希望改善内部设施条件，由此引发了农村住宅的大规模更新建设，再加上乡村建设中存在跟风和攀比之风，鲁中山区建筑文化的"范式"特征逐渐失去了优势。

从民居营造技术来看，早期的建筑材料和施工技艺直接影响着民居空间的尺度、质地、色彩和构成方式。随着社会生活领域和生产技术的不断革新，传统村落民居形式有了新的变化，如建筑结构采用混凝土，建筑立面采用瓷砖粘贴，室内有了现代化的生活设施，部分农户用上了沼气池等。技术的革新使鲁中山区传统民居的形态发生了质变，传统院落遗存的石碾和石磨成了历史的回忆。

4. 交通组织

早期传统村落的交通组织简单明了。主干道是村落与外界的交通纽带，也是整个村落的主体骨架，它将民居院落联系起来。主街巷与支巷相互连接，形成整个村落的交通网络，同时呈现出村落交通的一级和二级结构。主街巷采用传统的青石板或乱石铺就，这种路面对村落的紧凑布局和起伏地形具有较强的适应性。

近年来，随着科学技术与经济迅速发展，在当地政府财政的支持下，乡村交通实行了"村村通"，通往村落的主要道路大部分已成为水泥路，支路则大多保持不变，交通条件得到了普遍改善。但是传统村落不以运输为目的、徒步式的交通组织却被破坏了，变成了方便汽车进出的交通方式。从村落与外界的联系来看，道路变宽、变平，方便快捷，加强了村落与外界的经济、文化交流，然而，从乡村文化角度来看，客观上导致了过去风景的消失，从这个意义上说，它又是一种对传统聚落文化的破坏（王昀，2010）。

3.5 小 结

本章研究了鲁中山区传统民居建筑的内在成因。首先，从自然环境、人文环境两个角度综合分析了影响鲁中山区传统民居形态的要素，对聚落和流域范围内环境之间的相互作用做了梳理和总结。其次，依据鲁中山区地貌组合、区域差异及研究侧重点，将该区分为济南山区、泰安山区、淄博山区、莱芜山区及沂蒙山区五大区域，并对不同区域传统民居的特点进行了阐述，得出不同的区域特征造就不同特色的传统民居建筑的结论。再次，从地域性角度分析了鲁中山区传统村落的空间分布特征和影响因素。就鲁中山区的地形地貌而言，传统村落的分布大致分为沿山谷分布、沿山地与平原的交界处分布、沿河流分布、沿城镇周边分布等几种情况。从地区分布情况来看，鲁中山区传统村落的分布较为集中，主要集中在淄博山区、沂蒙山区、莱芜山区等地；传统村落在五大区域集中分布均衡性较低，最集中的为淄博山区，其次是沂蒙山区，分布均衡性较低的为泰安山区。相对封闭的区域环境、险要的地形、不太便利的交通及相对落后的社会经济等因素为传统村落的保护提供了重要条件，成为影响鲁中山区传统村落分布的重要因素。最后，从历史发展的角度，分析了鲁中山区传统民居建筑形态的变迁及影响因素。在不同的历史时期，由于家庭成员的变化、宅基地的规模和居民生活方式的改变，鲁中山区传统民居院落和门楼形态也在不断发生变化。一般来说，以改革开放为分水岭，此前是一个相对稳定的时期，基本处于休眠阶段；从 20 世纪 80 年代至 90 年代中期则是一个生长期，一些先期富裕的家庭开始对民居进行新建或改建，"空心村"现象开始出现。进入 21 世纪，许多有条件的家庭开始与"城市化"接轨，大规模地翻建或另建住宅已成普遍现象，建设速度迅猛，以致对周边的传统民居造成了强有力的"挤压"，传统民居在原始村落中碎片化的现象已成事实。

第4章　鲁中山区传统民居建筑空间环境解析

4.1　传统村落选址

传统村落选址需要考虑的因素很多，如气候、土质、水源、交通等，只有当这些条件都满足要求时，人们才能选定村落的位置。过去人们改造自然的能力有限，加上传统村落的营建自古秉承"天人合一"的理念，因而山区传统村落的选址常借用坡、壁、坎、岗、谷、脊、阜等地形条件，因山就势，顺应水脉，以此适应自然环境的生态格局。

4.1.1　人与自然和谐共生的理念

人与自然和谐共存是儒家生态伦理的基本特征之一。"和谐"是儒学中庸思想的至高境界，是中国传统文化的最高价值观。"和谐"思想在中国悠久的历史文化中蕴含着丰富而深刻的文化内涵。

儒家思想认为："中也者，天下之大本也；和也者，天下之达道者也。致中和，天地位焉，万物育焉。"这意味着"中"是天下的根本，"和"是天下最高的道，"中和"是天下普遍的基本准则。只有达到"中和"，才能顺应自然规律，顺应气机轮回。"中和"是儒家中庸思想的最高境界，是实现"天人合一"的必由之路（刘金平，2011）。经过儒家圣人孔子、孟子、荀子等对人与自然"中和"思想的诠释、继承和发展，儒家生态伦理思想逐渐形成了理论体系。《易经·文言》中提到："夫大人者，与天地合其德，与日月合其明，与四时合其序，与鬼神合其吉凶。先天而天弗违，后天而奉天时。"孔子认为只有遵循自然规律，顺应天地，与自然对话，人类才能从根本上脱离出来，保有他们赖以生存的物质，使天地万物得以生长和自我修复。孟子的"天人合一"思想要求人与自然和谐发展，特别强调"天时、地利、人和"的关系。孟子认为"天人合一"的原则是顺应自然，因地制宜，与自然和谐共存。他提出了"适时"和"可行"的观点，进一步拓展了孔子的思想。孟子从"人道"和自然的角度继承了孔子对人与自然关系的进一步理解，而荀子又从"天道"、尊重和保护自然的角度发展了孟子的思想。在《荀子·天论》中，他提出"万物各得其和以生，各得其养以成"的生物协调理论，在《荀子·王制》中又提出"草木荣华滋硕之时，则斧斤不入山林，不夭其生，不绝其长也"的资源节约理论。显然，这种对生物取之有时、用之有度的思想在一定程度上已超越了孟子，达到了更高的思想境界。

这些儒家学说皆从人与自然的角度强调了"和谐"的思想，事实上这些思想就是"天人合一"理念的集中体现。中国古代儒家学者在探讨人与"天"的关系时普遍认为人与万物是"天人合一"的产物。儒家学说不仅肯定人的主观精神，而且强调人要顺应和"妙肖"自然，才能达到"天人合一"的理想状态。

中国道家思想提出的"自然观"与儒家提出的"天人合一"的思想高度契合。道家之祖老子在《道德经》第二十五章中提出了"道法自然"的观点，意思是"道"要效法或遵循自然，即万事万物的运行法则都要遵循自然规律。"人法地，地法天，天法道，道法自然"，老子用"道"将天、地、人乃至整个宇宙的生命规律进行高度提炼并加以阐释。可以说，"道"是人对自然环境的一种自适应，人只要顺应自然，就可以与自然和谐相处，如果违背自然规律，就会受到自然的惩罚。这种顺应自然、适应自然的态度是古人对自然美学思想追求的至高境界。

受"天人合一"观念的影响，鲁中山区传统村落选址也以山水为依托，与自然相结合。首先，自然环境是人类生活的载体，是人类生存的物质基础。其次，人类根据自己的物质和精神需要，在适应自然的同时对自然加以改造，使周围的环境更适合人类生存。例如，始建于明代景泰七年的井塘村三面环山，东南有纱帽山，西南有玲珑山，西北是陡水顶山，因纱帽山下有一眼清泉，常年不涸形成塘，村民将塘砌石筑高成为井，村名便由此而得。"山高石头多，出门就爬坡"可以说是对当地地形的直观描述。井塘村以七十二古屋为中心，形成多个大院为布点的古民居建筑群，建筑依山势而建，道路沿山体蜿蜒。石屋、石桥、古井、台阶均由石块砌成，整个村落又被石砌的防御墙包围，具有极强的自卫体系，构成了井塘村独特的村落形态。再如，临沂市常山庄村同样也是三面环山，一条河流穿村而过，不仅为村内居民生活提供了水源，也形成了"背山面水"的格局。这种环境既可保持传统村落自身的发展延续，又可通过水环境接受外界的信息而不致被山路阻挡。周围的山体和水资源构成了村民赖以生存的环境，山地可以给村民提供木材，缓坡和谷地可用于耕作，环状山形可抵御寒风，村内河流可提供生活用水并便于泄洪，这种与山水相结合的选址充分反映了当地民居对自然环境的适应。

4.1.2 "负阴抱阳"的景观意向

"风水"主要是指古代人们选择建筑地点时对气候、地质、地貌、生态等自然环境因素的综合评判，以及在营建过程中采用的某些方式和种种禁忌的总称。其核心思想是人与自然的和谐。风水理论及其实践与中国传统建筑文化密不可分，可以说是古代城市规划和民居营建的基本理论依据。作为以农耕文化为主的山地区域，一直以来，人们对自然有着较强的依赖性，因而在聚落的选址布局、营造过程中，风水观念起到了极大的作用。

按照风水择地理论，村落选址的"吉地"往往都具备"负阴抱阳，背山面水"的特征。背山面水也就是人们常说的"藏风聚气"。背山面水的格局为村落环境提供了生机和活力。

鲁中山区丘陵、河谷众多，而盆地地形相对较少，因此该地区的大多数传统村落背山面水而聚，也有少量村落多面环山，水源相对缺乏。从适应环境和气候的角度来看，背山村落选址于山体阳面，不仅能有效地阻挡寒风，而且能获得足够的阳光，对人的身心健康是非常有利的。但也有一些特殊情况，如建于明初的太和镇上端士村，就位于云明山之北坡，村落周围森林植被茂密，有泉水从山谷底部流出，构成了村落主要的生活水源。虽然山体南坡光照充足，但植被稀疏，坡度较大，又无水源。这种村落格局的特殊性在一定程度上反映了村落选址与水源、植被和地形之间的权衡关系。

总体而言，鲁中山区传统村落的选址大致可分为两类：一类位于山区腹地，另一类位于山区丘陵与平原地区的交界处。山区腹地的传统村落一般沿山谷分布，两侧山坡设置梯田和窄道，主要方便村民汲水浇田和村落之间的交通联系。此类村落比较有代表性的是淄博太和镇的传统村落。作为淄河水系上游的一部分，该地区地形多呈内凹形的"簸箕"形态，村落总体格局良好。在这种地形内又形成数个支流，村落多数依据不同的小气候环境而建，村落形态在历史的演替中不断调整和发展。山区丘陵与平原地区交汇处的传统村落地形起伏落差明显，这种特殊的地形对村落外部形态和内部结构有较大的影响，其"风水"需求也成为村民建房首要的考虑条件。如济南市章丘区的朱家峪村、长清区的方峪村、平阴县东峪南崖村等传统村落，村落依托地形山景而建，使人、环境、建筑协调统一，村落风貌与山地景观浑然一体。

通过考察鲁中山区一带的传统民居不难发现，其院落形制不仅与村落整体格局相融合，而且有意或无意地遵循着风水的理论规则：一是将房屋建于高处，面朝河流；二是面南而居，房前平坦空旷；三是房屋周围种植树木；四是将房屋建在道路两侧。

4.1.3　"绕山转"的村落布局形态

由于鲁中山区传统村落多处于山地，村落形态在外围上多表现为"绕山转"的格局，这种布局方式与平原地区村落向四面延展的方式不同，村落边界和内部民居建筑与地貌密切关联。这种"绕山转"的格局呈带状，主要分布在山谷的一侧或两侧，其布局方式有两种：一是村落位于山谷低处，沿山体轮廓线呈内凹式弯曲延展，布局形式有围合、向心的感觉，这种村落选址可充分利用山势作为屏障，使村民具有更多的安全感，如青州王坟镇的胡林古村；二是村落位于山脊之上，村落边界沿山体等高线呈外凸式弯曲变化，其村落形态布局则有发散、离心之感，视野较为开阔，如淄博太和镇的纱帽村和罗圈峪村（图4-1）。

就形态而言，"绕山转"的布局更多表现出村落形态的复杂性，其边界和轴线都较模糊，形态轮廓依据地势显示出高低参差，轴线所依附的道路或河流也呈现更丰富的变化。这种变化的产生是自然环境与人文环境综合作用的结果。

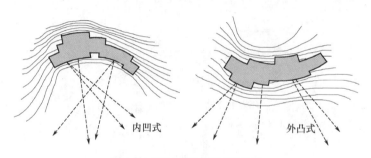

图4-1　"绕山转"的村落格局

4.1.4　"羽状"格局的自然意蕴

水是生命之源，它直接制约着人类的生存繁衍、农业生产活动，甚至聚落的兴衰。在江南等水网比较密集的区域，水系是居民对外交通的主要途径，因此村镇往往依据水系特点临水而建，或跨河布局，或将水引进村镇等（李敏，2010）。村镇街道往往与河道平行布局，形成了前朝街、后枕河的基本格局。如徽州唐模、西递等村落内的水街，它们是历史传统村落文化风貌的重要组成部分，在水街沿岸分布着近百幢徽派民居和夹溪而建的街道市井，如杂货店、百货店、油坊等一应俱全，具有浓郁的江南水乡色彩。除利用村落周围的河流和湖泊外，有些村落还将水通过水口引至村内，挖池蓄水，并通过水圳流向各家各户，形成满足居民生活和生产需要的各种水景。例如，安徽宏村在村内凿有月沼湖，构成了当地居民生活的共享空间。对于山地河道两岸的原始村落，由于河流季节性较强，一年中大部分时间处于干涸或半干涸状态，而在夏季多雨季节往往形成山洪，直接影响到村落居民的生存安全，因此构建山区村落的防洪防灾安全体系是十分必要的。鲁中山区在传统村落建造过程中，通常在村落周围设置一条环形道路作为泄洪通道，并在路下设置一条暗沟，雨水从坡屋顶排至庭院，并有组织地从庭院排至道路的地下沟渠，形成了多层次、全方位的综合防洪排水体系及交通空间。

鲁中山区水系丰富，有汶河、大清河、沂河、淄河等，在这些河道两侧分布着许多传统村落，其中以鲁山水系为中心分布的村落最具特色。这些村落大多建在河道支流的两侧或跨河而建，村落和水源相互融合，村落呈"羽状"分布，这种村落选址表现出较强的亲水性和对环境优选的把控。由于地理环境中的资源分布存在着环境差异，人们对良好的生态环境有着本能的追求和向往。

逐水而居的格局使得传统村落与自然环境形成一个合理的有机整体。例如，济南南部山区的村落主要沿河流两侧或山坡分布，并有顺着河道发展的趋势（图 4-2）。再如，淄博太和镇共有 32 个自然村落（除海上房村），这些村落

图 4-2　济南南部山区村落分布状况

大部分已被评为国家级或省级传统村落，由于处于山区谷地或沿河道发展，滨水而居的特征比较明显（图 4-3）。太和镇村落集群以峨庄河轴线为中心形成特征明显的"羽状"格局，河道构成"丰"字形的"竖"向笔画，河道轴线呈竖向，略偏西北和东南走向，两边的数十条支流发源于两侧的山谷。32 个自然村落依水而建，散落其中，构成了村落的不同形状和特征。西石村位于该区域的最北端，山桥村、上雀峪村、纱帽村、罗圈峪村位于东南谷底。这些村落的分布不仅与当地的地形、水源、土壤等因素有直接关系，也与当地的小气候和植被分布密切关联。

图 4-3　淄博太和镇村落分布状况

注：图片来源于于东明，2011. 鲁中山区乡村景观演变研究——

以山东省淄博市峨庄乡为例［D］. 泰安：山东农业大学.

4.2　鲁中山区传统民居空间形态类型

受地理环境、资源条件和历史文化的影响，鲁中山区传统民居具有浓厚的历史文化积淀和地域特色。该区域的民居营建秉承"天人合一"的理念，因势而建，错落有致，呈现出高低参差的肌理特征。院落布局结构简单，少有多进和多跨的院落，大小和形制没有固定的尺寸和模数，内部开间、进深相对较小，完全由客观条件决定。由于技术条件和就地取材的习惯不同，鲁中各地营建民居的用材也不相同。山区腹地石材资源丰富，石头就成为营建民居的主要用材，建筑基础、墙体、大小构件都以石材建造，宛如从地上长出，浑然一体。而在丘陵和平原地带多以砖、石、土等材料混合搭建，民居风格拙朴厚重，少有细致繁复的装饰，充分体现了该区域传统民居特有的质朴与粗犷之美。

依据各地调研情况，以建筑材料及技术做法将鲁中山区传统民居形态划分为五种类型，分别为：以石头＋草顶为代表的山区石头房；以圆石＋条石＋瓦屋顶为代表的圆石头房；以夯土墙＋囤顶为代表的囤顶房；以石灰坯＋青砖＋瓦屋顶为代表的石灰坯房；以匣钵＋灰砖＋青瓦为代表的窑场民居。这些传统民居因其相似的地理资源和历史文化环境而具有相同的特征，又因地方环境的差异而各具特色（表 4-1、图 4-4）。

表 4-1　鲁中山区传统民居形态比较分析

类型	建筑立面	建筑平面	材质及工艺	屋顶做法
山区石头房			错缝搭接	
圆石头房			干槎墙技术	
囤顶房			版筑墙技术	

续表

类型	建筑立面	建筑平面	材质及工艺	屋顶做法
石灰坯房			砖披墙技术	
窑场民居			横向垒筑	

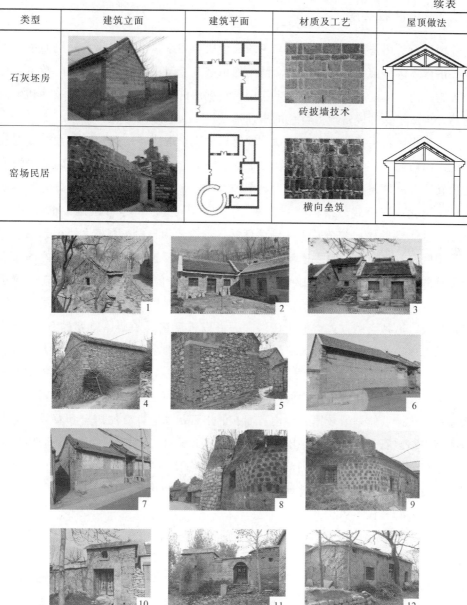

图 4-4　鲁中山区传统民居类型分布

注：1～3 为山区石头房（泰安山区、济南山区、莱芜北部山区、淄博南部山区、沂
　　蒙山区）；4、5 为圆石头房（泰安山区）；6、7 为石灰坯房（济南东部丘陵及平
　　原一带）；8、9 为窑场民居（淄博山区）；10～12 为囤顶房（济南西部山区）

4.2.1 山区石头房

山区石头房是鲁中山区最具特色的一种民居类型，在方圆几百公里的泰安山区、济南山区、莱芜北部山区、淄博南部山区及沂蒙山区都占有相当的数量，分布极为广泛。山区居民在长期的生活中，根据山区的自然条件、经济条件和生活习惯，创造了这种极富地方特色的居住形式。

由于山区石头房建于山脉腹地，院落布局完全取决于地形地貌，大多没有规整统一的布局。有的院落沿着蜿蜒曲折的山路而建，错落排布；有的院落沿河或围山转，有序排列。基本格局多为典型的合院式布局，略成方形，部分院落不建南屋，简化成三合院，俗称"簸箕掌"。个别区域受经济条件限制，也有"一"字形、"L"形院落，院落较小，院墙低矮，形制较为自由，规模大小差异明显。

山区石头房墙体多用质地较硬的石灰岩砌筑，石灰岩呈灰白色，自然的肌理和凝练的色彩给人一种回归感和宁静感，如泰山一般稳重、质朴，用它砌筑房屋，不仅美观，而且耐用（图4-5）。为了保证石头砌墙的强度和稳固，通常用错缝搭接法。这种组砌方式类似于砖墙，一般以长度接近于墙体厚度的石块组砌，个别地用小块毛石，通过大石块的自重压实下方的小石块。墙体讲究大小石块间的咬合和拉结，大小石块错落有致，不勾缝、不抹面，体现了工匠高超的技艺。富裕家庭建房通常使用大而外形规则的石头，而经济条件中等的家庭则使用天然的石头。墙体一般较厚，墙内表面有的用石灰抹缝，有的用土和草掺水混合成泥找平，以石灰粉饰，整个围护结构厚度能达到450～600mm。这种墙体材料保温性好，热传导率低，室内温度变化慢，从而使室内冬暖夏凉。在交通不畅、经济不发达的山区，这种"就地取材，就料施工"的建造特点大大降低了民居建筑的造价，为村民节省了开支。

石砌民居屋顶为双面硬山坡顶，屋顶多用草苫顶（图4-6）。草分山草和麦草，一般根据各地实际情况使用山草或麦草，山草一般可使用五六十年之久，而麦草只能使用二三十年（图4-7）。两边山墙一般高于屋顶，檩条直接架在山墙上，结构较简单。在檩上盖苇箔或秫秸，再抹上几层泥土，最后以山草或麦草铺顶，用刀削齐，脊部两坡用草压实，以防渗水。草顶厚度在200～300mm，夏天不易晒透，屋内较凉爽。

石砌民居注重实用，少有雕饰，一般只在屋顶挑檐和个别墀头部位雕刻吉祥文字或图案，个别民居影壁也做雕饰。如上法山村一处民居影壁雕一"福"字，雕刻粗朴浑厚，体现了山区村民朴实、大方的性格（图4-8）。

图 4-5　山区石头房

图 4-6　草苫屋顶

图 4-7　山草

图 4-8　民居影壁

1. 典型村落之一——上端士村

上端士村位于淄博市淄川区太和镇，与临朐、博山、沂源、青州等地区接壤。村落四面环山，环境优美，景色秀丽，2012 年被列入国家第一批传统村落名录。

上端士村始于明代建村，距今已有 600 多年的历史。相传早期先民聚族而居，期盼家族后代品行端正，激发励志，求取功名，因而取名"上端士村"。村里至今还保存着明清古民居 300 多座，因统一用青石建造，别具一格，被誉为"石头村"。

当地人尊重自然法则，将民居依山体外围而建，村内街巷顺地形起伏而延伸，或拾级而上，或蜿蜒曲折，彼此相互衔接，构成了村落错落复杂的交通体系。街巷、石阶以石板或卵石铺就，石屋茅茨石阶，被山径环绕，村民们将这种依山围合的带形布局民居称为"绕山转"。特殊的地理环境造就了乡村聚落的自然风貌，生动地反映了人与自然和谐的关系。这里的民居墙体全部以石块砌筑，石缝之间不加任何黏合剂。为了冬日防风御寒，只在屋内四周的墙壁上涂抹一层约2cm厚的"观音土"，使其密不透风。石屋坡顶以厚实山草覆盖，防寒耐晒。门窗采用当地的槐木或榆木做成，硬度较高，经久耐用。千百年来，村民就地取材，用自己的聪明才智建造家园，最终建成了这个富有神奇色彩的石头村落（图4-9）。

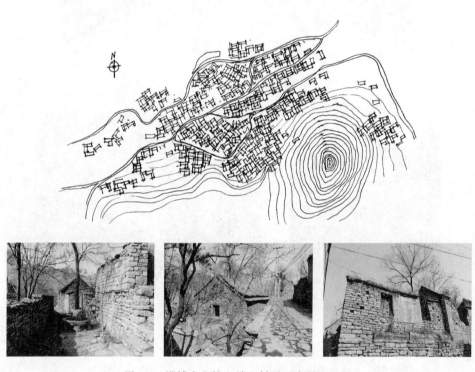

图4-9　淄博太和镇上端士村平面布局和民居

北宋著名思想家、文学家王安石竹杖芒鞋游历上端士村后，以《独卧》为题即兴赋诗一首："茅檐午影转悠悠，门闭青苔水乱流。百转黄鹂看不见，海棠无数出墙头。"如今该村落已被当地政府列为大专院校美术写生基地，每年都有大批的画家、学生和摄影爱好者来此写生和采风，已成为当地一处美丽的风景。

2. **典型村落之二——卧云铺村**

卧云铺村隶属济南市莱芜区茶业口镇，位于镇政府东北9km处，东北两面与淄博山区接壤，西北与章丘毗连，著名的齐长城遗迹沿村落山顶由西向东蜿蜒而过。明朝嘉靖年间，王姓人氏由河北枣强县迁此建村，继而刘、张、李、闫等姓先后落村居住。因该村地势较高，常被云雾覆盖，故而得名卧云铺。卧云铺村历史文化悠久，遗产资源丰富，至今保存了相对完整的村落格局及建筑风貌，2016 年被列入国家第四批传统村落名录。

卧云铺村建村选址受风水学的影响较大，形成了三面环山、坐北朝南的基本格局。村落在地形上东高西低，中间形成低谷，谷底有小溪流过村庄。村落南部山地南坡设有梯田，是村落主要的生产用地。该村为典型的山区石头房村落，以石头砌墙，为硬山双坡顶的合院形式。由于村落北靠山坡，石料经风化已分层裸露，当地人称之为"十八行子（十八层）"，每层石材厚薄不一，色彩、纹理不同，可以满足盖房时各处部位和各构件所需，如里檐、腰枕、拴马石等。村民根据岩层厚度对每层石材的用途进行分类，使村中房屋规制统一，减少了建设过程中对石材的二次加工。

村内院落一般为合院形制，民居依势而建，主屋大多三间，东、西、南三个方向的房屋略低于主屋。由于山坡落差较大，加上此地气候潮湿，临街房屋多为二层石屋，当地人称之为"二起楼"。为防潮保暖，人们通常在顶层生活起居，底层用来饲养牲畜或储存物件，空间得到了充分利用（图 4-10）。

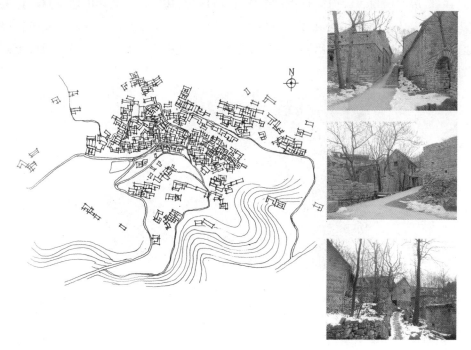

图 4-10　莱芜区茶业口镇卧云铺村平面布局和民居

4.2.2 圆石头房

圆石头房主要分布于泰安山区的自然村落。清代诗文家程穆衡在《燕程日记》中记载："沿泰山麓高低皆圆石，最崎岖难进……道旁民舍亦尽垒圆石为垣壁，前此未有也。"由于泰山的石头不可开采，周围村民就捡用河滩里光滑的自然石建造房屋，久而久之就形成了用圆石盖房的习俗。

该地民居受到泰山文化和儒家文化的双重影响，民居形式呈现出特有的建筑形态和文化气息，如中庸、四平八稳，以规矩方正的格局有序展开。院落多为长方形，坐北朝南，四周有围墙，呈简单合院形式。北为正房，一般三至五间，很少有七间以上，每间屋宽约 3m，进深约 4m。屋顶为硬山坡顶，檩条数目有 5、7、11 等不同规格，多用柴木。民居大门较讲究，常开在东南方向。正对大门有影壁，多数影壁直接镶砌在厢房的山墙上，俗称"坐墙影壁"，它是整个院落空间秩序的开始，与大门呼应，有挡有开。

圆石头房墙体砌筑技术蕴藏着丰富的内涵，其中以石头"干槎墙"技术最具特色（图 4-11）。虽然河滩石头形状各异，色彩斑斓，用它垒墙或铺地效果生动，看起来较为随意，但实际上"干槎墙"施工非常讲究，对石匠的技术要求非常高。一般房屋墙角、大门前脸通常用条石或料石做基础，后墙、山墙及院墙用毛石干槎，后墙、山墙槎墙到顶，墙体厚约 500mm。泰安黄前、下港、大津口等地传统民居，墙体基本都用"干槎"技术垒筑。个别民居因条件所限，后墙上部采用土坯堆垛。

图 4-11　用"干槎墙"技术砌筑的墙体

1. 典型村落之一——山西街村

山西街村隶属于泰安市岱岳区大汶口镇，是大汶口文化的发祥地，也是大汶口古镇的核心区域。该村至今保存了较为完整的传统村落格局和建筑风貌，是泰安市南北空间序列"历史文化轴"的重要节点之一，2012 年被列入国家第一批传统村落名录。

　　大汶口镇历史文化底蕴深厚。《水经注·汶水篇》载："淄水（即今柴汶河）又西迳阳关城南，西流注于汶水，汶水又南迳距平县故城东，而西南流，城东有鲁道。"这完全符合今大汶口镇所处的地理位置，证明大汶口镇就是自秦以来的距平县城所在地。大汶口镇依水设镇，山西街村就位于大汶河北岸。《诗经》云"鲁道有荡，齐子由归"，说的就是大汶河。大汶河镇自古以来就是南北交通要道上的著名商埠。其村落的选址和发展与汶河摆渡、车马古道有着直接的关联。明隆庆年间在汶河跨建一石桥，由此经水路贸易运输往来不断，并逐渐在河流北岸建造了大量民居、商铺、旅馆、作坊等设施，形成了最初的村落形态，说明石桥的营建是大汶口古镇山西街村商贸繁荣的重要基础。现境内有两处国家级重点文物保护单位（大汶口遗址、大汶口明石桥）、一处省级文物（山西会馆），其他如卢家大院、王家大院、侯家大院、刘家大院、李家大院、粮所大院等古建筑仍保持着传统历史格局和原有风貌。全村有 700 多栋古建筑，保护情况良好。该村传统民居建筑多为四合院式，建筑材料主要是石块、青砖及河道中的卵石等，是泰安地区目前保存相对完好的一处特色传统民居群（图 4-12）。

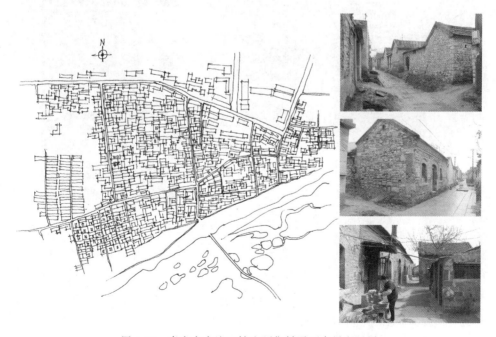

图 4-12　泰安市大汶口镇山西街村平面布局和民居

2. 典型村落之二——小辛庄村

小辛庄村归泰安市岱岳区粥店街道办事处管辖，距泰山脚下不到 2km。村里几乎所有的民居都用圆石垒筑。该村西侧临近河畔，河道多卵石，村民们充分发挥聪明才智，因地制宜，取河道中的鹅卵石为建筑材料，在长期的实践中探索出一套不同于其他地区的筑墙技术。墙体外侧以大小不一的光滑卵石砌墙，不勾缝，内侧用碎石砌筑。为增强墙体的坚固性，采用较大的卵石组砌，起着类似于砖墙"丁砖"的作用。据说过去工匠砌墙是坐在凳子上逐块砌筑，久而久之此地流传有"泰山一大宝，鹅卵石垒墙墙不倒"的俗语。这些卵石大多是由山水冲积下来的花岗岩和变质岩，滚落至沟壑中，因棱角互相撞击和长期风化，逐渐变成不规则的圆形，有白色、灰色、黑色和红褐色等，颜色极其丰富。卵石构成的墙面肌理使其成为泰安山区最有特色的传统民居（图 4-13）。

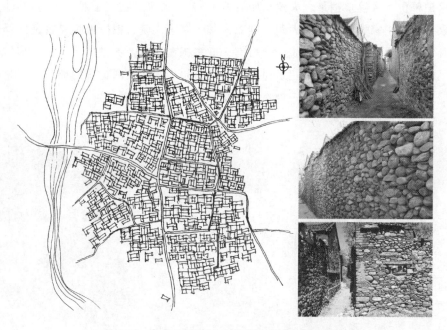

图 4-13　泰安市岱岳区小辛庄村平面布局和民居

这些民居大多建于 20 世纪六七十年代，屋顶为双坡硬山，以灰色板瓦覆顶。由于村子离城市近，村里年轻人大多进城务工，多数民居已闲置。村里有两座建于民国时期的大院，门楼不是采用圆石，而是用青砖，虽仅有一层，但仍然显示出比普通人家富有。随着旅游经济开发区的发展，当地政府已将该村征收为建设用地。目前整个村庄已被夷为平地，那些具有地方特色的圆石头房民居成为历史的回忆。

4.2.3　囤顶房

以夯土墙、石料为特征的囤顶民居主要分布在济南西部山区，尤以平阴、长清一带的囤顶房为代表。这里春季较为干旱，夏季降水较多，且伴有干热风。囤顶既能防止屋顶面层在大风作用下遭到破坏，又能够满足屋面排水防水的需要，因此该区域民居多选用囤顶这种相对简易的屋顶样式。

囤顶民居院落多以三合院为主，也有少量的楼房四合院。院落结构简单，低矮厚实，且形态不规则；以三间正屋为主，左右为厢房，院落狭小，四周皆用墙体围合，封闭性较强。

墙体采用夯土和毛石堆砌。普通民居建筑外观呈现大面积的暖灰墙，主要以黄土、白灰为主。由于该地多土山，黄土就成为建房的主材。为了使墙体坚固，墙基一般采用石头打底，上部墙体采用"夯土墙"（版筑墙），即通过模板将提前按比例配好的黄土倒入支好的模具中，填满夯实，待第一层墙体快干时，在第一层上支模，做第二层土墙。一般墙体砌到顶需要近一个月的时间（张萍，吕红医，2014）。建筑的门窗一般预留好洞口，上部选用打制的整块石料做过梁，两边镶砌宽 300mm 的石边框，下部一般用条石。窗户多为直棂式，通常选用木质门扇。囤顶房版筑墙体厚度约为 600mm，厚重结实，与周围的土山浑然一体（图 4-14）。也有个别富裕人家墙体采用砖石结构，下部承重墙体采用石块砌筑，上部用灰砖。为了排水和保护墙体，在檐口上筑一矮墙垛，将屋顶的雨水集中到檐口上的泄水沟，并用若干个探出屋檐约 500mm 的水槽倾泻到院内。这种设计能有效保护墙体不受雨水冲淋。

图 4-14　与周围土山浑然一体的囤顶民居

囤顶建筑屋顶中间微微拱起，一般用直梁加短柱构成带弧形的梁架，檩椽上铺秫秸，再铺以厚实的石灰、黏土和细砂混合成的三合土，表层用石灰抹成漫坡弧形，显得厚重质朴。漫坡顶与陡坡顶相比更具有实用性，方便居住者在上面纳凉休憩，也可在上面置物、晾晒。有的人家为方便起见，在屋顶上砌女儿墙，提高人在屋面活动的安全性（逯海勇 等，2017）。

1. 典型村落之一——东峪南崖村

东峪南崖村隶属济南市平阴县洪范池镇，位于镇驻地东南大寨山下的东扈峪中。村子东依大寨山省级森林公园，西靠云翠山省级森林公园，南面低矮的山丘与云翠山、大寨山连为一体，成环抱之势，村西北角扈、墨泉汇成涓涓溪流汇入浪溪河。东峪南崖村顺着大寨山的山势而建，属于丘陵间沟壑地形，村西建有围墙，中间有城门，门外为流水，村落三面青山环绕，群峦起伏，景色优美。该村地理坐标为东经 116°11′48″，北纬 36°05′16″，占地面积 10.85 公顷。

东峪南崖村民居多为以夯土、石材等围护材料筑成的囤顶民居，是一处保留相对较为完整的明清古民居群（图 4-15）。目前村内保留有明清建筑 300 余套，房屋 2000 多间，主要集中在村西部的万家街、高家街、崔家街三条街道和十余条胡同中。村落街巷受地形影响较大，纵横交错，蜿蜒曲折，整体风貌极具特色。2015 年该村入选国家级传统村落。

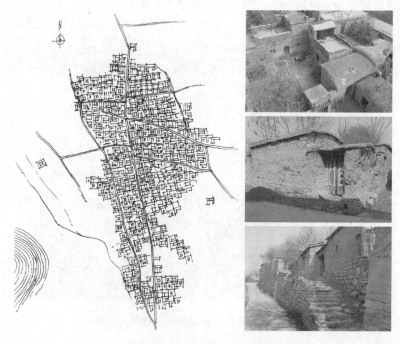

图 4-15　济南平阴县东峪南崖村平面布局和民居

东峪南崖村民居建筑顺应地势和水势，因地制宜，朝向较为自由，并无严格的坐北朝南限制。民居有一合院、二合院、三合院及四合院，调研过程中发现也有少量的多重院落，院落平面长宽比接近 2：1，这种院落形制与晋中传统民居的狭长平面极为相似。各种院落之间相互组合，建筑单元相互依托，功能设置利于沟通。东峪南崖村雨水少，当地民居建筑屋顶多设置为囤顶，在减少资源投入的同时能有效增强抗风能力。墙体主要采用黏土夯筑和毛石堆砌，稍加修饰的夯土墙及其外形使整个建筑群呈现黄土的自然本色，体现出山区建筑的原生态之美。夯筑的墙体质地坚硬，墙壁垂直度高，鲜有倾斜走样现象。由于墙体材料均为就地取材，无需烧制，可重复利用，因而在材料全寿命周期内环境负荷小，与环境的协调性良好。

2. 典型村落之二——方峪村

方峪村隶属于济南市长清区孝里镇，坐落于大峰山齐长城西南侧的一个山峪内，地理坐标为东经 116°36′23″，北纬 36°19′38.02″，属于典型的鲁中南低山丘陵区地形。村落三面环山，背倚西北侧鹁鸪山，东临马山，西南为桃山，形同葫芦，仅有一个出口，绵延的山脉构成了对村落的围合（宋文鹏 等，2017）。村落居民利用当地的石材资源在山区中建造石屋，创造了一个生态和谐的生活场所。

孝里地区早在春秋战国时期就有居民在此安居。据《平阴县志·疆域志》载："孝里铺南有村曰东长，西南三里有村曰广里……古平阴城，即相传谓今东长村即其地，遗址犹存。"方峪村原名王峪村。明朝洪武年间，方氏一姓从山西省洪洞县迁入此地。村口石碑"重修观音五圣堂"记载："方世（氏）长居其间，中有观音堂，配以五圣……戊申岁大震以致此堂倾圮……方氏父子不忍坐视，遂谋于族众，各捐资财，于是兴工整理。"地震发生后，方家率众重修"观音五圣堂"，并将村名改为方峪村，至今已有 600 多年的历史。目前村里有 300 多户人家，1000 多口人，其中 90% 以上都为方姓。

方峪村因地处偏僻，没有经历战乱，石头房保存较为完整，基本维持了明清时期的传统村落面貌。村落选址于山坡之上，整体呈阶梯状格局，主街道和小巷皆用石板铺就，主干巷道平行于山体等高线，建筑顺应地势，参差交错（图 4-16）。主街两旁的石头房墙面上都设有拴马石，述说着当年村庄商贸往来的繁盛。

村里现有将近 200 座囤顶石头房，院落形制有"L"形院、三合院、四合院及部分组合院落。吴家大院位于镰刀巷的尽头，是方峪村传统民居院落的典型代表。该院为一处典型的组合式院落形制，院落原为一处三合院，后与西侧院落合并，拆除院墙后两个院落组合成一体。

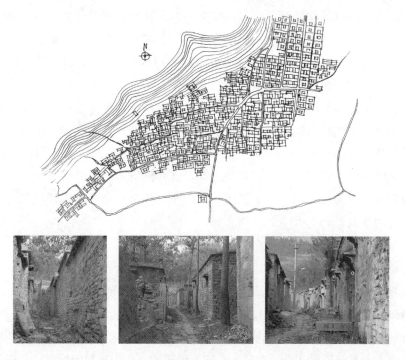

图 4-16　济南长清区方峪村平面布局和民居

4.2.4　石灰坯房

以石灰坯为主材的传统民居主要分布在济南东部丘陵及平原一带。明清时期济南府是重要的行政和商业中心，周边有多条通向其他地区的官道，由于商贸往来和官员经常通行，官道沿线的村落往往比一般村落有更多的商业发展机遇，无论建造规模还是质量，都远远高于周边普通村落，其中以章丘博平村、杨官村的传统民居最为典型。

这种官道沿线的民居总体上延续了北方四合院传统的布局和结构，由南北轴线贯穿房屋与院落，大门、二门、影壁、倒座、正房、厢房等按秩序组合。这些民居通常以青石做基础，以青砖做墙角，再用石灰坯砌墙（图 4-17）；屋顶多为硬山瓦顶，木格子窗，墙和屋顶较厚，室内冬暖夏凉。

过去章丘一带多煤窑，当地村民将开采的煤掺黏土打成煤饼，煤饼燃烧剩下的炉渣便成了建房的上好材料。制砖程序是：把炉渣碾碎，取炉渣和石灰按 7∶3 的比例掺匀，加水搅拌，形成炉渣膏，之后进行脱坯，坯的规格一般为长 400mm、宽 180mm、厚 100mm，再经过晾晒就成了石灰坯砖。用石灰坯砖砌墙时采用砖披墙结构，墙基以青石打底，墙面则是外砖内土，以单砖贴墙为主，通常斗贴一层单砖，再扁贴一层单砖，俗称"一斗一扁"（李新建，2014）。每贴四块或三块单砖就要将一块砖立起来，插入泥土墙面中，以增强墙面的牢固性（图 4-18）。这种做法造价低廉，坚固耐用，墙体寿命可达百年之久，再加上门楼、窗户、屋脊、檐口等精美的造型，体现了当地较高的营造技艺和文化水平。

图 4-17　用石灰坯砌筑的民居

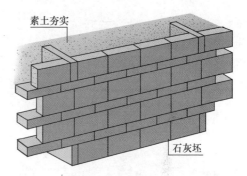

图 4-18　砖披墙结构

1. 典型村落之一——朱家峪村

朱家峪村位于山东省章丘区管庄乡内。该村坐落在南北走向的两山之间的山峪里，三面青山环绕，东依白虎岭，西靠笔架山，南端起于文峰山脚下。该村历史文化悠久，据考古资料记载，早在距今 3950～3500 年的岳石文化时期就有人类在此繁衍居住，属于山东境内东夷族所创造的较早的人类活动区域之一。朱家峪村原名城角峪，后改为富山峪。明洪武四年（1371 年），朱氏家族自河北枣强县迁居此村，至今已有 600 多年的历史。因朱姓为明朝国姓，故更名朱家峪（岳庆林，2009）。现今的古村落在很大程度上保留了明清时期的空间格局和地方建筑特色。

朱家峪村依山势而建，沿着山体呈带形展开，以关帝石庙为中心，可分为南北两部分。村落南部民居沿着沟谷支流走向顺水而筑，北部受山势影响基本沿等高线方向修筑，高低错落，形成丰富的空间层次。受地理位置等自然因素的影响，朱家峪村的整体格局并非严格的几何网络，街巷也不是横平竖直，而是顺山就势，疏密有致。街巷的交通走向、气流、排水、通风等也均以地形、地貌为依托，使村落建筑符合自然生态规律（苗志超，2012）。

民居院落以三合院和四合院为主，大多为一进院或者两进院。屋顶为硬山坡顶，灰色板瓦覆盖。一般正房三间，高于厢房和倒座。典型院落有朱逢寅故居、朱氏北楼、朱氏家祠等，院落设计典雅独特，充分利用当地建筑材料，精心施工，与公共建筑一起，巧妙地掩映在山峦绿树之中，共同形成了村落质朴静谧的环境（图 4-19）。

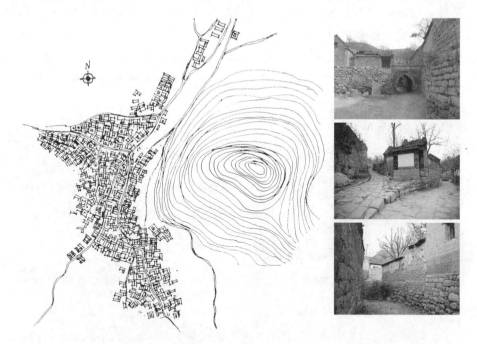

图 4-19　济南章丘区朱家峪村平面布局和民居

2. 典型村落之二——博平村

博平村位于济南市章丘区普集镇政府驻地西北 4km 处，是一座已有 1500 多年历史的古村。村中保存有大量清代至民国的老建筑，其中既有富裕人家的气派大宅，也有普通人家的民居，还有祭祀宗族的祠堂。2016 年博平村被列入国家第四批传统村落名录。

博平村内有一条贯穿东西的古官道——东西北街，宽约 4m，长约 200m。道路两侧耸立多处高大门楼，皆为青砖砌墙，青瓦覆顶，虽历尽百年风雨，仍显得异常气派。这些门楼的共同特点是台阶较高，门楼顶端覆青砖小瓦，飞檐瑞兽各异，大门上端两侧青砖雕刻有吉祥花纹，门楣上方木质框架刻有吉祥图案或瑞兽花草等，可见当时房屋的主人竭力装饰门楼，以彰显自己的身份和地位。

村落中的民居多为传统的四合院，硬山坡屋顶，院落由正房、东西厢房、倒座及门楼组成。正房一般为三开间或五开间，院落不宽敞时也有两开间。倒座与正房相对，通常为三开间，但进深比正房小。东西厢房正对，大多为两开间。门楼一般位于院落的东南角，与倒座相连。门楼正对的厢房山墙上一般设有坐山影壁。院落内一般用十字形青方砖或鹅卵石铺地，用于交通联系正房、倒座及东西厢房间。

建筑材料方面，民居一般就地取材，强调建筑的乡土性。单体建筑多为土石砖混合结构，青石房基，石灰坯墙体，一般在土石砖混合结构的外墙上抹一层灰渣三合土，屋顶多用小青瓦覆面。由于主街过去为官道，交通发达，两侧院落地面多用青砖、石板或卵石铺砌，铺装的多元性与村落街巷的单一性形成了鲜明的对比。

当地传统民居用材的最大特色是以石灰坯为主，部分富户用青砖或石灰坯结合。石灰坯砖具有防潮、杀菌、绿色环保、循环利用等功能，是当地人民长期生产经验和生活智慧的积累与体现。用石灰坯砖砌筑的墙面多为黄灰色，部分为黄色或红褐色，少数为黑色，丰富的色彩效果和肌理变化给整个村落营造出质朴、和煦的意趣（图 4-20）。

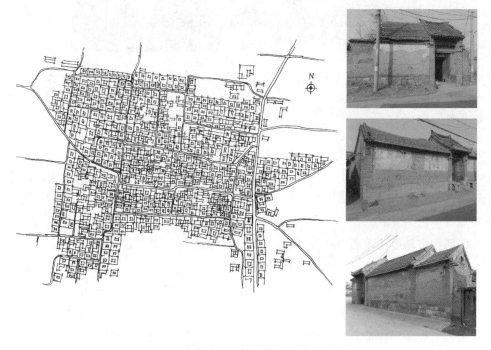

图 4-20　济南章丘区博平村平面布局和民居

位于李家街 1 号的院落被当地村民称为"地主大院"。该院建于 20 世纪初，是一处保存相对完整的标准四合院，曾经是村里大户刘连权的住所，现为村党支部和村委会的办公场所。该院落坐北朝南，由正房、东西厢房、倒座组成，大门位于院落的东南角。院内正房两侧连东西耳房均为二层硬山坡顶，东西厢房也为两层，与正房相互协调，倒座为一层。整个院落由青砖砌筑，上下两层门窗均为青砖拱券式，古朴大方，厚实稳重。楼房屋顶为灰色筒瓦，正脊由青瓦叠压而成，两端翘起，造型为传统式样，又明显透露出一丝西式建筑风格。整个院落建筑屋顶高度由南向北逐步升高，不仅错落有致，还寄托了主人步步高升的意愿（图4-21）。

图 4-21　李家街 1 号院落

注：图片来源于 http://blog.sina.com.cn.

4.2.5　窑场民居

博山地处鲁中山区北部，自古以来就盛产陶瓷，素有"陶瓷之乡"的美誉。其周边窑场广布，产品销路甚好，"百里之外乡村僻址有其纵（踪）迹"。清乾隆年间，陶瓷生产进入鼎盛时期，其中尤以山头、窑广、八陡、北岭、务店、福山等地窑场最为著名。

博山窑场多为家庭作坊式圆窑，因窑形似馒头，被老百姓称为"馒头窑"。为了方便生产和生活，窑工们将住房与烧陶的圆窑建在一起，久而久之就形成了以陶瓷材料建成的民居（图4-22）。所用材料多为陶瓷废料及制陶原料，如废旧匣钵、黄板和窑碛等，它们主要用在墙体、围墙和地面上。匣钵是陶瓷在烧制过程中的一种保护性窑具，一般用耐高温的粗料制成。匣钵经反复多次使用后，因残损破裂不能再做制陶用时，被朴实节俭的窑工们带回家砌筑墙体、围合院落。用空心的罐体匣钵垒墙，质轻而牢固，抗风化又耐腐蚀。在这里，窑工们把废弃材料的利用发挥到极限，甚至连罐底、碎片都用来铺路或插在土里，用于路面防滑。黄板是陶土原料晾干后入炉焙烧而成，多用于砌房顶、挑檐、瓦梢。当地还有一种特殊的耐火材料——窑碛，有正方形、长方形两种，比一般的砖厚，为土黄色。长方形窑碛长320mm，宽160mm，厚35mm，多用于砌墙；正方形窑碛长、宽为320mm，厚35mm，主要用于室内地面铺贴。

图 4-22　窑场民居

1. 典型村落之一——古窑村

博山区山头镇自唐宋以来就生产陶器，距今已有千年的历史，至清代，当地的制陶业发展至顶峰，民间私营窑场星罗棋布。当地人以窑为生，形成了靠手艺吃饭的大量作坊。据《博山陶瓷厂志》记载，中华人民共和国成立以前，当地圆窑达 140 余座，如今遗存的圆窑也多是在当地制陶业鼎盛时期建造的。古窑村地处山头街道的经济中心和交通中心，占地面积 200 余亩，其中古民居建筑群占地50 亩。古窑村于 2007 年被命名为"中国陶瓷古窑村"。

古窑村过去陶瓷作坊遍布，清朝末年"馒头窑"尚存 141 座。1985 年，当地陶瓷厂引进先进技术，彻底淘汰了原始的烧制工艺，大量窑场在被废弃后拆除，取而代之的是宿舍楼和大瓦房。现仅存清代、民国时期的宋家窑、侯家窑、李家窑、孙家园窑等陶瓷古圆窑 20 余座，规格有 3 行 6 柱、4 行 8 柱、5 行 10柱、5 行 12 柱、6 行 12 柱和 7 行 14 柱等。这些被废弃的陶瓷古窑曾生产出"雨点釉""茶叶釉"等名瓷，成为皇家贡品，蜚声海内外。

如果将南方的景德镇誉为官窑艺术，北方的山头镇则是民窑的代表。以家庭作坊存在的古窑村传统民居建筑与陶瓷圆窑合建一处，成为当地随处可见的家族企业。在民居和院落的墙壁上，到处是由烧制陶瓷废弃的匣钵（当地俗称笼盆）垒筑的屋墙，形成造型独特的陶镇街巷风格。位于河南东街 7 号的院落就是一处典型的圆窑合建的四合院。院门在道路一侧开启，迎门设照壁。单侧由券门进入内院，北面为主屋，东西两侧为厢房。腰线以下用青石砌筑，腰线以上用灰砖或窑磞收边，墙体用匣钵、陶罐、废陶片和黄泥垒砌而成，别有一番趣味（魏韬好，2016）（图4-23）。

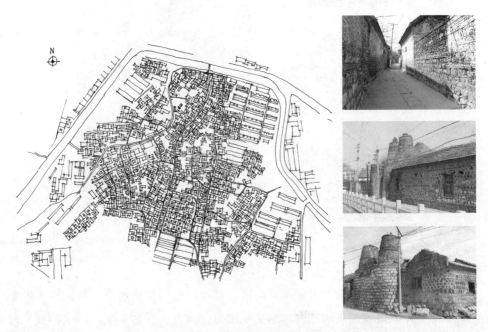

图4-23　博山区山头镇古窑村平面布局和民居

该村还有一些与普通民居有着明显区别的大户院落，其中以刘、冯、王、翟等姓四合院较为著名。位于河南东街10号的"刘家大院"最具有代表性。该院建于清宣统元年（1909年），为当地富商刘柱峰所建。整个院落为四进合院式布局，院门以红色铁皮包裹，上有门钉排列，装饰效果明显。一进院落南屋是佣人房，影壁后为花园（现已无存）。二进院落为垂花木门，门上饰有垂珠、砖雕等装饰。进门后有回廊，回廊券门的门洞边缘有装饰性雕刻。北屋为正房，是用于接待的客厅，左右配客房。房屋均为青砖小瓦木结构。正房右侧设有磨坊、厨房等，左侧有一雕花月亮门。进入三进院，是房主、亲眷居住的场所。第三进院落一侧连接着第四进院落，为厨房、仓库、佣人房等（陈华新 等，2014）。

此外，刘家转堂楼、侯家套院也具有该地民居的突出特点。多年来，古窑村明清民居建筑群和陶瓷古圆窑以其独特的风貌吸引了众多专家学者、摄影家或游人前来参观、考察、采风。2006年古窑村明清民居建筑群被淄博市人民政府列为市级重点文物保护单位。

2. 典型村落之二——福山村

福山村位于博山城东八陡镇，距博山城 7.5km。明朝初年该村就已存在，至今已有 600 多年的历史。从方志和族谱的记载中可知，福山早期称为"疙瘩湾"，后《博山县志》以"福山"命名代替了"疙瘩湾"。

福山村是一个生产陶瓷的村庄，600 多年的陶瓷烧制历史造就了浓厚的陶瓷文化，其中包括该村生产的陶瓷、遗存的古窑、独特的民居建筑和工业遗址等历史文化遗产。当地村民将陶瓷生产作为生存的保障，古窑作为烧制陶瓷的重要空间，是福山村几百年来烧制陶瓷的重要物证，已成为当地人乡村记忆中最具代表性的文化符号。

陶土是制作陶器的重要原料，煤炭是烧制陶器的重要燃料，由于该地盛产陶土和煤炭，历史上很早就在村落内建设了烧制陶器的作坊，该村也因烧制陶器而闻名。其发达的窑工业也影响了当地传统民居的营建，村民用青砖、石材、土和匣钵等多种材料砌墙，从侧面反映了该地建筑风格与地理文化环境息息相关。

从调查情况来看，当地民居建筑和院落墙体建造材料的选择主要取决于住户的经济条件。通常来讲，用加工规整的石块或整砖营建房屋成本较高，选用就地取材的土、毛石、匣钵砌筑墙体则比较经济。因此，村内富裕家庭的房屋多用砖石建成，普通家庭多用土坯、匣钵等材料（图 4-24）。

图 4-24　博山区八陡镇福山村平面布局和民居

村中民居建筑形制以合院式为主，其中三合院、四合院最多。例如，建于清同治二年（1863年）的"五门对峙（直）"的苏家大院属于二进院落，占地面积800m² 多。该院落大门、屏门、北屋前后门、小楼正门在一条直线上。所有房门台阶都用青石做成，且自前向后逐渐增多；当所有门打开时，可以从大门一直看到小楼。前院北屋三间，有过门厅，另有东西厢房各三间，后院有砖木结构的二层小楼及东西厢房各三间（图4-25）。该院落于2008年列入淄博市文物保护单位。在福山类似苏家大院这样的建筑还有侯家胡同的孙家楼、董家胡同的苏家楼、福山街宋家胡同的苏家楼、福山下河街的陈家楼等，对于研究和挖掘福山的民居文化同样有重要的参考价值。

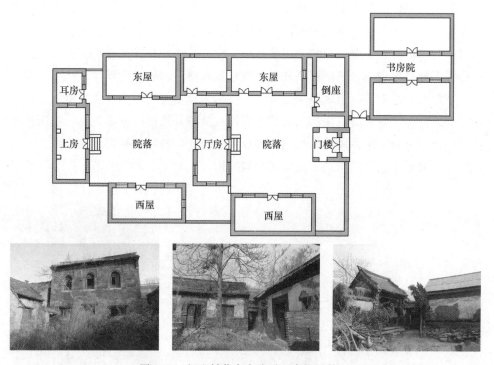

图4-25　福山村苏家大院平面布局及外观

4.3　鲁中山区传统民居建筑空间形态分析

4.3.1　街巷与节点

1. 街巷空间构成

街巷是支撑整个村落形态的骨架，是村落整体空间交流的重要体现。传统村落的街道由主街道、次街巷和小巷构成。主街道是村落中的主干道，形状、规模、尺度都较大，主要用于运输、集会、商贸等，沿主街两侧通常安置重要的民居建筑；次街巷的主要功能是将村内的民居建筑与主街道连接起来，相对较私密、安静，街巷两侧的建筑多是生活性民居；村落小巷是民居前后的小路，道路宽窄不一，仅限于步行，且只有一端与次街巷相连。这种三级街巷框架构成了村落丰富的交通空间层次，各街巷彼此穿插，相互配合，共同构成了村落交通的整体结构体系（袁晓羚，2016）。

城镇街道和传统村落街巷的等级划分具有高度的相似性，街道结构也分为三级，但街道在网络组织、宽度、功能等方面与村落街巷存在一定差异。城镇道路网的组织一般以主干道为中心，二、三级道路沿主干道两侧或城镇中心向四周延展，街巷主次分明，纵横有序，从而使城镇形态呈现出团状平面的聚集形式。而传统村落中的街巷，无论在山区还是在丘陵平原接合处，比城镇街道更加灵活，如一片树叶的叶脉那样，主脉牵连着条条支脉，支脉又牵连着每一个叶片细胞，街巷之间相互贯通，平面形状更舒展，街巷路网也因地形的变化呈现多样性（图 4-26）。

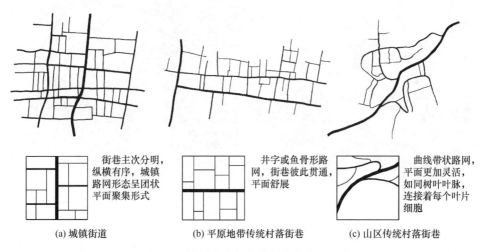

(a) 城镇街道　　　　　　(b) 平原地带传统村落街巷　　　　(c) 山区传统村落街巷

图 4-26　城镇街道与传统村落街巷的比较

2. 街巷布局特征

鲁中山区传统村落因地形关系内部交通空间高低错落，呈现出明显的自然有序的三维空间网络特征。主街道是交通网络的主干结构，次街巷和小巷呈树状结构分布于主街道两侧，街巷形式多种多样，随着地形起伏变化，总体呈现自然曲线或折线状态。受不同高程影响，主街道和次街巷的分支状态不是直角，而是形成不同的角度。山地街巷大多与等高线平行，建筑物就建在前后的台地上，形成弯曲的带状走道和"之"字形的三维线路；与等高线垂直的街巷，由于坡度较大，通常修建台阶作为步行道路。街道两侧的民居因地势高度上的影响并非有序排列，而是在错综复杂中透露着一种秩序感，这种秩序感的建立体现了民居建筑对地势的适应性。例如，上端士村处于山谷凹地，地形上呈坡度，村内主要街巷沿等高线平行分布，将整个村落分为上、中、下三部分，从两条主街道的两侧又分出若干小街巷（图4-27）。由山腰岩石缝隙形成的泉水经人造水沟疏导流向各家各户，水沟宽约半米，底部和侧壁由碎石砌筑，部分被石板覆盖，形成明沟和暗渠，石板覆盖处也可行人。到雨水旺季，清泉由上至下悠悠流淌，发出无尽的声响。与水沟平行的是一条石板路，宽约1.5m，有石阶与主街相交，形成了局部扩大的生活节点空间。

图 4-27　上端士村街巷分析

对于山地民居来说，由于地形的限制，挡土墙对院落的基础起着重要的支撑作用。大部分的院落都因地形变化随机布置，经挡土墙围合形成不规则的台地和"绕山转"的格局。民居、街巷、挡土墙和石墙共同构成了村落多样性的空间布局。

3. 街巷功能与尺度

传统村落街巷同集镇聚落街巷一样具有交通、商业活动、交往等功能。对于集镇聚落来说，主要考虑集镇承载周边村民购物、物资集散和运输功能，而传统村落街巷的主要功能是交通和生活。

传统村落线性交通空间包括街、巷、胡同三个不同尺度的层级。较宽的街道是村落的主要交通空间，较窄的街巷两侧为院墙或山墙，窗户较少，这使得它们更加封闭和狭窄。在小巷道的尽头通常是"死胡同"，设有院落的入口，有的则通向村落的外围，成为村落联系外界的次出口。以淄博太和镇土泉村街巷尺度为例，其建筑多为一层，檐口高度约 3m，从主街道的尺度分析，其宽度通常在 3m以上，高宽比约为 1：1；从次街巷的尺度分析，其宽度约为 2m，高宽比大致为2：1；从小胡同的尺度分析，其宽度约在 2m 以下，高宽比大致为 3：1（图 4-28）。

图 4-28　街巷的尺度

传统村落街巷网络体系主要承载对外交通和村民内外交流功能。以博山区古窑村河南东街尺度为例，主街道宽度约为 3.5m，两侧以两层石头房为主，高宽尺度比约 1：1，空间尺度舒适且富有变化。次街巷主要承担居住单元之间的联系功能。仍以古窑村的街巷为例，全村小巷四通八达，巷道尺度适宜，气氛静谧和谐，高宽比多在 2：1 左右。小巷主要承担居住单元内部人员的联系功能。尽端式、较窄的小巷居多，地面宽 1～2m，高宽比约为 3：1。这种胡同式的小巷以步行为主，行人较少，给人狭窄幽深的感觉，具有较强的私密感（图 4-29）。

总体来看，鲁中山区传统村落建筑群体多由曲折的巷道分割或相通，巷道的宽度一般与建筑层高比为 2：1 左右。村落街巷空间幽深、宁静且丰富多变，形成了别具特色的深街幽巷，生活气息浓厚。

传统村落街巷除交通功能外，还具有交往空间的功能。街巷空间作为

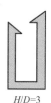

$H/D=1$　　　$H/D=2$　　　$H/D=3$

图 4-29　街巷的宽高比

人们生活空间的延伸和扩展，不仅贯穿着整个村落，而且连接着村落的公共空间，它为村民之间的交流提供了空间和场所。人们可以在自家门前或街道附近的石头上休息，享受阳光或交谈带来的乐趣，重要节日期间公共空间还能为人们提供集会和互动的平台。

4. 节点

凯文·林奇（Kevin Lynch）在《城市意象》中指出："节点空间是聚落结构空间及主要要素的连接点。在宏观上体现为生态山体、水系、广场、绿地空间所构成的开敞空间体系，这一体系在微观上则体现为步道、树木、标志、座椅、凉亭、垃圾桶等。节点的构成因素及所特有的显著取决于它们所处的位置。"（凯文·林奇，2002）。从村外进入主街道空间，再从主街道进入次街巷，有时在主街道与次街巷的交叉口或交通转换处会出现一处空间较大的节点，它是人在行进过程中的停留空间，也是村落起统领作用的标志点，具有聚集和浓缩建筑功能的作用。这些节点通常由祠堂、庙宇等特殊功能空间元素构成，有时也附带一些公共设施，如戏台、井台、石碾等，是人们活动和事件较集中的地方，在这里人们可以进行商贸交易、各种社会交往或宗教仪式活动。这些空间是当地村民宗族观念、传统意识的集中体现，这些标志物是村落的精神象征。

鲁中山区传统村落规模一般较小，由于山坡地形起伏较大，通常村内只有一条主街巷和几条垂直于主街道的巷道，空间交叉节点很难形成较大的公共空间。但受山地自然环境的影响，空间节点将道路与建筑物、道路和水源相连，构成了一幅幅独特的村落景观。街巷交叉通常构成"十"字形、"丁"字形和"人"字形等节点形式。主街和次街巷垂直的形式很少，即使垂直交叉，在不同的地形和地势下，建筑物也会表现出不同程度的变化和错位，从而形成多种形式的交叉，为空间增添了对比变化，产生较强的场所识别感和空间导入性（表4-2）。

表4-2　街巷交叉节点形式

节点类型	"丁"字形	"十"字形	"人"字形
示意图			
空间描述	主要位于横向巷道与入户巷道连接处，存在理论高差，坡度较陡	坡度变化较多，上行下行交错，空间立体感强	主要由巷道连接处院落的不规则院墙导致，基本没有坡度，空间感丰富

4.3.2　平面空间布局分析

1. 平面要素

鲁中山区传统民居院落平面布局具有典型的北方风格和特点。其空间结构为：院落营建多依山顺势而为，一进院较多，少量有二进或三进院；院落入口一般位于东南方向，或为独立的大门，或与南向倒座结合。合院式院落由一般由入口、影壁、主屋、东西厢房和倒座组成，客观上实现了连续性的空间序列。

（1）主屋

主屋也称"厅堂"，当地人称"堂屋"或"厅房"。按照北方传统建筑院落礼制规格，主屋一般比其他房间高大、宽敞，是合院建筑空间体系中最尊贵之处，通常为长辈居住。主屋中心的厅堂是整个院落的核心，通常放一条几和一张八仙桌，桌旁设两把椅子，在墙上挂字画或家训匾额，条几之上供奉祖先牌位。家族中重要的礼仪活动都在厅堂内举行，如结婚的拜堂仪式。仪式过后，重要的客人被邀至厅堂，客人上座，主人陪同。厅堂除了礼仪、会客、团聚外，有些地方也作为厨房和餐厅之用。灶台通常布置在厅堂最北端，炉灶与隔壁卧室相连，冬日可以取暖。主屋由三个空间组成，包括明间、东西两次间或稍间。这种格局很好地印证了当地"东南门西南圈，进门东屋就做饭，北屋住房不用看"的民间俗语，说明了主屋的空间方位和功能特征，即具有礼仪、会客和寝卧等多重功能，这种私密和隐蔽性的空间为家庭成员提供了比较舒适、安静的居住场所（黄永建，2013）。

（2）厢房

位于东、西两面的房屋分别称东厢房和西厢房（有的地方称东屋和西屋），与主屋成直角布局，多为两开间，个别也有三开间，一般为石木结构，窗皆朝里开。厢房高度不可超过主屋，当地有"厢不压正，奴不压主"之说。主屋、东厢、西厢、下房在屋檐高度上依次降低。正房的屋脊一般最高，两厢房略低，但厢房的屋顶形式与正房一样，多采用硬山式屋顶。东厢房通常为家里男丁居住，西厢房通常为女儿居住，也有的将其中一间厢房作为厨房或储物间。

（3）倒座

倒座又称"南屋"，是中国传统居住建筑中布置在最南端的房子，通常与主屋相对而建。在北京四合院中，倒座一侧建有朝南开的大门，墙体临胡同，一般不开窗。在山西晋中一带，四合院倒座临胡同的墙体通常较高，主要基于安全和防御考虑。倒座因其门窗开在北墙，故采光不好，一般作为客人居住的房屋。

（4）宅门

门是建筑物的出入口或是一个能开关的装置。《释名》中曰："门，幕障卫也。"这是对门准确而精当的阐释。《博雅》则说："门，守也。"更是从防卫和御寒角度对门进行解释。门还有另一层含义，即隐蔽深幽，掩饰内里。"绿衣监使守宫门，一闭上阳多少春。"无论是皇宫高墙还是普通百姓民宅，都强调门内之事的重要而唯恐外人知晓。建筑学家刘致平在《中国建筑类型及结构》中指出："门的应用之多是中国建筑的绝大特点"。李允鉌先生甚至认为："中国古典建筑就是一种门的艺术。"从这些论述来看，中国独特的建筑文化因为"门"的存在而变得更具有文化内涵。

作为传统民居建筑院落的入口，民居院门可分为两类：一类是"屋宇式门"，可分为广亮大门、金柱大门、蛮子门、如意门等，这种门规格较高，构造复杂，构件包括门扇、门框、门楣、门簪、门槛、门枕石等，通常用于官式合院建筑和地方富户大院；另一类是普通人家之门，它是墙垣的一部分，称为"随墙门"。如泰安民居墙门一般处于附属地位，结构相对简单，其特点是不设单独的门，而是直接在民居院落的墙壁上开门并稍作处理。它通常采用不占空间的小门楼形式，门上搭些檐瓦或其他遮盖物。随着山区居民生活方式的进步，现代村落的住宅大门的形式发生了很大的变化，门扇一般采用黑色或红色铁门，两侧门柱以瓷砖粘贴，门楣以"家兴财源旺"等现代字体代替传统的木制雕刻，相应的部件多省略，形式更加简洁而具有现代气息（图4-30、图4-31）。

图4-30　随院落墙壁设置的门楼　　图4-31　现代住宅的门楼

（5）影壁

影壁又称"照壁"，是出入民居院落的第一道景观。一方面，它是显耀门庭的一种方式，豪华的影壁通常以砖雕形式装饰很多吉祥图案，或在影壁墙的中央镶嵌"福""寿"字等，因此影壁是民居建筑装饰的关键部位；另一方面，它的作用是遮挡视线，起到"隐藏"的作用，使庭院增加视觉缓冲区，增强院落的空间感和隐私感。《水龙经》云："直来直去损人丁。"中国传统民居建筑中讲究"庭院深深"，而非"一览无遗"，直来直去是风水中的大忌。影壁不仅仅是一面墙，还是改善这些不利因素的重要手段。影壁使住宅庭院具有"迎气""纳气""聚气""藏气"的效应，使整个住宅达到满足居民身心需求的理想状态。在传统民居建筑院落中，通常以影壁反映人们对平安幸福生活的追求和期望。

鲁中山区传统院落的影壁有两种形式，即独立影壁和坐墙影壁。独立影壁是一种可设置在门内或门外的独立墙体。这种影壁通常采用石材制作，坚固耐用。也有一些富户用青砖做墙身，以便于在墙体上进行装饰。影壁的内容和形式主要以反映中国传统文化或象征吉祥的图案为主，如用青砖雕饰图案、人物、花鸟及字体等。坐墙影壁一般位于大门内对面厢房的墙上，这种影壁做工简单，只用石材在墙体上镶一石边，中间雕刻福字或用石板砌平。随着近年来山区乡村经济的发展，居住建筑的影壁越来越现代化，如一般在影壁上粘贴大幅山水画瓷砖。

（6）院墙

院墙是围合民居建筑的墙体，是院落的重要边界，通过院墙的围合将院落内外空间分开，使院落空间具有安全性和私密性。传统民居建筑的院墙材料较丰富，从遗存的传统民居中可以看到由土坯、青砖、石材、树枝和其他混合物组成的院墙。鲁中山区传统民居的院墙多为石质墙体，这种源于山体本色的材质所呈现的纹理反映了山区的自然属性，其色彩和质感能唤起人们的乡愁和记忆，满足人们追求自然、融入自然的情感需求。院墙高度一般在 2.5m 左右。根据农村建墙的经验，通常是一个成年人举起一只胳膊，再在上面加上一尺，意思是无人能碰到墙顶。一方面，墙体与建筑相连，能有效地将院落围合成一个居住单元，并形成院落的私密空间，满足居民的安全需求；另一方面，四边围合使庭院的局部气候得以改善，使庭院环境更加舒适宜人。

鲁中山区传统民居受地理环境的影响，院墙选材和砌筑技术有很大的区别。如泰安山区传统民居通常选取圆石，采用"干槎墙"技术砌筑，而济南西部的传统民居则选取"三合土"，采用版筑法制成夯土墙。过去山区条件有限，没有能力用砖瓦建造房子，只能就地取材，而石头、土等资源是最不稀缺的，所以这些材料与相应的加工技术成为当时最好的选择。

2. 平面空间布局形式

由于资源条件的限制，鲁中山区传统民居的营建只能采用相对单一的材料，且建设周期一般较长。据课题组调研，当地建设周期一般在一年左右，有的房屋长达二至三年，如山区石头房仅采石一项就需要一至二年的准备，再加上运输、建造，时间会更长。因此，山区民居多数是一次性建成，扩建的概率较低，只有少数民居随着家庭人口、经济的发展会在原来的基础上进一步扩展，民居建筑组团逐渐扩大，形成了纵向延伸、横向扩展、自由延伸和交叉组合等多重布局方式。但无论院落布局如何变化，在其发展的各个阶段都会遵循地势和空间序列组织的特点，保持平面布局和形式的完整统一。

（1）独院式

在鲁中山区传统民居中独院式院落最常见，它是山区民居最简单的布局形式。一般主屋为三至五间，房间内部开间相对较窄，也有的主屋两端建房，称为耳房，为二至三间不等，东西两侧有厢房，南面有的建有南屋，有的南屋临街会形成商铺。在大门内对面还设有影壁，用于遮挡院内相对私密的空间，体现了鲁中人民"粗中有细"的一面（刘修娟，2015）。

例如，方峪村某民居为一栋四合院院落，由大门、南屋、东西厢房和主屋构成。整个院落南北长11.5m，东西宽5.2m，视野较开阔（图4-32）。院落正门位于东厢房和倒座之间，形成过道，宽1.65m。南屋开间为四间，中间有夹山墙，房屋总长13.5m，进深4.65m，部分屋顶已坍塌，墙壁相对完好；西厢房开间为三间，长9.4m，进深4.2m；东厢房开间为两间，长5.4m，进深4.1m；主屋开间为四间，中间用夹山墙分为一间和三间，总长为13.7m，进深3.8m，损坏较严重。院内所有房屋皆为一层，石木囤顶混合承重结构，面向街道的倒座屋顶上设有女儿墙。

（2）纵向式

受地形的限制，鲁中山区传统民居院落遵循合院式发展的基本规律，其单元空间组合一般为沿纵向布局的形式开展。这种扩展模式可以有效地适应山区建设用地规模小、人口增长较快的特点，它与中国封建社会的宗法礼制观念和家族制度密切相关（于东明，2011）。例如，东峪南崖村某民居为二进院落（图4-33），建筑结构为石材、夯土墙、木梁共同承重的混合承重体系，其中建筑基础为条石砌筑，之上采用夯土墙，门窗为直棂式。一进院主屋出挑前檐廊，端部用砖砌筑承托檐檩，前檐墙下碱上方局部用砖砌筑，二进院堂屋前檐墙采用外砖里坯的方式砌筑，屋面皆为囤顶。

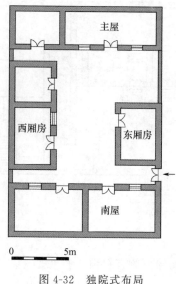

图 4-32　独院式布局

图 4-33　纵向式布局

一进院落由门楼、南屋、东西厢房、主屋及一个耳房组成，层高约 3m。目前只有主屋保存较好，其余房屋皆有不同程度的倒塌。院落南北长 12m，东西宽 11.4m，视野比较开阔。主屋为三间，长 10.2m，进深 5.7m，出挑 1.2m；耳房为一间，长 5.0m，进深 4.5m；东厢房为两间，长 6.6m，进深 4.4m；西厢房为三间，长 9m，进深 4.4m。二进院落由东西厢房及主屋组成，从现存的前檐墙可推测单体的形制，院落南北长 12m，东西宽 11.4m；东西厢房各为三间，长 9m，进深为 4.4m；堂屋为三间，长 10.2m，进深 4.5m。

（3）横向式

部分山地民居受地形的限制纵向无法展开，只能采用横向式扩展的布局形式。横向式与纵向式布局最大的不同是在院落内增设了休闲空间。除了增加一些必要的房间外，还在庭院内植栽花草、绿植，为院落增添情趣。在山区有限的空间中，这种布局方式一定程度上达到了实现自我追求与自然环境的和谐统一。

例如贤子峪村某民居，由东、西两个院落横向布局组成，坐北朝南，地势北高南低，落差较大，后面的山体自然围合，形成一个天然的屏障。两座院落为全石砌筑，囤顶，竖向为一层（图 4-34）。东院由门楼、影壁、厢房和主屋组成，院落南北长 7.7m，东西宽 15m，整个院落呈 "C" 字形。大门位于院落的东南角，宽 3.45m，深 3.36m；东厢房与主入口相连，长 7.2m，进深 3.36m；东厢房和主屋之间有台阶，平台上设有一个厕所；西厢房为五间，中间用夹山墙分为两间和三间，北侧的两个房间比南侧的三个房间高约 1m，庭院空间借助地势落

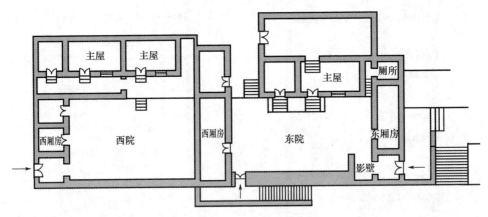

图 4-34　横向式布局

差使得空间组织更加灵活有趣；主屋为三间，长 12.45m，进深 4.5m，入口有台阶，中间用夹山墙分为一间和两间，其中一间的西侧有台阶，拾级而上，后面还有一处更大的房间；西南角是庭院的第二个入口。院落南院墙厚约 1.5m，从外面看像是一处高耸的崖壁。

西院由门楼、西厢房和主屋构成，南北长 8.45m，东西宽 13.45m，视野更加开阔。院落布局为"L"形。院落正门位于西南角，宽 3.5m，进深 3.8m；西厢房与主入口建筑相连，中间有隔墙将房间分为两个小房间，长 6.25m，进深 3.8m；主屋位于高约 1m 的平台之上，长 15.8m，进深 4.2m，中间以隔墙将房间分为两大间和一小间。

（4）自由式

自由式组合是由基本单元的合院形制在其纵向和横向扩展时生成的灵活多变的形式。在鲁中山区合院式民居中这种组合形式并不常见，这是由于地形和宅基地面积的限制，或户主更替过程中对于使用功能和空间布局的不同追求所导致的。山地合院式民居无论空间布局如何变化，其院落形式的基本单元组成关系仍相对清晰。

例如，博山区石马镇响泉村刘氏大院就是一处典型的自由式组合布局。据考证，这是宋代红袄军首领刘二祖所建，院落组群经历代变迁，形成了错综复杂的组合关系，外人进入如走迷宫一般。该院落组群以古楼为中心，由五个相对独立的院落沿垂直和水平方向延伸而成。整个院落组群共有大门七处，院落面积为 246～432m² 不等。院落建筑布局比较随意，但主屋与倒座之间的轴线关系仍较清晰。主屋位于台阶之上，前有挑檐，由立柱支撑，屋顶由灰色板瓦覆盖，两侧带有耳房，主屋和耳房之间有暗道与庭院相通。庭院有石磨、石碾、水井、马棚等设施。五个院落从平面布局上看各自独立，但通过院门与暗门的相连，院落之间联系仍十分紧密。院落中心部位有一处古楼，长 8.5m，宽 5m，高 12m，是由石头砌筑的两层坡顶建筑，底层位于 2.4m 高的台阶上，无窗，券拱门用石板砌筑；二层墙体四面开窗，有瞭望台、射击口，窗小墙厚，易守难攻，是典型的军事设施（图 4-35）。

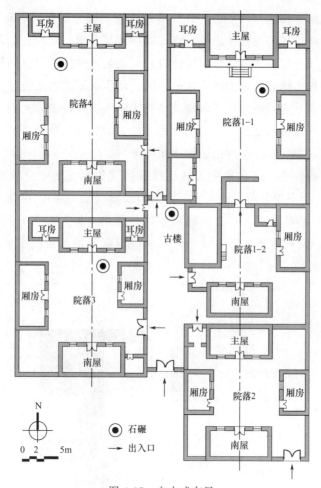

图 4-35　自由式布局

3. 平面空间组织秩序

（1）虚实相生的空间意向

对于合院式传统民居的空间形态，不仅要研究建筑实体的结构与营造，还要研究建筑庭院空间。老子《道德经》云："埏埴以为器，当其无，有器之用也；凿户牖以为室，当其无，有室之用也。故有之以为利，无之以为用。"从哲学的角度分析，空间不仅代表着物质存在的广延性，而且代表着物质的伸张性。实体和虚体空间相对，两者缺一不可，相互依存。例如，由鲁中山区传统民居的门楼、影壁、墙体、廊架等围合出大大小小秩序井然的院落空间，形成了丰富多彩的院落形式，给人丰富的视觉及心理感受。这种围合可看作空间实体和虚体的虚实相生。如果把民居建筑实体视为"图"，则包围的虚空间可以看作"底"，两者存在相生、互融的关系，即"图底关系"。

詹巴蒂斯塔·诺里（Giambattista Nolli）绘制的"新罗马地图"（1748）最早将实体与空间反转关系表现出来。在该图中他将街道、广场、休闲地带等公共空间处留白，而将建筑实体部分用黑色表现，通过这种形式将罗马城描绘成一个界定清晰的建筑实体和空间虚体组成的系统。诺里的图式表达关注的不是建筑物的实体形态，而是通过平面形式将建筑物的实体形态加以表达。当然，如果将图式黑白翻转，其形状和空间在视觉上会产生较大的变化。诺里试图通过这种黑白对比研究城市的发展秩序，并用于指导城市规划。

将诺里的研究模式嵌入鲁中山区传统合院式民居建筑，会发现院落围合的"图"和"底"与诺里分析图式具有一定的契合度（图4-36）。由院落建筑组成的"图"紧凑有序，富于变化，而由庭院空间构成的"底"松弛有度，收放自如。"图"和"底"关系紧密，疏密得当，向心感极强，院落空间布局趋向内向型，符合山区村民内敛、含蓄的性格（张晓楠，2014）。

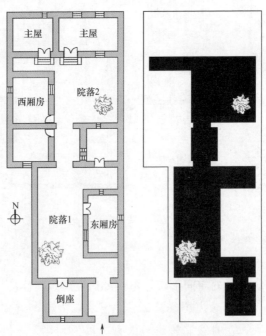

图4-36　鲁中山区传统院落图底关系对比

（2）民居空间的组织秩序

秩序的意思是有条理、有组织地安排各构成部分，以求达到正常的运转或良好的外观状态。山区传统民居院落的空间构成是按照山区特征构建的，院落的空间形式和空间秩序并没有太多的复杂元素组合，而是以一种相对单一、纯粹的样式呈现，空间设置合理有序，以功能性、实用性为主，无其他多余成分。

建筑空间的秩序感通常以轴线的延伸进行组织，轴线可以将建筑空间中的各个要素组织在一起，使建筑组合空间呈现出一种与人心理上的暗合，或威严，或活泼。这种以轴线表达建筑的空间秩序给人以精神上的控制，诱导人们对建筑空间带来的精神功能产生神秘感和向往。人们很早就开始使用轴线这种方法组织空间。例如，古希腊雅典卫城的帕提农神庙不仅使用了南北轴线，还使用了东西轴线。因神庙正面朝东，所以东西向的轴线成为主轴线，贯穿整个神庙，雅典娜神像就被放置在轴线的尽端。再如，西周时期的陕西岐山凤雏村落建筑遗址，在其轴线上布置了大门、前厅、后室和庭院，两侧厢房对称布置，轴线清晰明了。

受儒家礼制文化的影响，鲁中山区传统合院式民居"轴线秩序"相对明显，主屋等重要建筑居中，其他房屋沿轴线布置，左右对称。部分多进院落通常有多条轴线，但纵向主轴线仍能明显地感觉出来，沿主轴线再分出次轴线，院落房间沿轴线左右分布，错综复杂，形成了以中心庭院为核心的空间布局（图4-37）。另外，严格的等级制度也使得该地区的传统民居讲究伦理秩序，在民居的营建

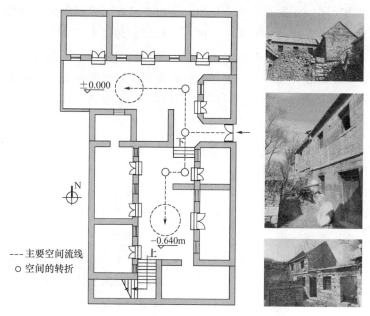

图4-37　山区传统院落的空间组织分布

中，要求尊卑有别、长幼有序，建筑布局不允许有任何形式的"僭越"。在住宅房间划分时，长辈住正房，晚辈住东西两侧厢房，并且在住宅规格、装修标准、屋顶式样、面阔开间等方面都有严格的规定，这种严格的等级划分一直保持至今。

4.3.3 立面分析

鲁中山区传统民居的立面特征表现出较强的共性，但各地区因地理环境和建材的不同又表现出一定的差异。本节主要从立面形态的屋顶、屋身和屋基三个方面进行分析。

屋顶是房屋或构筑物外部的顶盖。宋代洪炎《岭云》诗："俄顷如故常，突兀在屋顶。"表明了屋顶在建筑立面造型中的突出地位。由于鲁中山区地理位置的原因，加上季风影响，全年降雨分布不均，传统民居建筑普遍采用双坡硬山屋顶，屋面坡度约为1:1。但也有一部分地区采用囤顶结构，如济南西部山区有一圈黄河泛滥冲击形成的半环形平原，受到地理环境气候的影响，屋顶多为弧度较缓的囤顶。早期受经济条件限制，在泰安、淄博、莱芜等山区传统村落中普遍采用山草或麦草作为屋顶材料，在丘陵和平原交汇处的传统村落中通常采用小青瓦作为屋顶材料。随着经济的发展，现代鲁中山区村落中民居屋顶普遍采用红瓦覆盖，但仍沿用传统的双坡硬山形式。

屋身包括前檐正立面、后檐背立面及两山侧立面，是民居建筑立面的重要组成部分。受结构的限制，早期鲁中山区传统民居在面阔上多为三开间，部分正房为五开间，一般在前立面开窗，以利于纳阳采光。门窗洞口一般开得很小，洞口上搭有过梁，过梁通常用石材、木条或青砖砌筑。每个开间只开一处洞口，窗户多为木质直棂窗。个别地方的窗户采用石格栅，这种窗户制作成本较高，一般出现在富裕家庭。早期传统民居为了冬天采暖的需要背立面不开窗户，现在新建民居为了方便通风和采光，在每个房间后面都会开一小窗，墙体结构和营建技术与传统民居相比都有较大区别。

山区普通石头房通常是用当地开采的石块砌成的，厚实的墙体加上木门窗和其他构件，使整个建筑显得粗犷质朴。囤顶房通常在勒脚以下部分采用条石或毛石做台基，然后用黏土掺入一定数量的较粗粒径的砂、卵石或碎瓦片夯筑而成。这种做法主要是为了加强墙体的自身承重，同时防止地面潮气上涌和雨水溅湿墙体。有些地方民居建筑造型相对程式化，正面基础部分由石头砌筑，基础以上部分由土坯垒砌并加以粉饰，门、窗口以青砖镶嵌，造型简单，如淄博民居的"镶门镶窗"就是典型的案例。

山区民居屋基一般采用表面凿平的条石做基础，起到稳固基础的作用，上部采用粗犷的小块条石，当门窗为木质时，与条石搭配得十分协调，如莱芜区逯家岭村多数石头房都是这种做法。当地很少有民居采用砖作为基础，因为无法防止地面的潮气，建筑的寿命也较短。

4.3.4　庭院分析

庭院指民居建筑前后左右或被民居建筑物包围的场所，是构成建筑空间的主要元素。《玉篇》中将庭院解释为："庭者，堂阶前也"，"院者，周坦也"。《玉海》中有"堂下至门，谓之庭。"李咸有诗曰"不独春花堪醉客，庭除长见好花开。"晏殊诗曰："梨花院落溶溶月，柳絮池塘淡淡风。"在《南史·陶弘景传》中有"特爱松风，庭院皆植，每闻其响，欣然为乐"的诗句（田银城，2013）。从中可以看出，庭院是由墙垣围合在堂前的空间，是从外部进入厅堂的重要过渡空间。庭院通过四周的建筑、柱廊及墙垣等多种介质界面的围合形成了一个对内开放或封闭的空间，这种空间界定反映了庭院建筑特有的空间意识，它将庭院视为建筑空间的一部分，是建筑内部功能空间的外在延伸。

在中国传统民居院落中，庭院是建筑与外部环境相互交融的产物，其平面形态通常为正方形或长方形，这种形态经四周围合可对局部自然环境进行调节，与建筑实体一起共同构成建筑院落形态。由于中国南北气候差异较大，庭院形式也有较大的不同，南方以厅井式为主，北方以合院式为主。例如，云南"一颗印"民居采用了小天井形式，这主要是由于山区房屋占地面积小，气候潮湿，为节省建筑空间，改善室内微气候，采用院落方整的建筑样式；而北方四季分明，夏季多雨，冬季寒冷，传统民居庭院多采用狭长的形式，以便于冬季更多地迎纳阳光。例如，山西一带的传统民居庭院多采用长方形格局，形成以庭院为中心的组织体系，这类民居空间总体布局是规则的。

受山区地形的限制，鲁中山区传统民居庭院布局相对变化较大，民居建筑需因地制宜做出若干调整，但庭院的围合感仍然延续了北方典型传统民居建筑的样式。其围护结构能有效地阻滞室外的不良因素，保持室内稳定的温度和安静的环境，夏季可以接纳凉爽的自然风，冬季可获得充沛的日照，并避免西北向寒风的侵袭（图 4-38）。在围合庭院中种植果树、花草及设置水池等，能有效调节民居院落的微环境，并将室外景观引入室内，强调建筑与自然的亲近。如泰安山区民居建筑多为三合院和"L"形合院，庭院相对宽敞，庭院内植果树，如石榴、杏树、核桃、板栗等，部分院落中还设有菜地，以满足居民日常生活的需要（图 4-39）。鲁中山区传统民居庭院还具备劳作、晾晒、养殖、休憩等功能。庭院将绿植、水景等景观元素与其他功能有机结合,构成了功能多元、充满生机的乡村自然景观。

图 4-38　围合感较强的民居庭院　　　　图 4-39　民居庭院景观

4.3.5　色彩分析

　　千百年来,受不同的民俗文化、地理环境和社会经济发展水平的影响,我国各地区形成了丰富多彩、风格各异、地域特色鲜明的传统民居,其建筑色彩就是这些独特的传统建筑最直接的文化体现。

　　色彩是中国古代传统建筑给人印象最为深刻的特征之一。人们早已习惯按照自己民族的习俗、宗教和传统观念将色彩赋予情感,中国传统建筑可以说是世界上最能够使色彩成为建筑表现力的建筑种类之一。依据中国传统建筑的类型划分,可将其色彩形式概括为两种:一种是等级较高的皇家建筑色彩,包括各种宫殿、坛庙、园林等皇家建筑,这类建筑无论体量还是规模都呈现出庄严恢宏的皇家气派,其建筑色彩有着严格的等级,体现了皇家威严。例如,北京明清故宫的色彩主要以红色和黄色为主,再加上汉白玉砌筑的白色须弥座及屋檐下色彩斑斓的彩画,形成一帧帧绚丽无比的建筑画卷。黄瓦红墙交相辉映,再衬托以蔚蓝色的天空,色彩对比强烈,和谐悦人,象征着皇家华贵、庄严、兴旺的气象。另一种是散落在民间的传统民居建筑色彩。这类建筑因地制宜、因材致用,充分结合了当地地理环境、气候特征、风土人情、文化习俗等情况,色彩朴素典雅,与自然融为一体,充分体现了"天人合一"的指导思想。例如,江南地区的传统民居,其色彩多为黑、白、灰三色,色彩纯度较低。这是由于江南气温高、日照时间长、室外照度高,在这种环境下,无论从色彩还是从热工方面,均宜用浅淡的灰色调。粉墙黛瓦,小桥流水人家,就是一幅江南诗情画意的真实写照。与北方皇家建筑的绚丽色彩相比,其更显得清新雅致,颇符合江南风雅的人文气质。

　　鲁中山区传统民居建筑主要以山区石头房为主，由于相同或相似的因素，形成了统一协调的民居面貌。但这种共性并不是单调乏味的，而是显示出与自然环境的高度融合，体现出自然、朴素大方的乡土特色。就整体色彩而言，鲁中山区传统民居建筑色彩纯度较低，这主要由石材资源的丰富和取材方便所致，而恰恰因便于取石、易于加工，才使该地区形成了特色鲜明的"石头村"。石头房的色彩主要以低明度的灰色、青色或黄、灰色调为主。其成因一是北方气候条件的影响。中国北方属温带季风气候，四季分明，气候变化明显，夏季炎热多雨，冬季寒冷干燥，在这种气候条件下很难保持建筑色彩的原始鲜亮。二是山区地形和区域文化的影响。山区传统村落民居建筑材料以就地取材为主，营建工匠也来自当地，加上交通不便，难以与外界沟通，许多材料来源和建造问题只能就地解决。因此，整体村落风貌、民居建筑单体都呈现出低彩度的建筑色彩，表现出粗犷、朴实、豪放的艺术格调。

　　石材作为一种天然的建筑材料，一定程度上对鲁中山区传统民居建筑的色彩起到了统领作用。例如，莱芜区上法山村民居建筑、泰安市道朗镇二奇楼村民居建筑等，主要用天然的石头建造，在色彩和纹理上更加多变，石料自身纹理和自然形成的丰富颜色使山区石头房的色彩更加独特，整体表现为灰色、黄色色调，间或褐色、青灰色、灰蓝色等低明度、低彩度的色彩（图 4-40、图 4-41）。再如，泰安市良庄镇民居建筑材料多为砖、石，因当地盛产石灰岩，其色彩以黄色、褐

图 4-40　上法山村传统民居色彩分析（一）

色、白色居多，用这种石材砌筑的民居建筑色彩丰富，纹理多变，再配以白色的墙面和深灰色的屋顶，使民居显的稳重、质朴（图4-42）。

图 4-41　上法山村传统民居色彩分析（二）

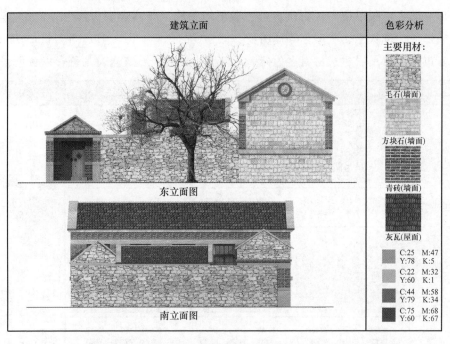

图 4-42　泰安市良庄镇高湖庄村传统民居色彩分析

4.4　鲁中山区传统民居建筑的自然适应性

4.4.1　气候适应性

1. 朝向选择

朝向一般指房屋、建筑物或门窗坐落的方向，即建筑物的正立面面对的方向。朝向的选择对建筑的通风、采光、节能等方面都有一定的影响，并涉及当地气候条件、地理环境、建筑用地情况等，必须全面综合考虑。朝向选择的一般原则是：在节约用地的前提下尽可能地满足冬季日照多、夏季日照少和自然通风、采光的要求。从实践经验来看，南向在全国各地区都较为适宜，但在建筑设计中，受各种条件的限制，不可能都采用南向。为满足生产和生活的需要，应结合具体设计条件，因地制宜地确定建筑物的合理朝向。

在我国古代，建筑朝向的选择非常重要，不仅要遵循一般原则，符合自然规律，还要考虑政治和文化因素。由于我国地处北半球的中、低纬度地区，地理位置决定了我国房屋向南的基本朝向，这样房屋冬天可以避风采光，夏天可以迎风纳凉。因此，自然因素确定了中国居住文化具有了"南向"的特点，在某种意义上可以认为中国居住文化具有了方向性和空间感，是一种"南向文化"。《易经·说卦传》有："圣人南面而听天下，向明而治。"《礼记》有："天子负扆南向而立。"在我国古代，无论帝王的皇宫、王公和士大夫的府邸，还是地方州府官员衙署都坐北朝南而建。例如，故宫的南北轴线是以地磁子午线罗盘确定的，主体建筑前三殿和后三殿皆为贯穿南北轴线面南而建，最南面的宫门为午门，北门为神武（即玄武，象征北方）门（程建军 等，2005）。

传统民居为了适应当地气候，满足生活所需，往往将主屋取南向或偏南向，很少因为地形和微观环境朝向其他方向。古人认为，普通人的道德修养无法与皇家或圣人相比，所以主屋前立面或大门不能朝向正南正北，而应向正南以外的其他方向偏移，否则就认为"煞气"太重，心理上难以承受。这种建筑观实际上是古人对自然的崇拜与封建社会等级制度、礼仪观念在建筑设计中的双重反映，它不仅反映了人们对自然的尊重和敬畏，也反映了封建礼制影响下的等级秩序观念。总体而言，尽管我国传统建筑的朝向受礼制、风水等文化因素的影响，但良好的通风和采光等仍是建筑选址的最基本条件，毕竟南向建筑更具有优越的功能，所谓的"向明而治"和"南向而立"是基于我国所处的地理环境的必然选择，这些由我国遗存的大量面南而建的民居就可证明。

鲁中山区地形复杂、起伏较大，海拔高度是影响热量分布的决定性因素，海拔的不同使各地气候条件差异明显。研究结果表明，山地垂直海拔高度每升高100m，其地表温度就降低0.6℃左右。例如，泰安市区与泰山山顶的高度相差约1300m，气温相差大约8℃。鲁中山区年平均气温为12～14.5℃，极端最低气温为－18～－14℃，属于半湿润温和气候，在我国建筑热工设计分区上属于寒冷地区。这种气候特征导致该地冬季太阳高度角小，建筑吸收的太阳辐射有限。基于风、阳光等气候因素的考虑，当地传统民居朝向多选择南偏东20°～40°，以便在冬季更好地获得阳光，提高室内温度，增加舒适性。

2. 空间布局

鲁中山区传统民居通常沿主街道和次街巷的走向布局。沿街道的合院建筑一般有两种布局形式：一种是由主屋、两侧厢房和倒座组成的四合院，按照八卦方位将院门设置在临街倒座的一侧，因东南角为"巽"位，大门开在东南的方向较多，但也有因地形、面积等原因将大门开在西南方向的；另一种是三合院，包括主屋、两侧厢房和一个大门入口，两厢山墙面临街，大门只能居中而建。受地理位置、气候条件及儒家文化的影响，鲁中山区传统民居院落布局多以主屋为主、两厢为次、倒座为宾，充分体现了传统礼制"尊卑有序"的主从关系。为了有效地组织和适应多代家庭生活起居的需要，民居院落空间布局多呈方形和长方形围合，房屋与庭院沿纵向组织，规整严谨、空间紧凑、简洁明了、经济适用，体现出较强的限定性、安全防卫性和内向性的特点。

除了重视家庭的礼孝与亲和关系，当地民居的营建还充分考虑了防寒、隔热及节省土地等因素。如狭窄的庭院地面虽狭小进深却大，入户门往往开在面宽方向且朝向村子的巷道，这种平面空间布局不仅减少了建筑空间的围护面积和热耗，而且提高了建筑整体的抗风能力。由于该地区属于寒冷地区，民居营建时首先要考虑防寒保暖的问题。为了防寒保暖，民居墙体一般都较厚重，通常在500mm以上，窗口开在南向，便于采光纳阳。院落平面布局紧凑，采用围合形式，以减少外墙的热量损失；建筑形体敦实而封闭，房屋进深较短且低矮，利于防风和纳阳；用厚实的屋顶，利于保温和隔热（图4-43）。

3. 屋顶形式

屋顶是建筑围护系统的重要组成部分，首先应满足遮风避雨、保温隔热、隔声降噪等物理性能要求。《考工典·考工总部》中提到"高栋深宇，以辟风雨"，即防风雨是屋顶的主要功能。鲁中山区中部和东部传统民居建筑大多为硬山双坡屋顶，如泰安山区、淄博山区、莱芜北部山区、济南章丘等地，早期传统民居多

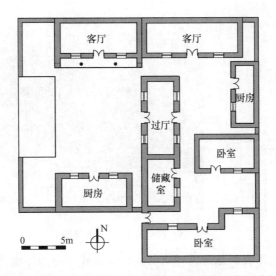

图 4-43　围护结构的热工特性体现了明显的气候适应性

为茅草屋顶，后期修缮或新建房屋多为板瓦覆面。而在鲁中山区西部，如济南长清和平阴等地，屋顶大多为中间略微拱起的囤顶，这种做法既能防止屋顶面层在大风作用下遭到破坏，又能够满足屋面排水防水的需要。遇到冬天下雪，还可避免过多的雪在房顶上堆积，减小屋顶的承重（逯海勇，2017）。

　　根据各地盛产材料的不同及抵御冬季严寒需要，鲁中山区早期传统民居建筑屋顶常采用山草覆盖和覆土两种式样。山草覆盖屋面通常的做法是在椽子上覆盖芦苇篱笆或秫秸秆，再用厚实山草与麦糠泥苫顶，山草一般用山上遍布生长的黄牧草。例如，上端士村处于山地深处，土地较少，当地村民以垦殖的小块梯田种植农作物，而农作物的废料难以满足建房所需，山草就成为当地房屋苫顶的主要用材。做法一般是在屋檐檐口覆盖两层薄石板，往上至屋脊覆盖山草。为防止雨水渗漏，山脊两侧用厚草压脊。两侧山墙比草顶略高，以石板铺就。个别房屋采用灰色板瓦收边，这样可以保护屋顶山草，也起到装饰的作用。

　　覆土屋面的厚土层主要用来抵御严寒（如囤顶房），到了夏季，厚实的覆土还可以防止热量过多地进入房间，以保持屋内凉爽。覆土屋面最重要的是做好防水问题。为使屋面防水，当地村民以石灰、土和沙混合成的三合土做基层，厚150～200mm，再用木板反复拍打，直至表面渗出泥浆，形成质地坚实平滑的囤顶，表层再用熟石灰顺漫弧坡抹平，形成一层胶结层，防止水向下渗透。屋檐四周一般出挑一圈 70～100mm 的石板，起到保护墙体与屋顶的作用（图 4-44）。

　　4. 墙体围护结构

　　墙体是建筑物承重、围护和分隔空间的重要载体，在整个建筑的传热过程中

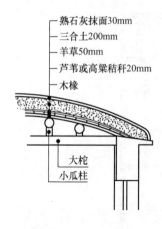

熟石灰抹面30mm
三合土200mm
羊草50mm
芦苇或高粱秸秆20mm
木椽

大柁
小瓜柱

图 4-44　囤形屋顶构造示意图

起着重要作用。墙体表面通常以对流、辐射的方式与周围环境进行热交换，所得到的热量以热传导的方式传递至墙体内表面，墙体内表面又主要以对流的方式与室内空气进行热交换（图 4-45）。

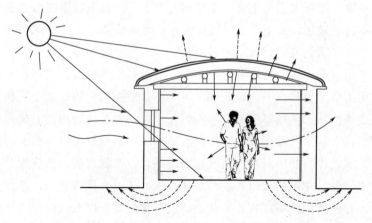

图 4-45　山区囤顶房空气对流、辐射及热交换示意图

根据材料的不同，鲁中山区传统民居墙体有石墙、土墙和砖墙三种。其中，石墙是该区域传统民居中最多的一种，基本都也用当地盛产的石材进行砌筑，包括所有建筑墙体、院围墙等，甚至屋顶也采用石板充当瓦片，成为纯粹的"石头房"建筑，充分体现了当地利用石材资源进行建造的优势。土墙和砖墙相对较少。土墙用的黏性土较密实，可塑性较强，稍微经过加工即可建造房屋。其加工方式有两种：生土版筑和制作土坯砖。砖墙在山区属于"奢侈品"，只有大户和富裕人家才会使用。

考虑到防寒防潮，鲁中山区传统民居墙体主要采用两种构造做法：一是南向开窗，充分利用冬季太阳辐射热；二是主屋北墙、西墙和东墙无窗或少开窗，院落采用院墙围合，形成相对封装的居住单元，既增强了安全性，又减少空气流动和热损失。这对于山区冬季气候寒冷、昼夜温差变化较大的房屋来说尤为重要。房屋的保温性主要取决于围护材料是否具备蓄热性能。例如，山区石头房墙体用石块砌筑，内墙壁一般采用黏土、麦草加水混合形成泥浆，抹 2～3cm，最后面层以薄石灰浆粉饰，整个墙体厚度可达半米以上。这种石砌墙体具有保温、抗冻、导热系数低等优点，材料特性稳定，从而使室内保持冬暖夏凉（图 4-46）。

图 4-46　山区石头房墙体围护结构

有的地方采用夯土墙与石墙混合的做法砌筑墙体，如济南平阴县东峪南崖村传统民居就是采用就地取材的黄土夯筑上部墙体的。这种建筑材料不仅取材方便，造价低廉，且热容高，在蓄热与调湿方面具有明显的优势。其在潮湿时吸收空气中的水分，在干燥时释放墙体内蕴含的水分，能保持室内相对稳定的干湿环境。此外，原生夯土墙可在夏季阻挡室外热流进入室内，在冬季则将热量蓄积在墙体内，实现室内冬暖夏凉的效果，这样的墙体正是适应当地气候环境的产物。

4.4.2　地形适应性

从地形条件来看，鲁中山区地形复杂多样，山地丘陵较多，平坦开阔的土地资源相对较少，建筑地基形状复杂多样。当地村民顺应地势，依据地形高差将相对平坦的土地开垦为梯田，而将不适合耕种的坡地沟坎用于建造房屋。由于民居的建造多为各家各户独立进行，没有能力大规模改变地貌，在技术条件相对落后、建造能力受限的情形下，山区民居的营建只能因势利导地适应山形水势，趋利避害地选择自然场地。

人们对待自然地形的态度是形成民居建筑形式的重要因素。鲁中山区建筑形态与地形地貌协调一致，其平面形状随地势的变化而显得多元，立面则通常采取错层的形式，沿等高线的高低起伏自由调节，基本不为山势地形所限制。相较于平原地区规则的民居，山地民居的营建为克服复杂多样的地形限定，解决的办法也是多种多样的。鲁中山区民居建筑形态表现出与地基形状适应的特征，贴近于地形并与之契合，又不以生硬的面貌改变起伏自由的山地平面。这种对自然地形的适应也使民居的平面布局更加灵活开放。在平面布局上，一般以中间的主屋为基础，根据地形或者需要再进行其他房间的建造。民居可沿纵横两个方向发展，新建民居也可利用原有建筑的墙体，达到节约材料和建筑用地的目的。这样的组合方式可以更好地将后期增建建筑与原有建筑融合，有利于家庭之间的往来，促进整个家族的凝聚力（石雅云 等，2015）。

"山区石头房"是鲁中山区最具代表性的民居建筑，也是最能体现山区地形适应性的建筑形式。根据山区地形条件和气候条件的不同，山区石头房的大小和形状在同质中也略有差异。例如，淄博南部山区喜欢建造狭窄的院落，正房三间，有东西厢房；莱芜北部山区地势复杂，往往分台设屋，院内有登台踏步，错落有致，别有风貌；而沂蒙山区多为稀疏的院落，房屋低矮。山区特殊的地形地貌勾勒出不同的建筑布局，其在发展过程中不断受到自然条件的修正，自然与建筑的关系从而更加密切。

4.4.3　围护材料的适应性

材料是建筑界面和空间建构不可缺少的物质基础。鲁中山区传统民居使用的材料从整体到局部、从地基到屋顶均为就地取材，并根据材料的不同物理特性，采取相宜的营建技艺，构建出符合地域特性的建筑形态。基于对自然的尊重和敬畏，该地区居民在长期与自然互惠互利、共荣共生的过程中学会了如何利用自然条件因地制宜地建造民居，使建筑与环境得以巧妙地结合（管岩岩，2009）。

依据鲁中山区的自然资源条件，可将传统民居用材分为三种：石材、泥土和青砖。

1. 石材

石材是鲁中山区应用最广泛的建筑材料，独特的地理环境是这里的民居大量使用石材的主要因素。首先，鲁中山区传统村落大多分布于偏僻的大山深处，经济落后，交通不便，外界其他的建筑材料难以运达，从节约成本的角度，采石造屋无疑是山里人家最好的选择；其次，由于山区岩石裸露，土层稀薄，缺乏自主生产砖瓦的土地资源；最后，特殊的地质构造与不同时期的沉积使鲁中山区拥有优越的石材种类和较便利的开采条件。所以，对石材的选择是鲁中山区人民生存和延续，努力以自身的进步适应自然的结果，并且形成完整的石材应用体系，构成独树一帜的石头建筑文化，使石材成为承载当地历史文化的载体。

对石材的选择主要取决于石材的质地和运输距离，人们一般会选择那些储量充足、运输方便、石材特性符合建筑要求的石料场，尤其在石料搬运完全依靠人力的早期阶段。以前建房完全依靠村民自己从山上往下背石头，然后用器具打磨平整，再一块块垒筑，可见山中的每一座建筑的来之不易。除就近开采，石料的加工也非常重要。当地民居建筑多选用质地坚硬的青石，普通人家仅将石料修边并稍加錾凿就直接使用，富裕人家对石料的平整度要求较高，錾凿遍数较多，对石材色彩和材质纹理的要求更全面，这些取材及加工方式直接影响到民居建筑的建造质量和外观形态，也是传统民居表现地方特色的重要语言。如莱芜区逯家岭村的石头房，石屋外墙和基础采用条石、块石或碎石分别砌筑，保持了山地传统民居的自然特色，使传统民居与山地环境有浑然天成之趣（图 4-47）。

毛块石

整块石

图 4-47　石头房墙体材质

2. 泥土

泥土是早期民居营造中应用最广泛的天然材料，它具有施工工艺简单、可塑性强、可重复利用、保温隔热等多种优点。泥质墙体厚重，传热系数低，有较好的热容性和一定的强度，能有效抵挡冬季的严寒和夏日的酷暑，也是适应鲁中山区自然条件的优选建筑材料。由《民用建筑热工设计规范》可知：

传热系数 $K=1/(1/\alpha i+d/\lambda+1/\alpha a)$，算得夯土墙传热系数 $K_1=1.26\text{W}/(\text{m}^2\cdot\text{K})$，新建砖墙传热系数 $K_2=2.24\text{W}/(\text{m}^2\cdot\text{K})$，将其进行比较，可得 $K_1<K_2$。

比较以上数据可以看出，夯土墙的传热系数要小于新建砖墙的传热系数，说明传统材料中夯土墙的保温效果更理想，新建砖墙的保温性能远不及夯土墙（刘崇 等，2017）。

　　鲁中山区传统民居建筑的泥质墙体通常由土坯砖或夯土墙制成。土坯砖是用砖模拓制而成的免烧黏土砖块。其做法是选择一块较平整的地面，在备好的黏土中兑适量水，并掺入一定杂质，如麦秸屑、稻草屑等，以增强其强度，然后由人工如揉面状踩泥，再将踩好的砖泥用一个无底无盖的砖模进行拓坯。砖模通常是由木质材料做成的，内框尺寸模数是经计算后固定的，大小约为普通砖的两倍。砖坯拓好后需晾晒一段时间，半干时用瓦刀修整，完全干后再进行码堆，即所谓"三份拉坯，七分修坯"。土坯砖的砌筑不同于砖墙，一般是立摆一层再平摆一层，以防土坯被压断。用土坯砖砌好墙体后，墙壁的两侧用麦草泥抹平，最后用白石灰粉饰，墙体厚实而坚硬，隔风防潮。相对于夯土墙，土坯砖制作速度更快，墙体施工工期缩短，也能很好地分隔空间（图 4-48）。

土坯砖墙

图 4-48　用土坯砖和石头混合砌筑的民居

　　与土坯砖相比，夯土墙工艺要求高，施工繁琐，通常在建造时要精选配比，即在黏土材料中掺入一定数量的较大粒径的砂、卵石或碎石片。为了防止夯土墙出现裂缝，增强土墙黏土材料的韧性与抗拉性，往往在黏土中掺入少量的有机植物材料，如麦草、山草或其他植物，并将混合后的材料经反复的翻锄调匀。翻锄越细致、堆放时间越长越好，这个过程实际上是促进材料中的有机物"熟化"，以提高土墙的抗剪抗裂能力。民居建筑墙体位置不同，夯土墙的厚度也会有所变化。外墙既是承重墙又是围护墙，墙体厚重坚实，并且自下而上由厚到薄，符合稳定性要求。内分隔墙无论受力性能还是维护要求相对于外墙均大大降低。也有夯土墙外墙采用"金包银"的砌筑方式，即内部用夯土，外部用石灰坯砖，过去章丘一带就采用这样的做法，可以延长外墙的使用寿命，也会缩短工期。夯土民居的建造就地取材、成本低廉，使用多年拆除后，墙土仍可作为肥料返还农田，充分体现了"源于自然、归于自然"的生态特点（图 4-49）。

黏土+砂+碎石+麦草

图 4-49　由夯土墙和石头混合砌筑的民居

3. 青砖

青砖作为山区民居的建筑材料可谓"奢侈"之材，纯粹用青砖砌墙在鲁中山区是少见的，多数是和其他材料配合使用，以达到物尽其用的目的。例如，济南章丘一带的传统民居通常在勒脚以下以条石做基础，之上用青砖扁砌三皮，根据门窗洞口的形状在外围用青砖绕砌，呈现方形或拱券形装饰，至檐口处再用砖叠涩出挑，形成封檐墙，其他部分则用当地盛产的石灰坯或土坯砌筑，再以麦秸泥、石灰作表面抹灰处理。这种做法一方面解决了墙体的自身承重，另一方面有效防止了地面潮气上涌和雨水溅湿墙体，对于土质不均匀的地基，尤其是洼地的地基，这种基础处理方法更有效（图 4-50）。

青砖

石灰坯

图 4-50　用青砖和石灰坯混合砌筑的民居

4.4.4 技术资源的适应性

任何构筑物都是凭借一定的物质材料与施工技术建造而成的，建筑材料与营造技术的差异是构成民居建筑特征的主要手段。鲁中山区石材资源丰富，木材资源却相对短缺，严重影响了木材在当地民居营建中所占的比重，直接导致以石材为代表的建筑材料的广泛使用。该区石材资源就近可取，用其砌筑墙体表面再稍作处理就可成为蓄热性能良好的房屋，加上以厚实山草苫顶，石砌民居显得厚重、质朴，与周围环境一道构建起独具一格的民居材料体系，使村落整体风貌和自然环境成为一个有机的整体，成为自然景观的一部分（胡青宇 等，2015）。

当地传统民居的营建为了体现"师法自然"的生态伦理，更多地保持了鲁中山区民居的地域性技术特征。例如山区石头房，墙体仅依靠大小石块彼此间的咬合和拉结，不勾缝、不抹面，不使用任何胶黏剂，即可做到坚固耐用；或者取河道中的鹅卵石垒墙铺地，抑或使用烧制陶瓷废弃的匣钵垒筑屋墙和院墙，这些营造手段都以保护和延续地域建筑文化的本土化技术为核心。再如，山区建造民居，地形改造和建材运输是主要困难，村民在选定的山体上开挖出建房所需要的地基，挖出的石材经过收集、切割、打磨，就成了建造房屋的材料。甚至可将挖开的山体作为建筑的墙体，脚下的岩层成为室内的地面，其他碎石用于垒砌院墙。这种就地取材的营造策略省时省力，而且因为建筑石材与山体一致，民居能更好地融入环境。

鲁中山区民居从选材、取材加工再到建造、维修都严格按照传统技艺进行，尽管受建筑手段及建筑材料的制约，这种低成本的营造技术远远低于当时城镇的水平，但这种取于自然、回归自然的建造方式对于"山高石头多，出门就爬坡"的山地村落显然是最好的选择。鲁中山区民居以巧妙的技术与材料回应地理环境和地域文化，并形成了独特的石头建筑文化。

4.4.5 地域文化的适应性

鲁中山区传统民居作为具有显著地域性特征的乡村景观，是当地人与自然环境、社会文化相融共生、彼此适应的结果，体现了当地居民顺应地域特征、积极应对环境的生存态度。受儒家文化和泰山文化的双重影响，承载着山区人们生活的传统民居适应当地的人文环境并做出相应整合，逐步形成与环境相适应且独具特色的区域建筑文化。

一是物质文化的外在适应。首先,鲁中山区民居在长期的演化过程中对来自周围环境的物质文化采取相互接纳和认同的态度,内容与形式皆表现出一种外在适应性。例如,山区居民建筑房屋在选址时,会综合考量包括气象、水文、土壤、地形等相关自然因素,消除和弱化不利因素,利用优势条件创造当地适宜的居住、生活环境。这种居住观念对民居的空间格局会产生一定的影响,其朝向、采光、通风、形式、结构等都严格遵循自然条件,形成了当地富有特点的"双层空间""下沉空间"合院布局。其次,根据当地的自然条件选择适宜的建造材料。就地选材不仅节省材料的运输成本,也可以沿袭当地传统建筑的营造技术、经验。这种由单一材质创建的围合结构显示出粗犷的外在特征,在表达地域建筑文脉和地方文化特质方面有很好的呈现。

二是精神文化的内在适应。一方面,鲁中山区传统民居利用石材资源与自然环境的高度契合创造了传统民居建筑中的"石头文化",这种外在的物质形态不但反映出普通意义上的建造标准,更传达了当地居民在恶劣的地理环境中对生存状态的内在精神追求,表现了山区居民对理想人居环境的美好向往,从而获得超越自然的精神启迪。另一方面,当地民居建筑的内在适应性还来自起源于齐鲁大地的儒家文化,石砌民居受儒家中庸思想的影响,方正规矩、四平八稳的布局成为当地民居建筑的典型形制。在儒家文化的熏陶下,山东人民性格淳朴、任劳任怨、注重实干,这种性格特征反映在居住观念上就流露出循规蹈矩、墨守成规的行为特征。依靠对民居砌筑技艺的传承和顺应自然的坚守,鲁中山区传统民居成为具有实用性的建筑类型,完整地体现了理想与需求层次之间的和谐关系。

三是宗法礼制的融合适应。鲁中山区特殊的自然环境使村民对自然充满敬畏,对宗教信仰具有强烈的依赖,其生存之道除"靠天吃饭"外,精神层面的追求涵盖了生活中的总体要义。其宗法礼制的适应性主要来自儒、道、释文化的融入。儒、道、释文化经历史的演绎已成为当地传统文化的重要组成部分。从哲学角度来看,它们与《易经》所倡导的人与人、人与社会、人与自然的和谐是一致的。其中,儒家以"仁"为道德规范,提倡行为上的积极进步和不断自我完善,以达到精神上的修炼和提升;而佛、道两家为了达到相对的平衡与和谐,在思想上抑制欲望、利他济世,在行为上"随缘",从而达到和谐与统一。道家文化注重因地制宜,与山水结合,影响了居住建筑的布局,而儒家传统文化的"仁爱"与"礼制"思想决定了社会的等级秩序,影响了传统民居建造的伦理关系,包括在朝向、高低、方位等方面体现长幼有序、内外有别的人伦秩序。"礼"所倡导的秩序使宗族关系更融洽,家族观念更强烈,不仅有利于宗法思想的维护和延续，也使民居形制受到节制。

　　鲁中山区传统民居是多种文化思想互融的结果，其营建技艺沿袭了中国传统的自然观念，将自然作为造物的整体背景，建立了建筑内部空间与外部自然环境的必然联系，并特别关注建筑场所与自然环境的关系。寄情山水的传统审美观使山区居民在顺应自然建造民居的同时达到了民居建筑与环境的完美融合（张晓楠，2014）。

4.5　与山东其他传统民居的横向比较

　　山东各地民居由于自然条件和地理环境的不同，以及历史发展、风俗习惯等人文因素的影响，在平面布局、结构体系和外部特征等方面呈现出不同的风格特征。与山东方言和饮食习惯一样，各地的民居建筑代表着各地的地域特色和风俗习惯。除了鲁中山区传统民居，其他地区的民居依据地理条件和自然环境可划分为鲁西南平原地区民居、鲁南山区和胶东沿海地区民居等几种类型。由于特殊的自然和人文环境等因素的影响，各地存在较多富有特色的传统民居。山东传统民居院落总体上来看以北方合院式居多，布局严谨，主次分明，长幼有序，用材考究，注重实用，体现出一种朴素和谐的自然美（姜波，1998）。

　　与鲁中山区传统民居一样，鲁西南平原地区的民居建筑通常也是由主屋、大门、东西厢房和院墙等组成的（图 4-51）。院落内设有畜棚、草棚、猪舍等附属设施，院前或周边空闲地带通常垦有菜畦或种植蔬菜瓜果，使小小院落充满农家生活的乐趣。早期的民居通常以土坯和麦草泥作为建筑材料，墙体多为土坯墙，墙面用麦草泥抹面，屋顶为麦秸和黄泥掺和打底，再以厚实的麦草苫顶，装饰是少见的，只有富裕人家的砖墙民居在屋檐和墀头部分做少量雕饰。这些土坯墙民居不如山区石头房坚固耐用，但其屋顶易于维护和保养，屋顶麦草多年才需更换一次，即使墙体倒塌了，土坯和草木仍能回复大地，或作为肥料滋养庄稼，从环保和生态的角度来看，这种泥墙草筋土坯房比钢筋混凝土房屋要好得多。

　　与鲁中山区传统民居最相似的当属鲁南山区的石板房。石板房是以石块或石条垒砌成墙，以石板或石片盖顶而建成的房屋。鲁南山区的先民们因地制宜，用当地的材料建造成具有地方特色的石板房。用石块垒成院墙，用石条砌成小路台阶，就连家中用的坐凳、灶具、盆缸也全部取材于石料（图 4-52）。鲁南现存规模最大、保存最完整的石板房建筑群是枣庄的兴隆庄村，此村山高林密，民风淳朴，石板房依山而建，房龄最长的已有 260 余年。过去因该村较穷，被称为"穷命庄"，中华人民共和国成立后，村民的生活条件不断改善，村民们就把"穷命庄"改成了"盛隆庄"。20 世纪 80 年代，为了让村庄兴隆发展，村民们又将"盛隆庄"改成了"兴隆庄"。如今，随着当地旅游业的兴起，当地的民居建筑艺术和地方历史文化遗产得到游人的认可，兴隆庄也就越来越兴隆了。

图 4-51　鲁西南平原地区民居　　　　　　图 4-52　鲁南山区的石板房

　　海草房主要分布于山东省胶东半岛沿海地带，特别是荣成地区较集中。据考证，海草房民居从秦、汉至宋、金逐步形成，并在胶东半岛广为流传，至明、清则进入繁荣时期。这里村落的人口大多是明朝从内地移民或屯兵设防留下的，村落的布局也保持了内地原有村落的形态，如在宁津镇宁津所村还保留着建于明代的屯田军户海草房一条街。该地的大部分村落都依山面海而建，所以院落大多建在斜坡上，虽然庭院很小，但几乎每个家庭都有良好的通风和采光。民居院落多为三合院形式，主屋多为三间，两侧有厢房，大门对面有照壁。建房的材料主要来自村落后面的小山和院落前面的大海。当地建造海草房所用的"海草"不是一般的海草，而是生长在 5～10m 浅海的大叶海苔等野生藻类，打捞晒干后变为紫褐色，具有柔韧、纤细、耐热、耐用等特点。由于海草含有大量的卤素和胶质，用其苫顶除了具有防霉烂、防虫蛀、阻燃的特点，还具有冬暖夏凉、居住舒适、百年不毁等优点，深得当地居民的喜爱。海草屋的墙壁是由当地生产的深红色花岗岩制成的，墙体较厚，整个房子给人古朴、厚拙的印象，宛如童话世界中的小屋，极具地方特色（图 4-53）。可惜的是，随着近年来海洋污染越来越严重，沿海的海藻越来越少，许多村庄的海草房被富裕后盖起的红瓦房取代，有的村落甚至建起了单元住宅，沿海渔村的风貌逐渐消失。

图 4-53 胶东海草房

注：图片来源于 http://www.naic.org.cn.

4.6 与其他合院式传统民居的纵向比较

受地理因素和地方文化的双重影响，我国传统民居建筑可谓千姿万态。例如，我国北方民居首先要解决的问题是防寒保暖，无论是黄土高坡窑洞的外砌砖墙，还是北京四合院的屋顶和墙体，都厚重坚实，有利于御寒保温，而南方民居受炎热潮湿气候的影响，形成了居室墙壁高、开间大、前后门贯通、便于通风换气的建筑式样。南方地区人口稠密，如苏皖沿江平原一代的民居通常庭院狭窄，建筑组群密集，屋顶坡度较陡，室内装修精致。北方各地的民居建筑则普遍强调向阳，建筑布局往往呈离散型，各栋单体建筑相对独立，建筑造型起伏较小，屋顶曲线平缓，装修简单，呈现出质朴、敦厚的特点。本节以北京四合院、徽州传统民居、山西晋商大院为例对几处典型的合院式民居作简要分析。

1. 北京四合院

北京四合院具体是指北京老城区及周边县镇的传统民居建筑，是我国北方传统民居最典型的代表。

从总体布局和组合关系来看，北京四合院院落坐北朝南，以正方形或长方形规则呈现，由大门、影壁、正房、东西厢房和倒座围合而成。无论四合院的规模如何，都以一条贯穿全宅的中轴线为"中线"，对称布置各幢房屋和院落，正房、正厅、垂花门等重要建筑皆位于这条中线上，厢房呈左右对称分立两侧。

北京四合院的大门一般开在东南角，所以俗谚有"大门在东南，建房实不难"的说法，也符合风水学说中"坎宅巽门"的规律。进入大门后西转为外院，通常安排为客房或仆房。从外院向北通过垂花门便进入方正宽大的内院，院中的北房是正房，正房建在由砖石砌成的台基上，是院主人的住房，也是举行家庭礼仪、接待尊贵宾客的场所，建筑规模要比其他房屋大。院子的两边建有东西厢房，是其他家庭成员的住所。各房以抄手游廊相连，供人行走或休息，不必经过露天。院落的围墙和临街的房屋一般不对外开窗，以保持院中的环境封闭而幽静。最简单的北京四合院只有一个院子，较复杂的有两三进院子，富贵人家居住的深宅大院则是由数座四合院组成的建筑组群（图 4-54）。

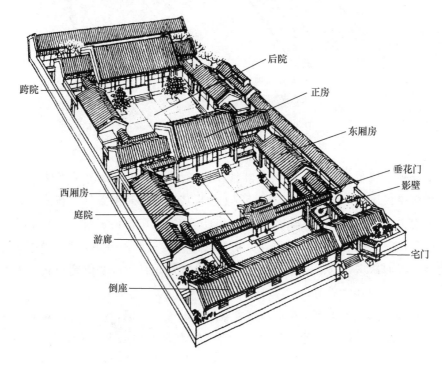

图 4-54　北京四合院

注：图片来源于赵玉春，2013. 北京四合院传统营造技艺［M］. 合肥：安徽科学技术出版社.

　　北京四合院传统民居营建技艺特色显著，其外部特征也因不同的营造方式而有所不同。四合院建筑屋面（顶）通常采用合瓦屋面，即屋面瓦沟和瓦垄均采用同一种形式的黑色黏土板瓦，或采用更简单的屋面形式（仰瓦硬梗屋面、干槎瓦屋面和灰背屋面）等；墙体一般采用灰砖砌筑，重要房间的墙体采用小亭泥砖的"干摆墙"，即把毛砖砍磨成"五扒皮"和"膀子面"砖的形式（图 4-55）。在北京四合院民居建筑中，等级最高的墙身为通体干摆墙身，即"干摆到顶"，干摆墙身最形象、通俗的叫法是"磨砖对缝"。大多数四合院民居建筑一般只在墙身下碱部位使用这一做法，墙体上身仍使用"丝缝墙"做法（赵玉春，2013）。这种以灰色调组成的大面积的墙身、屋瓦，再加以局部重点装饰，给人一种朴实之中见精美的视觉印象。

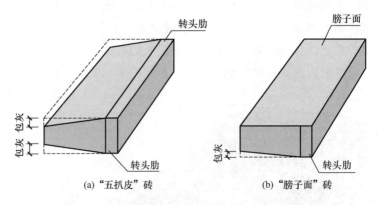

(a)"五扒皮"砖　　　　(b)"膀子面"砖

图 4-55 "五扒皮"和"膀子面"砖

注：图片依据赵玉春《北京四合院传统营造技艺》改绘

北京地区属暖温带、半湿润大陆性季风气候，冬春干冷多风，夏秋湿热多雨，四合院民居在平面布局和建筑形制上也顺应了这种自然条件。整体来看，四合院庭院方正开敞，利于冬季吸纳阳光；正房前立面门窗面积较大，利于冬春季室内日照和夏秋季通风；除正面外，正房其他三面一般不开窗，利于冬季保温；正房后面设有罩房，利于冬春季节遮挡来自北面的风沙；抄手游廊则利于雨水天气的院内交通和其他活动。

北京四合院虽为居住建筑，却蕴含着深刻的文化内涵，四合院的营造，从择地、定位到确定每幢建筑的具体尺度，都是按着古代的风水学说进行的。此外，四合院的雕饰、彩绘等也处处表现出人们对美好生活的追求和向往，展现着中国北方的民风民俗。

2. 徽州传统民居

徽州传统民居是指徽州地区具有地方风格的传统民居，也是我国南方最具特色的拥有浓厚文化气息的传统民居之一。经过几百年的探索和实践，徽州传统民居达到了实用性和艺术性的完美结合，其建筑形式和建筑文化影响深远。徽州传统民居以黟县的宏村、西递、呈坎最具代表性，被誉为"中国画里乡村"。

徽州古民居建筑之所以享誉海内外，一方面是因其统一的风格、造型的多样、艺术的形式及保留的完整，另一方面在于其蕴含的历史文化信息。良好的选址是徽州传统民居的首要特色。亦商亦儒的徽商利用徽州山地"高低向背异、阴晴众豁殊"的环境，以阴阳五行学说为指导，千方百计地选择"风水宝地"建村，以求"上天"赐福，丰衣足食，子孙繁荣昌盛。在徽州，几乎每个村落都依据风水学说而建，或依山，或傍水。村落形态也因选址的不同而形态各异，有呈卧牛状的，如黟县宏村；有呈牛角形的，如婺源西坑；有呈带状的，如婺源高砂；有呈"之"字形的，如婺源梅林；有呈波浪形的，如黟县西递；还有半月形、"丁"字形、"人"字形、"口"字形、方印形等。

实用性与艺术性的完美统一是徽州传统民居建筑的另一特征。徽州民居多依山而建，山体能阻隔风寒，方便取火、炊事和取暖，又能给人以美的感受；村落建在靠近水源之地，既可饮用、洗涤，又可灌溉农田，美化环境。村落内有狭窄的街道，两侧建有宽厚高大的白色山墙和独特的马头墙，这种结构布局不仅节省土地，而且便于防火、防盗、降温、防潮，使每个家庭都有严格的界限，房子的白色墙壁和灰色屋顶在青山绿水的衬托中也更显得清雅而别致（图 4-56）。

图 4-56　徽州传统民居

徽州传统民居与北方民居的主要区别在于建筑上的雕刻多、装饰多，彩画却极少。木雕、砖雕、石雕是徽州传统民居建筑的重要组成部分。无论民居、祠堂还是牌坊，都有精美的雕饰。砖雕大多镶嵌在门罩、窗楣和照壁上，主要雕刻人物、花鸟、虫鱼、八宝、博古、几何图案等，形象丰富生动；木雕内容多以人物、山水、花草、鸟兽及八宝、博古为主，主要表现在月梁头、平盘斗上的莲花墩、屏门隔扇、窗扇和窗下挂板、楼层拱杆栏板及天井四周的望柱头等部位。石雕表现的内容以仙鹤、猛虎、雄狮、大象、麒麟、八宝、博古和山水风景、人物故事等吉祥图案为主，主要呈现在祠堂、牌坊、塔、桥及庭院、门额、栏杆、水池、花台、漏窗、照壁、柱础、抱鼓石等上面。

徽州传统民居最基本的格局一般为三开间、内天井，中为厅堂，两侧为厢房，楼梯在厅堂前后或左右两侧。庭院内有天井，比较狭小，起通风采光作用；屋顶雨水经水枧流入下水道，俗称"四水归堂"，意为"财不外流"。在此基础上院落向纵横发展，形成了各种各样的院落组合，如四合式、大厅式和穿堂式等。四合式主要为人口多的家庭居住，也可说是两组三间式相向组合而成，分为大四合与小四合。大四合式前厅与后厅相向，中间有一个大庭院。前厅为三间式，地坪较高，为正厅堂；后厅亦为三间式，进深可略浅，地坪较前厅低。前后二厅以厢房相连，活动隔扇，内有木板分隔，外墙均为出山马头墙。这种大四合院前后都有楼层。小四合式前厅三间与大四合式相同，后厅则为平房，尺度较小，进深浅，一般中间明堂不能构成后厅，而作为通道，两个房间供居住，天井也较小，楼梯均在前厅背后（沈超，2009）。楼上厅屋一般较宽敞，有厅堂、卧室和厢房，沿天井还设有"美人靠"。

徽州传统村落的精髓是建筑与自然的紧密结合，体现了中国传统的"天人合一"的哲学思想。该地独特的水系是集实用和美观于一体的水利工程典范，深刻地体现了人类利用和改造自然的卓越智慧，其"布局之工，结构之巧，装饰之美，营造之精，文化内涵之深"，在中国古代民居建筑中实属罕见。

3. 山西晋商大院

山西晋商大院以深邃富丽而闻名，目前保存较好的元明清时期遗存的民居约有1300多处，最精彩的是集中分布在晋中一带的晋商豪宅大院，其建筑雄伟、雕刻精美、风格独特，融合南北建筑文化特质，在北方传统民居建筑艺术中独树一帜，称得上民居艺术的瑰宝。如王家大院、乔家大院、渠家大院等都是该地建筑组群的典型代表。

山西晋商大院经过历次修建，规模庞大，其中乔家大院占地 8724m²，渠家大院占地 5000m²，王家大院占地 34650m²。大院建筑如城堡一般坚固，楼高院深，墙厚基宽。大院总体的特点可概括为：院落外墙高大，有四五层楼高，无窗户，有极强的防御性；主要房屋都是单坡顶，无论正房还是厢房，几乎没有双坡顶。由于院落建筑多采用单坡，外墙显得较高，雨水通过坡顶流入庭院，寓意为"肥水不外流"；大部分院落为长方形，即南北长，东西窄，院门多开在东南角。目前对外开放的几个大院仅是当年规模的一部分。例如，王家大院现开放面积为1.1万 m²，这只是当年鼎盛时期大院总面积的 1/15。

晋商大院结构严谨，以四合院为建构组合单元，院院相连，沿中轴线左右展开，呈封闭结构，形成庞大的建筑群。有的院落在平面上构成某种图形样式，取吉祥喜庆的意蕴。乔家大院布局方正稳定，为一个完整的双"喜"字，寓意吉祥与幸福的交织；曹家大院充满富贵气度，整体结构是篆书的"寿"字形，主体"三多堂"取多子、多福、多寿之意；而王家大院巧妙地将自己的姓氏与祖先对后代的渴望结合在一起，用"王"字格局意象出甬道的相通绵延。中国传统文化的意蕴可谓无处不在，王家大院的"王"字布局正符合古人天人感应、天人合一的理论。汉代董仲舒将"王"字解读为："古之造文者，三画而连其中谓之王。三画者，天地与人也。而连其中者，通其道也。取天地与人之中以为贵而参通之，非王者孰能当是。"大院布局将王家姓氏与儒家思想巧妙糅合，正是聚占天时、地利、人和之杰作。有着商业传统的山西祁县，在清代道光、咸丰年间，县城及附近城镇多有商铺，包括布号、钱庄、票号等一应俱全，目前城内仍有 40 多座院落基本保存完好，这些院落整体砌筑为统一的灰色砖墙，墙顶通常用露空砖头砌成"士"字形或"吉"字形，表明主人对吉祥和入仕的渴望。

　　装饰在山西晋商大院建构中占有重要的地位，是中国传统文化价值观的重要载体，大院的每处装饰构件都体现了实用与艺术的高度统一。王家大院与其说是一组民居建筑群，不如说是一座建筑艺术博物馆。它的建筑技术、装饰技艺和雕刻手段鬼斧神工、超凡脱俗，院内外，屋上下，房表里，随处可见精雕细刻的建筑艺术品。这些艺术品从屋檐、斗拱、照壁、吻兽到础石、神龛、石鼓、门窗，造型逼真，构思奇特，匠心独具，既具有北方建筑的雄伟气势，又具有南国建筑的秀雅风格（图 4-57）。这里的建筑群将木雕、砖雕、石雕陈于一院，绘画、书法、诗文熔为一炉，人物、禽兽、花木汇成一体，姿态纷呈，各具特色。王家大院是山西规模最大且保存完好的建筑群，以"汇宋元明清之法式，集江南河北之大成"，被称为"三晋第一宅"。

图 4-57　王家大院书院叠翠轩

伦理学的缩影在山西晋商大院建筑中无处不在，封闭的整体结构，主次分明、内外有别的房屋布局，都能在封建意识形态的礼制、等级、纲常中找到对应。在近代中国社会发生巨变的背景下，山西人风俗观念的变化却异常有限，城堡般气势恢宏的山西晋商大院依旧凝重、厚朴、清雅，在一定程度上折射出近代山西人古老而传统的思想。

4.7　小　　结

本章基于对自然条件的剖析，分别从鲁中山区传统民居的村落选址、民居类型、形态因素等方面进行阐述。一般来讲，传统村落会依照风水理论，根据当地的自然条件和经济条件因地制宜地进行总体布局和营建，由于地理环境、社会经济和文化的差异，村落的布局和民居的形态也相应呈现出差异性。有的村落追求周易理想的风水模式，有的村落反映早期军事防御的状态，有的院落随地形地貌因势造型，有的院落规则封闭呈轴线对称。总体而言，鲁中山区传统村落形态受其独特的位置、地貌、气候和文化的影响，形态上表现出丰富多样性。

通过对鲁中山区现存的传统民居进行调研归纳，将鲁中山区现存的传统民居分为山区石头房、圆石头房、囤顶房、石灰坯房、窑场民居等几种类型。山区石头房分布极为广泛，在鲁中山区的各个区域都拥有相当的数量；圆石头房主要分布于泰安山区的自然村落；囤顶民居主要分布于济南西部山区；石灰坯房主要分布于济南东部丘陵及平原一带；窑场民居主要分布于淄博博山。本章通过归纳不同的民居类型，划分不同的民居结构，整理出相应的地理分布，并从街巷与节点、平面空间布局、立面、庭院、色彩、自然适应性等几方面阐释鲁中山区传统民居的建筑文化特征。最后，在横向上与山东省其他地区的建筑形式进行了比较，在纵向上与国内著名的北京四合院、徽州传统民居、山西晋商大院等民居建筑组群进行了比较。

第5章　鲁中山区传统民居建筑
保护现状调研与评价

5.1　鲁中山区传统民居遗存现状

5.1.1　城市化进程给传统民居带来的影响

目前，我国正处于城镇化的快速发展时期。据权威部门统计，截至 2014 年年底，我国城镇化率已达到 41.8％。城镇化的高速发展对我国传统民居产生了巨大的冲击，尤其是 20 世纪 90 年代以来，城乡房地产市场持续升温，使许多在旧城区存在了几百年的老屋被成片地拆除。如今在北京、西安、济南等老城区，很难找到一片完整的传统民居建筑群落。在一些富裕的乡镇，民居建设性破坏尤为严重，有些县市甚至找不到一座完整的老房子。传统民居正成为当前经济发展的最直接受害者（李连璞 等，2008）。

从传统民居迅速消失的表象来看，有人们对民居建筑的历史文化价值认识不清的原因，更多的直接原因则是利益的诱惑。一些开发商以"推倒重建"的简单粗暴方式造成了许多有保留价值的民居建筑灰飞烟灭。尤其是那些被整片拆迁的农村，传统的乡村意象已无处寻觅，传统的乡村风貌淡出了人们的记忆。一批建成后的新农村，从景观、道路、住宅到形态布局及格调都非常相似，单调重复，缺乏特色和文化魅力。

此外，城乡两极分化也导致了传统村落的快速衰落。由于城市是社会的生活中心、文化中心和生产中心，这对急于表达自身价值的人们来说具有极大的诱惑力。现代城市的发展犹如一块大型磁铁，吸引了无数的乡村人口不断涌入，导致了"城市过度拥挤"和"乡村人口稀缺"的现象，特别是那些具有文化底蕴的传统村落，"过疏化"和"空巢化"的现象更为严重。"过密城市"的扩张犹如摊大饼，越摊越大，构成了对周边乡村的极大"碾压"，加速了周边传统乡村形态的扭曲和内部根基的破坏，而趋向"过疏化"的村落则无力回应来自中心城市的挑战，从而使传统村落不仅失去了大量的中青年人口，也失去了再生和自我调节的能力，村落"解体"成为必然。由于城市"过密"和乡村"过疏"的两极发展，传统村落的发展面临着前所未有的挑战（田毅鹏，韩丹，2011）。

两极分化对村落形态、人口变化、经济发展影响巨大。距离中心城市越近，获得的有利条件越多，村落发展也越快，这种情景反而使村落在被"挤压"的同时产生强大的凝聚力，从而使小村落变成大村落。城市第二产业和人口的迁移有力地促进了周边乡村经济的繁荣，较低的进入门槛也吸引大批外乡人口流入，由此形成了距离城市越近，村落密度越大，规模也越大，甚至常常出现村头连村尾的成片村落景象。

而远离中心城市的乡村正经历着人口和资本的外流。中心城市辐射功能的降低已不能起到推动这些乡村发展的作用，乡村的发展全有赖于自身的能力，由此乡村的发展缓慢，特别是那些周围资源短缺的偏远村落，甚至处于停滞和倒退状态，人口更向经济较好的城镇迁移，村落的"空心化"程度越来越严重（表5-1）。

表5-1　不同空心化类型的传统村落异化特征及表现形式

区位类型	居住主体	空心化程度	人口流动方式	村落形态	生产生活方式
城中型	多为外来租户	民居空置率达30%	村民外流，村内人口多为外来人口	老村被城市包围、"挤压"，成为典型的"城中村"	已被城市同化
近郊型	原居民较多，部分为外来租户	民居空置率达45%以上	村民多在城镇打工，在村内居住	小村落变成大村落，村落界限不明显	受城市影响，村民生活已基本城市化
远郊型	原居民	民居空置率达60%以上	青壮年多出外打工，村内多为老人和儿童	延续原有自然格局，新建民居多沿村落向外发展	生产生活方式随时代变化，但延续原有方式仍较普遍

除了城市的发展和产业扩张，政府的征地政策也对城市近郊的传统村落造成了毁灭性打击。城市人口规模和经济总量的增加需要占用大量的空间资源，为了获得城市建设用地，有的地方政府征地建设开发区、城市新区，将农村的生产资料作为城市建设用地，直接导致了郊区传统村落的被动消失。

传统村落之所以能够幸存，主要有两个原因：一是传统村落本体由于具有旅游价值而被开发保留；二是边远地区的传统村落由于不具备空间经济利用价值或旅游价值的预期时间较长，或需较大投资而短期看不到回报。

鲁中山区作为山东省乡村城镇化发展较快的区域之一，城市的急剧扩张使得这一地区遗存的传统村落相对较少，而有幸保存下来的也面临着重重危机。许多传统村落开发模式相互比照模仿，旅游资源趋同，地域特色和文化优势逐渐丧失。传统村落"似城非城、似村非村"，传统风貌遭到极大破坏，传统格局日趋减弱。可悲的是，这种颓废的状态已成为普遍现象，无休止的人为破坏不断侵蚀着传统村落的价值内核，原有的宁静与安详已不复存在。

5.1.2　鲁中山区传统民居遗存现状分析

鲁中山区传统村落民居历来名气不大，似乎乏善可陈。鲁中山区没有皖南那样灿若星辰的古村落、古建筑群，也没有山西、陕西那些散落在乡村如珍珠般的大院，但是鲁中山区有着悠久的文化历史，是齐鲁文化的发源地之一，且地处山东中部，历来交通便利、经济文化繁荣，城市周边各类民居建筑遗存众多。

近年来，由于缺乏对传统民居的保护传承意识，鲁中山区传统民居保存现状普遍堪忧。调研中发现，有百年以上历史的传统民居大多数已经废弃，一些传统村落甚至整体被遗弃，如济南平阴县的贤子峪村、莱芜北部山区的娘娘庙村、淄博太河镇海上房村、淄博博山区石门乡东厢村等。

具体来看，鲁中山区传统村落民居存在以下一些问题：①废弃的宅基地由于产权问题几乎没有再利用或翻建。这些废弃的老屋长期无人居住，即使有人居住也都是老年人。许多废弃的老屋由于长时间得不到及时维修和保护，往往荒草丛生，日久天长风化损毁，墙体残破，屋顶坍塌，其中夯土墙、土坯墙坍塌尤其严重，如泰安市岱岳区道朗镇二奇楼村、肥城市孙伯镇五埠村、肥城市孙伯镇岈山村、济南市莱芜区茶叶口镇上法山村、平阴县洪范池东峪南崖村、东平县旧县乡北吉城村等，村落民居建筑坍塌非常严重（图 5-1）。②乱拆乱建现象普遍。为满足现代生活的需要，许多村民对传统民居大动"手术"，有的给年久失修的屋顶来个彻底的"现代化"，直接装上了彩钢板屋顶，让人感觉不伦不类；有的干脆拆掉老房子，用钢筋混凝土材料盖了新式民居，严重破坏了传统村落原生态的肌理和风貌，致使众多传统民居遭到普遍的"自主自建性破坏"（图 5-2）；有些村落打着国家或省级传统村落的招牌，把古村落当景点，把遗产当卖点，将古村圈起来收取门票。例如，片面发展乡村旅游，利用传统村落本身的特点做起了"生意"，使村落过度商业化，导致出现了"过度开发"的问题，丢掉了原来的特色，违反了保护传统村落的应有之义，一些已申报成功的传统村落也模仿现有模式，而不是根据村落的特色采取新的策略。事实证明，传统村落的魅力在于清静、从容，而非喧闹、嘈杂，过度商业化是传统村落的"杀手"。

调查中也发现了一些保存较完整的传统村落，如莱芜区茶叶口镇卧云铺村、逯家岭村，淄博太河镇上端士村、土泉村，淄博周村区王村镇李家疃村，济南市章丘区普集镇博平村、杨官村等。这些村落有些处于深山偏远之处，由于交通不便，在一定程度上反而起到保护作用，减少了外来因素的干扰；有些处于通往商

图 5-1　坍塌损毁的传统民居

业中心的重要交通官道上，沿线村落往往比一般村落有更多的商业发展机遇，无论建造规模还是质量都远远高于周边的普通村落，传统民居保存相对较好（表 5-2）。

图 5-2　新建的二层小楼破坏了村落原有的风貌

表 5-2　鲁中山区传统民居建筑保存现状

区域划分	调查村落	行政归属	民居保存现状
济南山区	朱家峪村	济南市章丘区官庄镇	民居保存相对较好
	东峪南崖村	济南市平阴县洪范池镇	毁旧建新，人为破坏严重
	双乳村	济南市长清区归德街道	废弃民居较多，民居空置率较高
	方峪村	济南市长清区孝里镇	废弃民居较多，风化损毁严重
	博平村	济南市章丘普集街道	民居坍塌、风化损毁严重，废弃民居较多
	三德范村	济南市章丘区文祖街道	乱拆乱建现象严重，村落肌理遭到破坏
泰安山区	山西街村	泰安市岱岳区大汶口镇	存在建设性、保护性破坏问题
	朝阳庄村	泰安市东平县接山镇	民居保存相对较好
淄博山区	李家疃村	淄博市周村区王村镇	废弃民居较多，风化损毁严重
	梦泉村	淄博市淄川区太河镇	民居保存相对较好
	上端士村	淄博市淄川区太河镇	村落风貌、肌理保护较好，民居保存相对较好
	张李村	淄博市淄川区昆仑镇	民居坍塌较多，自然损毁严重
	蒲家庄村	淄博市淄川区洪山镇	部分民居损毁或坍塌
	南峪村	淄博市淄川区寨里镇	民居坍塌较多，自然损毁严重
	柏树村	淄博市淄川区太河镇	部分民居损毁或坍塌，新建和更换房顶较多
	黄连峪村	淄博市博山区域城镇	村落风貌、肌理保护较好，民居保存相对较好
莱芜山区	卧云铺村	济南市莱芜区茶业口镇	民居坍塌较多，自然损毁严重
沂蒙山区	常山庄村	临沂市沂南县马牧池乡	存在过度开发现象
	关顶村	临沂市沂水县马站镇	新建和更换房顶较多
	李家石屋村	临沂市平邑县柏林镇	村落格局保护较好，民居保存相对较好
	九间棚村	临沂市平邑县地方镇	民居保存相对较好
	竹泉村	临沂市沂南县铜井镇	新建和更换房顶较多
	西南峪村	临沂市费县马庄镇	部分民居损毁或坍塌，新建和更换房顶较多

注：本表根据课题组 2016—2017 年调研成果整理，表中所列全部为国家级传统村落。

5.2　鲁中山区传统民居保护与再利用实情调研

5.2.1　传统民居保护与再利用实情分析

　　通过调查研究，明确目前鲁中山区传统民居保护与再利用的现状水平、方向趋势，宏观认识传统民居保护与再利用设计的前期准备、设计操作、评价改进的具体方法、步骤和特点，并进行现状总结分析，从而提出鲁中山区传统民居保护与再利用的新理念。为此，课题组针对鲁中山区传统民居面临的现实困境，对现阶段民居保护与再利用中存在的问题展开了实地调研。

调研采用实地走访和问卷调查相结合的方式。本次问卷调查时间为 2016 年 1 月—2017 年 7 月，调查地点为泰安市大汶口镇山西街村，调查对象为当地村民、游客、某投资有限公司工作人员。问卷调查的核心内容包括三部分：一是传统民居保护和改造问题；二是传统民居资金投入和维护问题；三是对传统民居的重视程度、保护规划和宣传力度等方面。调查采取随机问卷的方式进行。通过考察走访、现场访谈、个别交谈、实践操作、资料查询等多种调查方法，提升调查数据的权威性和真实性。本次调查问卷发放多选在寒暑假、节假日、周末，累计发放问卷 113 份，回收 113 份，回收率为 100％。除部分废卷外，有效问卷为 97 份，占总数的 85.8％。受访者基本信息见表 5-3。

表 5-3　受访者基本信息统计

受访者基本信息	选项	有效样本人数（人）	百分比
性别	男	56	57.7
	女	41	42.3
年龄	≤18 岁	31	32
	19～25 岁	23	23.7
	26～35 岁	20	20.6
	36～45 岁	7	7.2
	46～55 岁	16	16.5
学历	初中以下	18	18.6
	高中以下	26	26.8
	本科及中专	40	41.2
	研究生及以上	13	13.4
职业	村民	30	31
	企业在职人员	27	27.8
	个体经营者	17	17.5
	公务员	15	15.5
	其他	8	8.2

1. 对当地民众认知的调查分析

依据调查问卷结果，结合课题组对当地村民、游客及工作人员的访谈，得到以下结果：

1）在传统民居保护问题上，有 37 人认为传统民居是不可复制的，占总人数的 38.1%；有 15 人认为应该保护传统民居建筑，占总人数的 15.4%；有 24 人认为传统民居建筑可以教育后代，占总人数的 24.8%；有 16 人认为传统民居可作为旅游资源，占总人数的 16.5%；有 5 人有其他想法，占总人数的 5.2%。

2）在传统民居改造问题上，有 56 人认为民居改造可以还原历史信息，占总人数的 57.7%；18 人认为民居改造会破坏建筑原有风貌，占总人数的 18.6%；23 人认为民居改造应根据当地经济状况量力而行，占总人数的 23.7%。

3）关于传统民居由谁出资维护的问题，在 97 名受访者中有 69 人认为应由政府出资，占总数的 71.2%；17 人认为由产权所有者维护，占总人数的 17.5%；8 人认为由房屋居住者维护，占总数的 8.2%；3 人认为采用其他维修方式，占总人数的 3.1%。

4）在资金投入、重视程度、保护规划和宣传力度等方面，有 32 人认为问题的关键是资金不足，占总人数的 32.9%；27 人认为主要原因是政府不够重视，占总人数的 27.9%；15 人认为对传统民居缺乏系统的保护规划，占总人数的 15.5%；13 人认为宣传力度不够，占总数的 13.4%；10 人认为公众缺乏民居保护意识，占总人数的 10.3%。

5）在传统民居维修问题上，56 人认为应由当地拥有传统营建技术的工匠维修，占总数的 57.8%；31 人认为应由当地普通村民维修，占总数的 31.9%；10 人认为应由当地专家参与指导维修，占总数的 10.3%（图 5-3）。

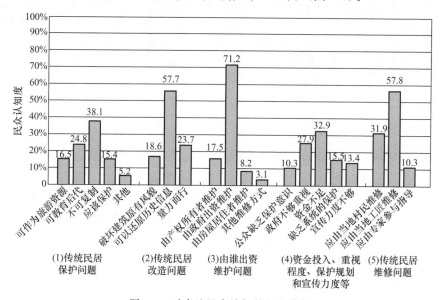

图 5-3　对当地民众认知的调查分析

在问卷调查过程中，发现当地村民对传统民居的保护有自己的一些看法，但要形成良好的传统民居保护氛围，提升群体保护意识还需很长的时间。村民们只知道应该保护，但不知道为什么要保护，应该由谁来保护，应采取怎样的措施保护。针对这种情况，建议由相关专家和有关部门根据现状联合制定一套完善的新举措，通过宣传提升人们的保护意识，最终形成民众的行为自觉。

2. 当地传统民居保护和再利用方式分析

为了更深入地了解鲁中山区传统民居保护和再利用的整体情况，课题组重点对鲁中山区国家级传统村落民居建筑进行了调研和取证，并兼顾省级传统村落。通过实地走访并与当地文物保护工作人员交流，发现当前鲁中山区传统民居的保护和再利用主要有四种类型，其中原样保护型占60.4%，功能置换型占18.3%，内部改造型占16.7%，原样翻建型占4.6%，分别针对的是不同保护等级、不同保存状况的民居建筑（表5-4）。

表5-4　当前鲁中山区传统民居保护和再利用方式

保护和再利用方式	保护和利用现状					
	改造原因	建筑外观	室内布局	建筑结构	建筑功能	案例
原样保护型	建筑坍塌损毁严重	遵循修旧如旧原则，修缮更新	基本不变	原结构不变	功能不变	东峪南崖村、方峪村、卧云铺村、上端士村、朝阳庄村
功能置换型	功能要求	基本不变	重新设计	原结构不变	功能改变	上九山村、朱家峪村、山西街村、常山庄村、李家石屋村
内部改造型	建筑损坏，功能要求	遵循修旧如旧原则，修缮更新	室内布局改变	部分拆掉或重建	功能改变	上九山村、朱家峪村、山西街村
原样翻建型	坍塌损毁严重	保留原建筑构件	室内布局改变	重新设计	功能改变	朱家峪村、上九山村、井峪村

（1）原样保护型

目前这种类型在鲁中山区最多，占60.4%。原样保护型主要是通过对传统民居修旧如旧，使其建筑外貌与内部布局基本不变，这有利于民居建筑风貌的维持。但原样保护方式接近于"静态"保护，如果任其自然发展，会加速传统民居构件的老化和功能的衰退，坍塌、破损情况会日益增多，加重传统民居的衰败。

（2）功能置换型

功能置换主要是利用原有的建筑空间，在诠释传统民居自身价值的前提下进行空间功能转化和再创，使原有空间主体呈现新的业态。如将传统民居转化为创意工作室、餐饮经营场所等。由于鲁中山区大多数传统村落还没有进行商业开

发，这种类型相对较少，只占 18.3%，且多数是将传统村落原有民居改造为
"农家乐"、民俗博物馆、民俗体验空间等，如邹城市上九山村、章丘区朱家峪村
等传统村落主要就是以这种商业旅游模式开发的，使得村落内传统民居建筑的改
造偏于商业目的。应该说这种模式在一定程度上挽救了传统村落的历史文化遗
产，是新时代背景下"留住乡愁"的有效举措。但这种模式功能相对单一，破坏
了原居民的生活形态和节奏，使本以生活为主体的静态空间逐渐被喧嚣的商业
化氛围取代。

（3）内部改造型

与功能置换型不同的是，内部改造型倾向于对建筑内部做可恢复性质的装
饰，对建筑的其他部分不做大的更改。内部改造型更多地适用于内部损坏比较严
重、外观比较有特色的传统民居建筑的保护与再利用。这种方式虽然保留了原建
筑的外观，但在功能利用上欠缺考虑。例如，章丘区朱家峪村朱氏家祠通过进行
内部改造，重点恢复和展示了当地的家族文化、宗教文化、节日文化、生活礼仪
文化和日常民俗文化等内容，而山阴小学在内部功能方面则被改造成文物展览、
村落发展史和纺织手工艺品展示等民俗展览馆。这些内部空间改造客观上破坏了
原功能的信息，其原真性效果已大打折扣。

（4）原样翻建型

原样翻建型主要是针对建筑整体损毁极其严重，或者大部分已经坍塌，仅保
留部分原构件的民居建筑进行原样重建，这也是民居建筑在保护和再利用策略中
问题较多、分歧较大的一种类型。鲁中山区传统民居历经悠久的岁月，大量民居
建筑坍塌破损严重，如果通过原样翻建对其进行整体复原，首先要对民居建筑主
体翻建的可行性进行全面权衡，此外还有资金的缺乏和各种其他因素的制约，所
以这种保护与再利用类型目前只占少数。在已有的几项改造实践中，出于经济方
面的考虑，人们往往把重点放在单体建筑的改造上，或只对村落主要街巷坍塌的
民居进行改造，而对山区传统自然环境和人文环境的整体保护较少。显然，这种
做法对传统村落的整体环境保护是极为不利的。

通过以上四种保护与再利用方式的分析可以看出，不同的方式对传统民居的
保护和利用程度不同。原样保护型对传统民居建筑的真实性和完整性保护程度最
高，有利于民居价值的保护和合理利用；功能置换型对建筑内部做了可逆性改
造，基本符合建筑遗产可持续性保护与再利用的要求；室内改造型对建筑内部做
了彻底的改变，主要针对的是建筑保护等级不高且内部破损严重的一般性民居建
筑，与可持续性保护有一定的差距。

值得注意的是，原样翻建型在鲁中山区是应用最少的一种保护利用方式，主

要是这种方式难以使受保护的民居恢复原貌，违背了历史文化遗产的原真性保护原则。许多历史建筑并无文字或影像记录，现代工艺对传统技艺的模仿也无法做到完全准确，所以原样翻建很可能导致误判。《中国文物古迹保护准则》第2条明确强调："保护的目的是通过技术和管理措施真实、完整地保存其历史信息及其价值。"

3. 对当地传统村落民居保护和利用的调查分析

在城镇化建设的不断探索中，社会各界都意识到传统村落保护的重要性。这些聚落遗存蕴含着丰富的历史信息和文化积淀，传统村落民居实体一旦消失，所谓的文化根基也将遭到毁灭。在调查过程中发现鲁中山区各地在传统民居的保护和利用方面仍存在一些盲点，具体做法也不尽相同。

从鲁中山区传统村落遗存的历史信息来看，那些保存完好的传统村落和民居建筑无疑是最有价值的，它们通常被认定为省级或市级文化保护单位，或已列入国家传统村落名录，各级政府会优先重视它们的保护和开发，且多将其作为一种经济资源，从旅游开发的角度加以利用。根据排查，目前鲁中山区传统村落民居的利用途径主要有以下三种。

（1）已发展成为旅游景区

这一途径朱家峪村最具代表性。该村已有600多年的历史，被誉为"齐鲁第一古村落，江北聚落的标本"。2003年该村被山东省建设厅评为"省历史文化名村"，2005年被评为"中国历史文化名村"，2012年年底被列入第一批中国传统村落名录，2014年被山东省旅游局批准为国家4A级旅游景区。该村始建于明洪武初年，现存大小古建筑近200处。历经几百年的沧桑，到2000年前后，建筑主体大部分出现坍塌，多数建筑成为危房。2004年，当地政府与鲁能公司共同出资5亿元对古村落进行保护性开发，修缮了古村内的文昌阁、山阴小学、圩墙、朱氏家祠、朱氏北楼、关帝庙、进士故居、康熙立交桥、坛井等重点历史建筑，朱家峪古村落的保护工作初见成效。之后，该乡政府与企业又先后在古村落内投资兴建了几处山庄和仿古四合院，作为旅游餐饮住宿设施。然而，由于企业过度追求利润，只顾重点打造景点建筑，忽视了真正具有存在意义的传统民居的保护，许多普通民居房屋空置、严重倒塌。新建的建筑量大体新，与原有建筑风貌格格不入，严重破坏了村落的整体风貌。当地政府现已认识到问题的严重性，对朱家峪村的开发权属关系进行了重组，成立了专门机构，与村委、村民代表共同商讨健康持续的发展之路。

再如卧云铺村，也是依托资源优势，由当地政府打造为卧云铺村景区。2015年，莱芜区旅游局积极争取山东省旅游局的支持，拿出260多万元专项资金，专门聘请台湾乡村旅游协会为该项目作整体规划，并定位为"鲁中山区原居民农耕文化活态博物园"。山东省旅游发展委员会将"一线五村"作为全省乡村旅游提档升级、提质增效的示范项目和重要突破口，给予扶持资金 2200 多万元，山东省发展和改革委员会也批准了 2900 万元的无偿资金用于建设游客中心。经过近两年的精心打造，目前已初步建成集采摘、休闲、农家乐、农业观光、健康养生于一体的特色精品旅游路线。当前卧云铺村不但成为莱芜区著名的风景区，也成为济南市莱芜区北部山区的旅游品牌形象标志。

（2）正在保护开发当中

除部分已开发为旅游景区外，大部分传统村落正处于保护和开发的过程中。有些在村口路边设置了保护标志，对村落面貌进行基本整治；有的被纳入政府发展和保护计划，正在逐步实施（项晓霞，2014）。如东平县接山镇朝阳庄村，据《东平县志》记载，孙、田两姓自山西洪洞县迁至建村，距今已有 500 多年历史。该村因位于北大山之阳，冬暖夏凉，故命名为朝阳庄。朝阳庄村内有保存完整的明清古建筑 12 处，民居建筑具有典型的鲁中山区特色，为全石砌结构。目前，村里石砌民居占住房总数的 80％以上，原貌基本保存完好，其中以始建于清朝道光年间的"牛家大院"最具有代表性。2015 年，当地政府根据国家"十三五"易地扶贫搬迁政策，在老村东部两公里处规划了朝阳庄村新社区，社区建好后可安置村内全部 266 户居民。老村由旅游开发公司开发，用于旅游。由于村内石头房都已陈旧破败，要维持原有风貌并打造成为旅游景区，需要巨大的投资。目前村内局部景点已初步得到整治，但村落的立体保护开发仍需时日。

（3）处于原生态，有待保护和发展

这种原生态传统村落在鲁中山区有多处，如章丘区普集镇杨官村、泰安市道朗镇二奇楼村、济南市长清区贤子峪村等。其中，杨官村是一个有 300 多年历史的传统村落。据《章丘杨氏世谱》载，明洪武二年（1369 年），杨氏由冀州枣强县迁至章丘市东六里杨郭庄。清道光年间，杨氏家族相继出过两位举人，并出仕为官，村名逐渐变革为杨官村。杨官村至今仍存留着从清朝到民国的 200 多座传统民居建筑，村落周边有官道河和长白山等自然景观，村落遗存丰富。从村落整体来看，以青砖、石灰坯砖、灰瓦、古道等元素构建的传统村落彰显着该村悠久的历史和深厚的文化内涵。当地居民希望地方政府从旅游的角度保护和发展村落，将其建成旅游景点，但目前资金不足。

5.2.2　传统民居保护与再利用中凸显的问题

从目前的调研情况看，人们对传统民居的保护和利用有着不同的态度：一是将传统民居视为物质遗产，按照文物古迹的方式进行保护（"死"的形式）；二是依托传统民居的经济价值发展旅游业（"假活"的形式）。"死"的保护方式是文物遗产、标本式的保护方式，而发展旅游业和移民的方法类似于将有机体放在福尔马林溶液中存放，处于"假活"的状态（邰艳丽，2017）。事实上，传统民居兼具濒危动植物和文物古迹的综合特征，它们是活的有机体（表5-5）。因此，保护传统民居的正确方法是把它们当作生长和发展中的生命体加以对待，在严格保护其空间肌理和空间结构的前提下增强功能转化的可能，适当地进行修复与改造，采用与时俱进的传承式保护方式。

表 5-5　传统民居与濒危动植物特征及保护认知比较

内容	文物古迹形式的认知	濒危动植物形式的认知	传统民居综合认知
基本认知	珍贵、不可替代、不可再生的遗产	濒危、珍贵、不可替代、可再生、活着的有机体	濒危、珍贵、不可替代、可再生、活着的有机体
发展趋势	可保护、可存留、不可修复、原真性	灭绝是自然规律，可生长，年轮特性	可保护、可存留、可生长、可修复，既有原真性，又有时代印迹
保护特征	"死体"态度：标本保护、假活、代价高昂	"活体"态度：设立保护区、人工种植（养殖）和加工利用	"活体"态度：设立保护区、完整保护、发展保护、"输血"，恢复"造血"机能

1. 静态、标本的形式——为保护而保护

多数的传统村落在被批准为省级、国家级保护单位后，即按照相关法律的规定实施静态式保护。静态保护是按照保护文物古迹的方式进行的一种静态、标本式的保护，保护模式以控制性保护为核心，局限于保护过去的时间维度，由此往往造成对现在和未来的忽视。其过于单一的考虑范围和保护方法没有将受保护的对象作为历史文化遗产的有机组成部分，只注重于"为保护而保护"。在具体执行中静态式保护缺乏持续性，这种消极被动的方式多局限于形式上的意义，缺乏实践上的可操作性，因此对传统民居的保护难以达到预期的效果，长此以往将会使保护对象更加走向衰败，民居损坏更加严重。

此外，静态方式保护下传统民居建筑的动态特性通常被抑制。大多数传统民居建筑都是传统村落的组成部分，并依附于村落而存在，其保护需要当地村民的持续使用和主观维护。随着经济的持续发展，广大村民的生活也相应需要改善和提升，过去自给自足的经济状态无法满足现实需求，因此静态保护对于传统村落这个活着的有机体来说显然是行不通的（刘亚美，2013）。这种保护模式只适用于乡村历史遗产保护的初级阶段，对于一些历史价值较高、延续性较强的古村落则存在很大的弊端。

2. 急功近利的形式——"修旧如新"式保护

利用传统民居具有的经济价值发展旅游业已经成为一种趋势，急功近利的思想随之在许多传统村落的保护工作中蔓延，对传统民居建筑的许多修复不是遵循传统"修旧如旧"的原则，而是采用"修旧如新"的方式对民居建筑肆意更改，造成了无法修正的建设性破坏。根据笔者的调研，鲁中山区多数传统民居没有按照质量状况对旧建筑进行分类整治，传统民居建筑的历史文化价值没有经过论证即被随意改造；传统民居整体风貌不以尊重地域建筑文化特征为原则，施工队仅凭个人意愿或所谓的潮流时尚进行施工或拆毁重建；对一些庙宇和老建筑未经研究，想当然地对古建构件油漆一新或采用宫室建筑的彩绘形式，随意改变原生态文化的真实性。

课题组经过实地走访调查，发现在修复性保护工作中主要存在以下几个方面的问题。

（1）对民居建筑随意改造或拆除，保护修复技术欠缺

据统计，鲁中山区传统民居大多数都没有得到有效的修复。这些传统民居时代较久远，已非常破旧，基本丧失了居住功能，许多村民不愿意居住，便把这些闲置的传统民居当作柴房或仓库；也有些村民愿意出资维修这些民居建筑，但基本上都是按照自己的意愿随意修改，破坏了建筑原貌。此外，由于缺乏整体规划，相关部门仅从既得利益出发，忽视了对传统民居的保护，大量拆除民居建筑，甚至是那些有一定历史积淀的民居。

据笔者了解，鲁中山区传统民居建筑的修缮工作多是雇佣当地村民完成的，他们当中大部分不具备传统建筑的建造经验，多为一般意义上的泥瓦匠人，由于本身缺乏相关的知识储备及工程实践，只凭记忆中的样貌去复原，导致传统民居修复技术细节缺失，造成民居建筑修复品质低劣。在调研过程中看到，部分民居砖墙的修复采用绘制假砖缝的做法，僵硬的纹理表达丧失了最基本的真实性；有的使用深灰色水泥等现代材料对石砌民居进行勾缝，使山区石头房的风貌遭到破坏；更有部分传统村落打着"美丽乡村"的招牌，以土黄色和白色外墙涂料统一对传统民居沿街立面进行粉刷，以为这样能够"遮丑"，殊不知这种做法严重破坏了传统村落的原始风貌，使大批有传统文化价值的民居建筑遭到"粉饰性"破坏（图 5-4、图 5-5）。传统民居应该保护什么，如何保护，哪些该修复，用什么样的技艺和材料修复，已成为传统民居保护工作中迫切需要解决的问题。

图 5-4 用水泥材料模仿石砌民居的勾缝   图 5-5 用白色外墙涂料对沿街立面进行粉刷

（2）对历史文化资源"底数"不清，缺乏科学的信息来源

造成"建设性"破坏的主要原因是对传统民居历史文化资源的掌握模糊不清，资源的类型、数量、年代、工艺、材料等基本情况尚未确定，致使保护和管理缺乏科学依据。传统民居建筑的历史资料包括书籍、档案、早期照片、地图、图纸等所有记录，甚至包括对原居民口头表述的整理等。因此，传统民居历史信息的收集不仅要立足于建筑本体，还要从建筑环境、建筑使用者和政治经济环境等多个层面着手。由于传统民居历时久远，相关的原始资料不完整，加上传统民居营建技艺因缺少市场逐渐失去用武之地，本土传统民居营造技艺的传承出现断层，建筑历史信息收集工作存在较大的障碍和难度。

历史信息资料的收集仅仅是第一步，更重要的是对资料进行分析，去粗留精，整理保留为后续工作提供支持的精华部分。历史数据的收集还要与实地调研结果相比照，一方面是对收集的历史数据进行验证，确认是否与现实情况一致，另一方面，这些资料将成为传统民居发展评估和定位的重要依据。针对当前鲁中山区传统民居濒危的状况，对历史文化信息进行收集和建档无疑是保护工作中最切实有效的行动。

（3）对传统民居历史文化内涵挖掘不够，保护再利用意识淡薄

传统民居反映了特定时期的文化思想，包含的历史信息非常丰富。然而，传统村落的村民大多文化水平较低，当地基层官员对民居建筑的保护也缺乏责任意识，未能采取有效的宣传和监督措施，使得村民对传统民居的内涵价值缺乏了解，甚至认为破旧的老屋意味着贫穷落后。受这种意识的影响，鲁中山区多数传统民居建筑遭到毁坏甚至被拆除。例如，建于清朝宣统元年（公元 1909 年）的山头镇古窑村刘家大院，距今整整一个世纪。大院由三进院落组成，第一进院落为三间南屋，原是佣人和门房居住之处，后改为花园，植各种花木及水池假山，

现已无存；第二进院落院门为雕花木门，大门门饰有垂珠、砖雕等，门内两侧为砖雕、拱壁，正房为北屋三间，一明两暗，为青砖小瓦木结构，建筑前有回廊；第三进院落西屋的一侧连接四进院落，为厨房、仓库、佣人住处。这所大院在中华人民共和国成立后被先后辟为看守所、粮所、学校等。特定历史条件下衍生的刘家大院为村落历史研究提供了实物依据，挖掘、整理和研究其中的历史文化资源有助于村落历史文化的传承。多年来不同的功用已使大院遭到损毁，如果任其发展下去，只会对这所民居造成更大的破坏（图 5-6）。

图 5-6　刘家大院保护现状

（4）对民居建筑使用功能的优化和调整缺乏研究

传统村落本身是在不断演化发展的，随着时代的变迁，传统村落原有的生活条件难以满足现代生活的需要。在传统民居再利用设计中，将原有建筑空间植入新功能是一种富有实效的空间处理方法。在保持原有建筑风貌和氛围的基础上，通过功能转换解决原空间功能不足的问题，可以提高整个民居空间的现代性和居民的生活质量，新旧空间的碰撞也为空间形态和使用方法提供了更多的可能性。

传统建筑应按照保护规划的要求，经严格论证后适当地植入现代功能，在不破坏原有结构体系的前提下提高房屋的可使用性，如加设保温夹墙以提高保温和密闭性能，改造屋面或增设天窗以加强室内的自然采光和通风，以及增加卫生间、厨房、储藏空间，提高房屋的使用性和舒适性。还可在民居建筑立面不变的基础上将沿街部分改为对外商业空间，增加村落的商业和服务设施。总之，通过民居建筑使用功能的优化激发村落活力，促进传统村落经济的复苏和发展。

5.2.3　传统民居保护与再利用设计中的局限性和难点

鲁中山区传统民居受气候、地形等条件制约，房屋的开间、进深都较小，层高也较矮，室内光线昏暗，就房屋功能而言无法满足人们对现代生活空间的需要。就现有民居保存情况来看，大部分都存在一定的破损，或墙体裂缝、屋顶坍塌，或梁柱位移、木构件腐朽等，有些甚至存在结构安全问题。此外，山区传统民居多采用木构架与石砌墙体结合的承重体系，房屋无檐廊，墙体为承重构件，屋顶荷载由墙体和屋架共同承担。从房屋的建造过程看，从搭建骨架、砌筑墙体到铺设屋顶，工艺程序都比较繁琐，尤其是民居建筑的主料——石材的使用，需要从采料场加工、搬运，运输成本高，施工难度大，而屋顶所用的木材也存在供料不足的问题。

这种结构体系和存在状况给再利用设计提出了许多难题。例如，山区石头房结构框架中的屋顶木构架，由于年久失修多已腐朽，在更新过程中是否需要落架大修以及如何落架，落架后会对结构产生怎样的影响，需持极谨慎的态度。再如，石头房的门窗等部位为木制构件，如果依旧采用这种做法，屋面的防漏、门窗的防腐等问题就难以解决，其持续的维修费用也将为以后的保护工作增加负担。山地传统民居建筑多依赖于地形环境，在建筑布局及面貌上存在一定的限定，需要考虑与周边环境的协调和整体布局的统一。

在调研和访谈中，课题组也关注到了当地村民针对传统民居的一些看法。在问卷调查中设置了"您认为传统民居存在哪些问题"，调查发现，有43.1%的村民认为传统民居在现代化的生活设施方面存在局限，石砌房屋的防潮功能明显比砖混结构差；23.6%的村民认为建一栋石砌房屋，无论从材料、工艺还是工期等方面难度都超过了砖混结构的建筑；有14.2%的村民认为民居的屋顶结构耐久性较差；有8.5%的村民认为传统民居不利于通风采光；有6.1%的村民认为消防设施较差，石头房民居空间较为封闭，未能考虑到消防安全因素；有4.5%的村民认为石砌房屋隔音较差（图5-7）。这些反馈为传统民居的修缮、维护工作提供了有力的依据。

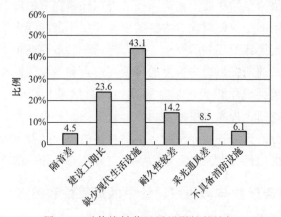

图5-7　对传统村落民居局限性的认知

5.2.4　传统民居保护与再利用的反思

鲁中山区传统民居的保护面临诸多困境，其根本原因是传统的乡村生活方式受到现代社会发展的强烈冲击，原传统民居空间已不适应当代居民的生活需要。对传统民居环境进行功能改良十分必要，功能转化和现代设施的介入将成为新旧功能转换的有效手段。传统民居的保护和再利用首先需要观念上的更新：一是对文化价值与经济价值的双重认同，当传统民居的经济价值超过新建建筑时，居民的主动保护意识自然就会增强；二是对民居建筑原真性的思考。希腊学者道萨迪亚斯（C. A. Doxiadis）认为："人类聚落是一个动态发展的有机体，其环境是自然生长的、变化的环境。"由于传统民居类型多样，处境各不相同，其保护和利用方法也有较大区别。现实环境中无论采取何种保护方式，其历史原真性的延续只能是局部的、相对的，有些历史原真性根本无法复原。在此基础上，对继续承载居住功能的传统民居来说，不应过分追求对原真性的呈现，而应将重点放在对传统民居功能的改善和提升上。

我国从 20 世纪 30 年代开始，从无到有，逐步形成了传统民居建筑的保护观念，并在其发展进程中不断拓展完善。但是由于历史原因造成的建设停滞，很多传统民居处于过度使用的状态，由这些建筑组成的传统村落呈现出年久失修、损毁破败、陈旧杂乱的现象。改革开放后的几十年又出现了高速建设和传统保护的矛盾，以及经济条件改善和风貌留存等问题。在没有经过调研评估、缺乏有效的法律法规、无法真正认识"保护与利用"关系的情况下，一些正在沿用的保护措施和利用方法是否合理，还需要细致深入的讨论。

例如，江南古镇在恢复古镇风貌、促进旅游业发展方面卓有成效，但在新的发展形势下也面临着新的问题和压力。这些压力主要来自客流的快速增长和大量外来人口的进入，使得许多古镇的沿街传统民居成为旅游商铺。特别是在旅游旺季，古镇往往处于拥挤无序的状态，不仅无法正常游览，而且对古迹、文物建筑造成了破坏，即所谓的"旅游污染问题"。"人人皆商"的浓重的商业气息使受保护街区的风貌千篇一律，同质旅游商品泛滥，古镇的自然环境和人文氛围遭到侵蚀。此外，古镇居民自发地使用新材料、新技术整修建筑，对延续原有传统风貌产生了一定的影响。

相比之下，鲁中山区传统村落的保护与发展还处于起步阶段，人气、规模远远不如江南古镇或其他发展较早的传统村落，由此，可以通过比较其他传统村落的发展获得一些启示。例如，一些保护工作走在前面的中国古村镇目前遇到的"旅游公害"问题有可能就是鲁中山区传统村落将来要面对的问题。城市的发展日新月异，科技的进步一日千里，为什么过去千百年能完整保留下来的古村镇却在科技如此发达的今天迅速消失？这些问题值得好好反思，并在保护传统民居的过程中及时吸取经验和教训，采取积极有效的应对措施。

5.3　鲁中山区传统民居建筑综合评价

5.3.1　传统民居建筑评价的意义

传统民居的保护与再利用是一个综合系统，涉及观念意识、技术策略、运行机制等多个层面，不可避免地会受到各种因素的制约。在新时代的召唤下，单纯从历史或美学的角度看待传统民居的保护与利用，是不可能得到全面、合理的答案的。相反，只有建立在对多重因素综合分析的基础上，以复合视角看待传统民居的演变与发展，并把民居的保护利用与村民的生活需求相结合，才能以更全面科学的方式协调传统民居保护利用与村落发展的关系。

为了寻求传统民居建筑更精准的保护和再利用方法，有必要对鲁中山区传统民居进行综合价值评估，通过对传统民居相关因子价值的调查，提出相应的评估方法，为今后的保护和再利用提供更加科学的依据，即通过定量分析和综合评价，确定传统民居建筑的价值，明确其保护分类级别，从而为制定正确的再利用设计策略和具体的技术手段提供参考。

5.3.2　传统民居建筑评价体系的参考依据

传统民居评价的根本目的是用定量研究替代或部分替代定性研究，从而获得更科学的研究成果。传统民居建筑评价的最常用方法是确定相关因子，设定权重，再根据各子项权重的相加得出相关结论。本节对传统民居建筑价值评价的技术手段进行分析，借鉴国内外历史建筑价值评价的经验和我国历史建筑保护的有关规定，并以当地传统民居建筑实例调查为评价依据。

1. 价值评价的技术手段

在传统民居建筑遗产评价领域，现阶段主要采用的评价方法有以下几种。

（1）游览式评价法

此种方法在传统民居建筑和景观规划价值评价中较为常见，即对于一些保存相对完好的传统村落，由地方管理者邀请各界专家学者进行实地考察和访问，与环境使用者一起以集体研讨会的形式对评估对象进行"公众参与"式的广泛评价，研讨环境中存在的问题。这种评价方式不需要专门设计评价框架，评价主体通常边看边议，采用人类学实地调查的方法，在参与和观察中识别环境，根据主观感受和经验进行评判。这种参与式的评价客观对象的方式存在较强的主观性。

（2）专家型评价法

该方法是基于定量和定性分析，依据评价对象和目标要求，确定若干评价指标，通过评价标准分级，并按级别评定分数。评价标准确立后，邀请一些有代表性的专家根据自身经验进行分析，给出每个项目的具体得分，最后计算得出各评价对象的总分值，获得评价结果。这种评价法以打分的形式呈现，直观简便，但对一些无法计算的评估项目来说较为勉强。

（3）层次分析评价法

层次分析评价法（AHP）是指将一个复杂的多目标决策问题作为一个系统，将目标分解为多个子目标或准则，进而分解为多指标的若干层次，采用定性指标模糊量化的方法计算出层次权重和总排序，为多指标和多计划优化决策提供参考的系统方法。该方法的优点是将研究对象看作一个系统，方便实用，对定量数据要求较低；缺点是定性成分多，主观因素比例大，难以提出新方案，判断矩阵阶数大时难以计算。

（4）模糊综合评价法

在定量不足的情况下，评价只能依靠主观判断，如建筑外观和质量评估方面都存在许多不确定性因素，难以用准确的数量描述人们的主观评价态度。为解决这一问题，引入了模糊数学理论，形成了模糊综合评价方法，采用模糊特征的判断概念描述对象，较好地解决了主观评价问题。模糊综合评价法虽然简单，但降低了评价结果的可信度。

（5）认知类评价法

该方法以心理认知规律指导研究设计，从环境主体的心理体验角度对环境进行评价，具有较强的主观性，在环境评价中应用较广泛。

梳理现有的评价体系，目的在于发现各种评价方法的优点与不足，分析其研究思路，借鉴其经验，提出相应的解决方案，使传统民居建筑价值评价体系建立在科学、严谨、适用的基础之上（表5-6）。

表 5-6　现有传统民居建筑评价方法的比较

类型	方法	应用前提	优点	缺点	研究方法	适用范围
游览式评价法	选择代表性专家学者和使用者，进行现场评价和讨论，得出评价结论	有选择不同参与者的权利；使用者的合作	针对性强，较佳的参与机制，直接、简洁	参与者可能有顾虑或私下交流，造成可信度降低；人数受限；组织复杂；真实性较低	现场访问	建筑和景观

类型	方法	应用前提	优点	缺点	研究方法	适用范围
专家型评价法	设定完备的环境指标，通过打分分级和排序	全面了解环境特征和描述量；确定指标权重	快捷、直观，结果有可比性	可信度不稳定	核查表	环境描述
层次分析评价法	利用矩阵排序原理将主观判断定量化	保证样本数；指标数适中	可比性佳，可对指标排序，计算简单	无法进行相关分析和评判指标结构的合理性	问卷调查	综合评价比较
模糊综合评价法	用模糊数学原理进行综合评价	有指标的权重；需确定隶属度函数	严谨、精确，可进行综合评价、定级	无法进行相关分析和评判指标结构的合理性，计算抽象	问卷调查	环境比较和定级
认知类评价法	从心理认知、环境主体角度评价环境	抽样；被试者有一定的知识水平	真实、自然，可信度好	抽象、操作难；受被试者认知的影响，效度不稳定	图式及语言模式	村落外部环境

2. 国外历史建筑登录标准的借鉴

建筑遗产登录制度是西方发达国家针对历史建筑共同采用的有效的保护方法，但各国的具体操作方法不一，大体程序是先由专家对普查对象进行评价分析，将符合法定标准的进行归类，列入预备清单并对外公示，以便听取各级政府及广大市民的意见。在公示无异议的情况下，由文物部门认定，报送国家政府层面审批，对审核通过的建筑遗产进行登记造册，登录文件均按规定的格式以书面形式加以保存归档，最后将通知传达给建筑所有人或使用人。在历史建筑登录前，有关专家和政府需根据登录标准确定历史建筑的保护等级，根据等级对不同的历史建筑采取不同的保护措施。英国、美国、日本、加拿大等国家都设立了历史建筑登录制度（表5-7）。国外历史建筑登录制度涉及面较广，不仅包括建筑本身，还包括用户、开发商、资金等相应的动态因素。例如，英国的登录制度除给出有关登录建筑（listed buildings）的定义、法律程序外，还设置了与登录建筑开发、改建、拆除、公众参与、产权关系、财政资助相关的各项条款。

表 5-7　国外历史建筑登录制度标准比较

国别	管理部门	法律依据	级别	建筑年限	约束力	所有者意见	税制政策	补助金
英国	环境部或国家遗产部	《规划（登录建筑和保护区）法》	Ⅰ、Ⅱ*、Ⅱ三级	10年以上（1988年规定）	许可制度，Ⅰ、Ⅱ*级由国家统一管理，Ⅱ级由地方政府负责	不须听取	无	较多

国别	管理部门	法律依据	级别	建筑年限	约束力	所有者意见	税制政策	补助金
美国	国家公园局	《国家历史保护法》	国家、州、地方三级	一般 50 年以上	审议制度	须听取	1976—1986 年较多，之后逐渐减少	较少
日本	文化省或文化厅	《文化财保护法》	无	50 年以上	许可制度	须听取	减免部分地价税和固定资产税	较多

注：1. 资料来源于张松，1999. 国外文物登录制度的特征与意义 [J]. 新建筑，3：31-35.

2. Ⅱ* 表示原有Ⅱ级中重要建筑的升格。

综观这些国家的历史建筑登录制度，可以发现其保护工作不外乎行政管理制度、法律和资金保障、公众监督等内容。其中，行政管理和法律法规是保护工作的基础，资金和监督制度是保护工作的保障。鲁中山区传统民居在构建登录制度时可借鉴这些内容，具体有三个方面：其一，要保证登录制度相关的法律、法规健全，结合本地区传统民居保护体系的现状，形成适合当地情况的建筑遗产保护法律框架；其二，对受保护对象提供一定的资金支持，不仅要明确资金投入使用的对象，还要明确投资机构，规定具体的金额与比例，确保传统民居保护的资金来源；其三，鼓励当地公众参与，加快建立登录建筑公示制与公开查询制，保证公众及时了解民居建筑遗产登录信息，对各个环节进行监督，包括登录的勘察、评估、审批、登录、规划等，并且公开公众意见处理的结果，确保公众参与的积极性。

3. 国内相关历史建筑保护的借鉴

我国 2015 年制定的《中国文物古迹保护准则》对于文物的范畴规定如下：人类在历史上创造或遗留的具有价值的不可移动的实物遗存，包括古文化遗址、古墓葬、古建筑、石窟寺、石刻、近现代史迹及代表性建筑、历史文化名城、名镇、名村和其中的附属文物；文化景观、文化线路、遗产运河等类型的遗产。构成文物古迹的历史要素包括：重要历史事件和历史人物的活动；重要科学技术和生产、交通、商业活动；典章制度；民族文化和宗教文化；家庭和社会；文学和艺术；民俗和时尚；其他具有独特价值的要素。

以上规定虽然是针对文物而言，但对传统民居建筑的保护同样具有参考价值，在当前乡村振兴背景下传统民居的保护和发展仍具有深远的意义。因此，不能仅从艺术、历史和科学的角度入手，而要从建筑学、地理学、社会学、历史学、经济学、艺术学、民俗学等多维度考虑传统民居的价值。

近年来，一些地方政府针对传统民居建筑的保护专门制定了保护条例。例如，浙江省文物局于 2015 年 4 月编制了《浙江省传统民居类文物建筑保护利用导则》，平遥县人民政府 2014 年 6 月出台了《平遥古城传统民居保护修缮及环境治理管理导则》，成都市城乡建设委员会 2014 年 6 月编制了《成都市传统民居建筑保护与利用技术导则》，元阳县人民政府 2013 年 3 月颁布了《红河哈尼族传统民居保护修缮和环境治理导则》，福建省住房和城乡建设厅 2017 年 9 月起草了《福建省石厝民居风貌保护及修缮技术导则》，等等。虽然各地保护评价体系的侧重点各不相同，但实践证明其对各地传统民居的保护作用明显，可为后续鲁中山区传统民居保护条例的制定提供有益的参考。

5.3.3 传统民居建筑评价指标及相关因子的确定

1. 传统民居建筑价值评价主体构成及其影响

评价主体是针对评价目标确定的目前与该处传统民居建筑相关的人群，在价值评估的具体操作中需要将评价主体具体化，即选定评价人员。

传统民居的评价应首先从评价主体的需求出发建立评价标准，主体需求将直接影响价值评价的结果。面对同一传统民居建筑，不同主体因不同的认知水平、使用目的、价值观念及对目标对象的心理和情感等而具有不同的价值评判标准，使得价值认定结果也不尽相同。就传统民居的使用者而言，其主体需求的价值目标以生存、适用和发展为主。美国著名社会心理学家马斯洛（Maslow）于 1943 年在其《人类激励理论》一书中将人的需求分为五个层次，即生理需求、安全需求、社会需求、尊重需求和自我实现需求，依据这五个层次的划分，可将主体需求概括为"居之需求的五个层次"（图 5-8、图 5-9）。

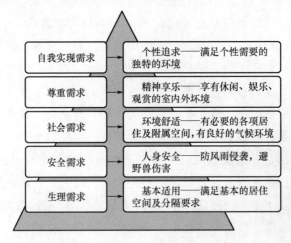

图 5-8　马斯洛关于人的需求的五个层次划分

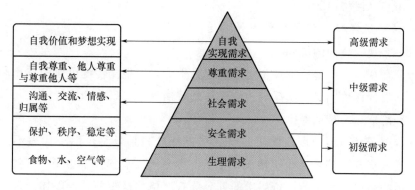

图 5-9　居之需求的五个层次

同样，无论是专家学者、建筑师、政府代表、房地产商还是普通民众，都有自己的价值目标，他们对传统民居价值的认识也各不相同（表 5-8）。

表 5-8　传统民居建筑评价主体需求的价值目标

评价主体	不同主体需求的价值目标	误区
使用者	重视个人的生存、享受和发展；在满足人身安全、基本适用、环境舒适的基础上适度考虑精神享乐、个性追求；从满足自身生活需求的角度进行评价	容易造成自发性破坏
专家学者	以遗产保护为第一要务，强调跨学科研究，兼顾再利用问题	过多理论约束，使问题复杂化
建筑师	以传统民居建筑遗产的建筑创作价值为价值核心，从创作思想、创作手法、空间组合、装饰艺术等方面进行评价	非物质文化遗产认识不足
政府代表	对遗产价值认定的标准坚持以"突出的价值"为准则，偏重于传统民居建筑遗产的美学价值、历史价值、旅游价值、社会影响力等方面	求大、求新，注重政绩工程和精英意识
房地产商	开发为主，保护为辅；从房地产角度、经济学方面进行评价；以市场需求为导向，追求商品化、经济效益最大化	对传统民居随意改造、翻新，不尊重原真性
普通民众	注重传统民居建筑遗产的知名度、资源特色、交通条件和基础设施水平等，并通过旅游指标进行评价	过分追求商业化、世俗化、景点化

从传统民居建筑评价主体的需求目标来看，不同的评价主体具有不同的价值体系和价值目标，也反映出评价主体对文化认知有各自的认同标准。因此，评价不仅要考虑个人的需要，还会受到社会发展水平和时代观念的制约。一般来说，使用者注重使用价值，专家学者注重历史价值，建筑师注重建筑功能和形式，政府代表强调综合效益，房地产商注重经济效益。不同的评价对象导致的评价结果

也不尽相同（桂涛，2013）。

2. 传统民居建筑价值评价因子的选取原则

（1）客观、全面的原则

为了客观、全面地反映评价对象的综合价值，应根据传统民居的特点和价值特征科学设计评价因子，既反映传统民居的普遍性，又反映个性特征。

（2）简洁、合理的原则

评价因子从不同角度反映了传统民居的综合价值，每个因子代表不同的方面，因子的集合则综合反映了传统民居的建筑特点、风貌、价值及保存情况等。因此，传统民居建筑价值评价层次的划分要有严格的逻辑关系，以体现评价因子的概括性、独立性和有机性。

（3）真实、完整的原则

真实性和完整性是历史文化遗产保护中最重要的问题，只有确定了传统民居文化遗产的真实属性建筑才有价值，而完整性决定其价值的大小。

（4）乡土、空间的原则

在考虑传统民居自身的同时，评价因子还应反映当地乡土环境、空间格局和建筑遗产的景观效应，体现传统民居在生态环境中的特性。

3. 传统民居建筑评价指标及评价因子

传统民居建筑的价值主要包括两个方面，即隐性方面的精神价值和显性方面的物质价值，具体而言，精神价值包括建筑的历史文化价值、艺术价值和科学价值，物质价值包括建筑的环境状况、使用功能价值和建筑质量状况。传统民居建筑的综合评价旨在为确定保护等级、制定再利用策略提供依据，因此评价因子不仅包括历史价值、艺术价值和科学价值，还包括建筑质量、使用功能、环境条件等（辛同生，2008）。

由于传统民居建筑分布在不同的区域，其目前的保护程度、影响和利用价值也有较大区别，因此不可能按照统一的标准制定统一的保护和再利用策略，而只能依据不同的评价指标对其进行分类，确定相应的保护等级，制定合理的利用措施。其评价依据主要是从调研中收集基本信息，合理确定相关因子并综合权衡，分析各因子的比值，确定各指标的权重，最后得出综合评价结果（图5-10）。

此外，为避免失控，还应针对传统民居保护和再利用的强度和广度制定控制指标，将其强度和广度控制在合理范围之内，反之，就可能造成盲目改造或过度利用的局面，甚至可能出现违法建设的现象。

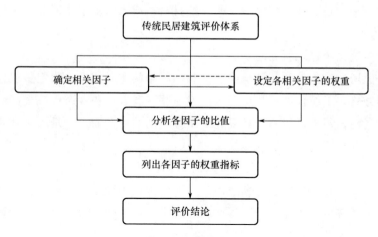

图 5-10　传统民居建筑评价构成体系

（1）传统民居建筑的本体价值

该部分的评价指标主要体现在三个方面，即历史价值、艺术价值和科学价值。

1）历史价值评价因子。历史价值是指传统民居能够见证特定历史的价值。在建设和使用过程中，传统民居记录了当时社会政治、经济、文化的发展与变迁，见证了许多历史事件的发生及历史人物的重要活动，也见证了普通民众的生活历程，具有重要的历史价值（叶昕，2015）。

具体考虑的因素包括：民居建筑历史是否悠久；是否反映该地区特定的文化和社会背景；是否与重大历史事件或政治事件有关；在历史进程中是否代表某个重要历史时段；是否与重要历史人物有关；当地是否具有有代表性的手工艺、手工作坊和地方特产等。

2）艺术价值评价因子。艺术价值是指传统民居建筑蕴含的造型特色、地域风貌和营造技艺等，主要体现在规划布局、营造技术、建筑构造及构件装饰等方面。

具体考虑的因素包括：建筑风格是否具有地域性；是否代表历史上某种特殊的建筑风格；民居形态是否具有典型性；民居形态是否能够反映地方特色；平面空间布局或组合是否具有特色；是否能反映当地的民俗文化和宗教文化等。

3）科学价值评价因子。科学价值是指传统民居从选址、营建到使用、维护的整个生产活动中反映的当时的社会生产力和科技发展水平。传统民居的营建、构造和技术水平是评价民居科学价值的重要方面（叶昕，2015）。

具体考虑的因素包括：建造技艺是否采用传统做法；是否能反映当地民居营

建的最高水平；是否采用当地特有的建筑材料，或当前很少使用或不再使用的材料或方法。

（2）传统民居建筑所处的环境

传统民居建筑所处的环境是确定其利用策略的重要依据。确定传统民居适于哪种利用方式，不能仅考虑其历史价值或遗存状况，还要考虑传统民居的地理位置和文化属性。传统民居周边环境评价指标包括两个方面：一是历史环境的完好度，二是当前环境的有利度。

1）历史环境的完好度。具体考虑的因素包括：周围的历史环境是否保存完整，如水系、街巷、古树、池塘、山丘、河流等；民居本身所处的基地环境的完善程度，包括院落是否完整，院落空间形态是否被改变，建筑风貌是否破坏；村落空间人文环境的保存程度。

2）现状环境的有利度。传统民居的区位环境是决定传统民居保护和再利用的重要指标。如果传统民居周边资源环境较好，且周围交通、商业等配套设施完善，则其相对商业价值较大；如果处于山区偏僻之地，且交通、商业等基本配套设施薄弱，发展面临的压力就大。

（3）传统民居建筑的使用功能

传统民居再利用会随着使用功能的转化而发生改变，因此对传统民居使用功能进行评价具有重要的意义。其一是对传统民居的使用功能现状进行评价，其二是对已发生改变的传统民居使用功能的可能性和科学性进行评价。

具体考虑的因素包括：传统民居使用功能是否有转化的可能性；建筑结构是否损坏；日照、通风、朝向是否良好。

（4）传统民居建筑质量

质量等级是确定传统民居建筑本体价值、后期转化和利用策略的关键环节。传统民居建筑受时代发展条件、建造时间等因素的影响，或多或少存在一些质量问题。当前，建筑质量检测与评价的研究相对成熟，可作为传统民居建筑检测与质量评价的参考。

具体考虑的因素包括：主体结构的质量，包括建筑外形是否完好，建筑的屋顶、墙体、门窗的保护状况；墙体的质量，包括墙体结构的完好度，墙体材料有无损坏，墙体饰面材料有无损坏；门窗质量状况，包括门窗类型、材质及门窗破损程度等；屋顶质量状况，包括屋顶的结构状况，屋面材料，屋顶防水、排水等；庭院及围墙的完好度。

4. 传统民居建筑评价指标等级分析及评定

由于传统民居评价指标涉及诸多相关因子，如历史价值、文化价值等，任何评价体系都不能完全排斥主观因素，绝对定量的判断是不存在的，也不适合传统民居再利用设计的实际特点。当然，在任何情况下，使用量化指标对传统民居进行评价，都可以避免由主观判断产生随意的结论，为下一步的操作提供相对客观的参考。

传统民居相关因子权重的设定是评价体系的另一个重要组成部分，合理地为相关因子设置权重是保证评价体系科学性的重要依据。参照绿色建筑评价体系权重设置的方法和国外对传统民居评价权重设置的方法，本书采用四级评分法，即根据各因子的重要性将权重设定为 1、2、3、4 共四级，最小为 1 级，最大为 4 级，将每个指标体系下的二级因子分为四级，最后加权得出综合评价。

（1）传统民居建筑本体价值评价及等级分析

传统民居的本体价值是由下属各级因子的等级加权综合确定的。本节以济南市章丘区朱家峪村为例，分析鲁中山区传统民居本体价值的评价和等级确定方法。

朱家峪村位于鲁中山地丘陵区的西北方向，北纬 36°39′04″，东经 117°34′45″，西距山东省会济南约 40km，距章丘区仅 6km。该村历史悠久、文化灿烂，布局为梯形聚落，上下盘道，参差有致。村落四面青山环绕，长白山、胡山诸峰拱卫，齐鲁世博精品园、商周古文化遗址围绕在村落周边。朱家峪村有石门、古桥、祠庙、楼阁、故道、古泉等大小景点八十余处，并且拥有诸多独具特色的古民居建筑，这些建筑多为高台阶，青石根基，山字顶，依山就势，采用当地建筑材料精工细筑而成，具有北方山区古村落建筑的显著特征，其中以朱氏北楼、进士故居等为典型代表（图 5-11）。

图 5-11　朱家峪村传统民居建筑

1）历史文化价值评价。评定传统民居建筑的历史文化价值，需根据包含的相关因子设定不同的等级。为了突出传统民居建筑的文化价值，在后期尽可能提高传统民居建筑的保护等级，这里的综合评定以各分项最高级别为标准。当然，即便该项评定最高分项为3级，综合评定也为3级（表5-9）。

表5-9　朱家峪村传统民居建筑历史文化价值评价

二级因子评价			综合评价
民居建筑历史是否久远	民居建筑历史比较久远	3	3
是否与重大历史事件或政治事件有关	无		
是否与重要的历史人物有关	朱士豸为康熙年间武进士，朱逢寅为光绪年间"明经进士"	2	
是否反映了该地区文化和社会的特定背景	民居建筑极具地方特色，反映了该地区的自然文化生态格局	3	
在历史进程中是否代表某个重要历史时段	无		
当地产业是否具有有代表性的手工艺、手工作坊和地方特产	有传统手工艺技能，如手工纺织、打铁、石刻等	3	

2）艺术价值评价。传统民居的艺术价值可分为四个等级，即一般、较好、优秀、独特，分别对应评价标准1、2、3、4四个级别。综合评价基于二级因子的最高级别评级（表5-10）。

表5-10　朱家峪村传统民居建筑艺术价值评价

二级因子评价			综合评价
传统民居形制是否典型	建筑多采用硬山顶，青石墙基	4	4
是否代表历史上某一特种类型的建筑风格	无		
建筑风貌是否具有地域性	民居建筑与人、环境与生活一脉相承，建筑风貌极具地域性	4	
空间类型或者平面组合是否具有特色	顺山就势，高低错落，疏密有致，布局类型多样化	4	
建筑形式是否能较好地反映地方特色	自然质朴，符合自然、生态规律	3	
是否能够体现地方的建筑装饰、民俗文化及宗教文化	体现北方民居文化的内涵，符合道家美学思想	3	

3）科学价值评价。传统民居的科学价值可分为四个层级，即一般、较高、突出、非常突出，分别对应于评价标准 1、2、3、4 四个级别。综合评价基于二级因子的最高级别评级（表 5-11）。

表 5-11　朱家峪村传统民居建筑科学价值评价

二级因子评价			综合评价
是否能够充分体现当地的民居建造水平、具有独特的建筑设计理念	顺应山势，就地取材，充分体现了当地民居的造造水平	3	4
建造技艺是否采用传统做法	建造技艺采用传统做法，一宅之中至少出现两类不同的结构形式	4	
是否使用某种重要的或者特别的建筑材料或方法	建筑基础多采用条石砌筑，基础以上墙体采用石灰坯或清水砖，顶覆灰瓦或山草，其中石灰坯是当地特有的建筑材料	4	

以上三个方面必须作为一个整体反映传统民居的本体价值。传统民居建筑的历史价值、艺术价值和科学价值的评价是基于详尽的调查和基础资料收集整理进行的，虽然不能完全量化，但可以为后期的保护等级评价提供有力的科学依据。

（2）建筑环境评价

建筑环境评价分为历史环境的完好度和现状环境的有利度两种评价指标，前者根据历史环境的保存完好状况分为 1、2、3、4 四个二级因子，后者依据当前环境是否有利于建筑的改良也分为 1、2、3、4 四个二级因子。综合评价是根据各分项因子的级别及各分项因子对于传统民居的重要程度加权处理，最后得出评价结果。需要注意的是，各因子的权重设置具有较大的可变性，必须根据传统民居的具体情况加以设置（表 5-12、表 5-13）。

表 5-12　朱家峪村传统民居历史环境的完好度评价

二级因子评价			权重	综合评价
历史环境是否保存完整，如水系、街巷、古树、池塘、山丘、河流等	历史环境整体保存较好	3	0.4	2.6
民居所处基地环境的完善程度，包括院落是否完整，院落空间形态是否被改变，建筑风貌是否协调等	院落较完整，院落空间形态基本不变，建筑风貌基本协调	3	0.4	
建筑周围人文环境的保存完好度	由于村落中挤进大量新建筑，传统村落的格局遭到破坏	1	0.2	

表 5-13　朱家峪村传统民居现状环境的有利度评价

二级因子评价		权重		综合评价
传统民居所处位置	处于山区偏僻之地	2	0.3	
基础配套设施状况	基础配套设施较差	2	0.3	1.9
周围交通、商业状况	交通已通行，商业基本没有	3	0.3	

1）历史环境的完好度评价。

2）现状环境的有利度评价。

（3）建筑使用功能评价

建筑使用功能评价是判断传统民居建筑当前使用功能的合理性和功能转化可能性的主要依据。其综合评价依据二级因子的级别及各分项的重要度加权处理。二级因子的权重视传统民居建筑现状及重要度而设定。表 5-14 所示为朱家峪村传统民居使用功能评价。

表 5-14　朱家峪村传统民居使用功能评价

二级因子评价		权重		综合评价
民居建筑结构是否损坏	民居建筑结构只有少数保存完好	2	0.1	
传统民居使用功能是否转换或已改动	多数民居建筑仍处于闲置状态，只有部分建筑开发、改造为民俗展览馆、餐饮空间	3	0.2	1.4
是否具备良好的朝向、通风和采光	由于院落灵活多变，民居建筑朝向、通风和采光受限	3	0.2	

（4）建筑质量评价

传统民居建筑质量评价是民居建筑保护和再利用的重要环节。在二次因子评价中，主体结构质量状况占很大比例，这是决定传统民居能否适应新旧功能转换的关键因素。墙体和屋顶的质量状况是传统民居外部风貌特征的重要因素（表 5-15）。

表 5-15　朱家峪村传统民居建筑质量评价

二级因子评价		权重		综合评价
主体结构的质量状况	墙体为砖石混合结构，质量较好；屋顶为木架混合结构，坍塌较多	3	0.4	
墙体材质的质量状况	砖石为主，质量较好，但部分墙体（石灰坯墙、土坯墙）损坏严重	3	0.4	
门窗质量状况	保存较好，部分已更换	3	0.3	3.9
屋顶质量状况	木结构屋顶，质量一般	2	0.2	
庭院及围墙的完好度	石土结合，质量一般	2	0.1	

5.3.4　传统民居建筑综合评价分析及结论

通过对以上项目的具体分析，可以得出朱家峪村传统民居建筑的综合评价数据，并采用柱状图等形式表示其本体价值、建筑环境、使用功能和建筑质量等分析评价内容（图 5-12）。上述评价结果对鲁中山区传统民居建筑的等级划分、可利用的适应性、可行性及周边环境保护都具有一定的指导意义。对于文化价值、艺术价值和科学价值比较高的民居建筑，应确定为更高的保护等级，不能擅自改变历史信息，应有效控制民居建筑改良的广度和强度；对于现存功能较好的建筑，应注意加以整体保护，对建筑质量做适当改良；对一些保护等级较低的建筑则可考虑功能转换，适当放宽功能改造的强度和广度，但新建部分必须与原建环境相协调。

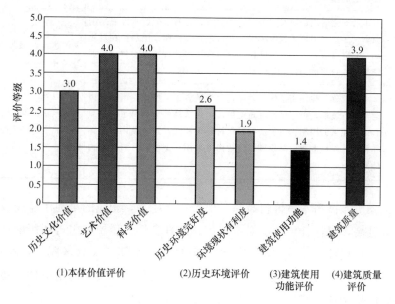

图 5-12　传统民居建筑评价指标等级分析

注：依据辛同升《鲁中地区近代历史建筑修复与再利用研究》改绘

传统民居保护等级是根据上述综合评价体系确定的。通过综合评价分析，划定传统民居建筑的保护等级，使传统民居建筑的改良强度按等级标准有所界定，保证村落风貌的原真性和完整性。根据以上四级评价体系，在对村落进行详尽调研的基础上，通过了解当地居民的生活生产状态、民俗习惯及当下存在的问题，并结合传统村落建筑年代、风貌、质量等现状条件，按照《历史文化名城名镇名村保护系列》（中华人民共和国国务院令〔2008〕第 524 号）中对民居建筑的保护要求，将鲁中山区传统民居保护等级划分为 A、B、C、D 四级，其中 A 级为重点保护对象，B 级和 C 级为适中保护对象，D 级更新强度可适当放宽（表 5-16）。

表 5-16　鲁中山区传统民居保护等级划分标准

级别	基本条件	范围和标准
A 级	应遵循真实性、整体性、最小干预性、可逆或可再处置等文物保护单位规定的一般性原则；不得随意改变建筑的外立面造型、材料与色彩及装饰构件；室内环境可做可逆性的敷设改造，但不得改变室内主体结构和功能布局，不能对原有任何构件造成损害	适用于特殊保护的文物建筑；保护标准应划分为保护
B 级	遵循真实性、整体性、尽量少干预性等历史建筑保护的一般性原则；建筑外观、屋顶形式、建筑立面、建筑色彩等不脱离传统风貌；尽量不对原室内主体结构、功能布局及内部构件进行改变和造成损害	适用于重点保护的历史建筑；保护标准应划分为修缮
C 级	本着安全适用、功能齐备、量力而行、远看近似、内外有别的原则；尽量与保护区其他房屋形式、色彩相协调；限制性相对较小，只需修缮和维持外观风貌，特别是一些具有历史文化价值的细部构件及装饰构件，如门窗、檐口、墀头等	适用于普通保护的传统风貌建筑；保护标准划分为改善
D 级	本着改善居住使用条件，适应现代生活方式的原则，可对室内空间进行改造，内部构件可随意更换；外部构件如门窗可不受原有设计元素的限制；屋顶造型需保持传统样式，禁止使用石棉瓦和彩钢保温屋面板；修缮材料和结构可采用新型墙体材料和结构体系	适用于一般保护的其他建筑；保护标准划分为提升

通常来讲，民居本体价值越高，保护等级越高，相应的再利用途径及技术选择要求就越高，以保证传统民居本体信息的真实性。传统民居再利用的适应性和可行性也与环境评价、使用功能评价和质量评价密切相关（辛同生，2008）。例如，对原民居建筑进行功能转换，需要考虑其内部空间结构的适应性、传统民居建筑风貌的协调性及建筑本体结构如何加固处理等问题。

5.4　小　　结

本章首先分析了城市化进程对鲁中山区传统村落民居保护的影响，认为传统村落迅速衰败的客观原因主要有两个：一是城市过度扩张构成了对传统村落的极大"碾压"，加速了传统村落形态的扭曲和内部根基的破坏；二是地方政府为获得城市建设用地，往往征地建设开发区、城市新区等，直接导致了近郊传统村落的被动消失。此外，传统村落迅速衰败的主观原因主要来自开发商对经济利益的过分追求及村民对民居建筑的历史文化价值认识不清等。其次，针对鲁中山区传统民居遗存现状，课题组展开实地调研，摸清了鲁中山区传统民居的保护和利用现状，确立了部分传统民居保护与再利用设计的准备、操作等基本方案。最后，对鲁中山区传统民居建筑价值作出了综合评价和理性判断，挖掘了当地传统民居的"本源"要素，通过对传统民居相关因子价值的调查，提出相应的评估方法，为传统民居的保护与发展奠定了理论基础。

第6章 鲁中山区传统民居建筑保护与再利用

6.1 鲁中山区传统民居建筑保护面临的困境

鲁中山区由于处于相对封闭的环境，虽然历经自然的变化和社会的变迁，但民居仍保留了原始的建筑风貌，以一种平和的、原生态的方式与当地自然环境和谐共生。课题组经过调研排查发现，该区域现存的传统民居虽然特色依旧，但整体保护状况面临着很多问题：大部分民居遭到废弃，屋顶坍塌，只剩部分山墙，构件多已风化；部分村落被纳入国家或省级传统村落后以"乡村旅游"的名义被过度开发，受到"二次破坏"；有的村落将民居修缮简单视同"除旧更新"，仅仅着眼于外部环境"美化"，忽视了内部空间硬件设施的改善和提升；有的村落资金缺乏，破败现象无力扭转；有的村落正被"规划"，向被"保护"的村落看齐。鲁中山区传统民居的保护正面临着尴尬境地。

6.1.1 "空心化"现象严重，民居呈"自然性颓废"状态

由于年轻人外出和向城镇搬迁，鲁中山区的许多村落只剩下老年人居住，社会结构老龄化严重，旧村社区的"空心化"现象加速了建筑物质空间的老化，也使原有的传统民居呈现"自然性颓废"状态。房屋低矮、室内狭窄、阴暗潮湿的居住环境使许多村民不愿意住在乡村。对泰安市道朗镇二奇楼村90户、38口人居住意愿的问卷调查表明，有一半的村民愿意搬出去住。济南市莱芜区潘家崖村如今仍然居住在原村的居民不足半数；逯家岭村由于坐落于岭顶，生活不便，村民多数已迁往外地；淄博市博山区东厢村因地处深山，村民从20世纪80年代末开始大量陆续舍弃旧房，搬出旧村，现已基本无人居住，成了典型的"无人村"（图6-1）。

"空心村"的形成在传统村落中并非偶然，而是与乡村人口活动和农村就业空间密切相关，是在乡村居民外迁与乡村社会经济发展需求下造成的传统民居的闲置和坍塌、村庄人口结构的失衡、传统文化的弱化等一系列问题，导致传统村落内动力不足、发展活力下降（罗瑜斌，2010）。依据乡村经济发展的不同阶段与乡村人口变化情况，将鲁中山区传统村落产生的"空心村"现象划分为空心化初始阶段、空心化快速发展阶段和空心化缓慢发展阶段（图6-2）。

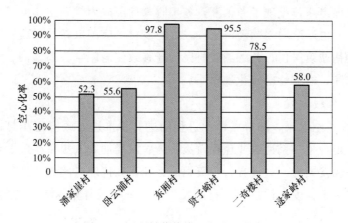

图 6-1　调研村落传统民居空心化率

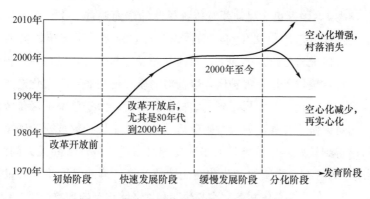

图 6-2　鲁中山区传统村落空心化发展趋势

1. 空心化初始阶段

改革开放前，国家发展计划经济，社会经济总体水平较低。乡村发展主要以农业生产为主，乡村无条件办企业，村民很少出外打工，即使有出外打工也是在获得一定的收入后返回家乡，为改善生活条件迁离老屋，建造新房，村庄的空心化开始出现。

2. 空心化快速发展阶段

改革开放后，随着收入的不断提高，农民的生活得到了较大的改善，更多的村民有能力建房，乡村住房建设达到了高潮，原有部分住房开始闲置。此时，"空心化"只在村庄的局部有所反映，大多数村民仍留在村内，人口外移主要向村落的周边发展。20 世纪 80 年代至 21 世纪初，随着乡镇企业改革政策的实施和市场经济的快速发展，大多数村办企业转为私有制，有的企业不能适应市场需求逐步被淘汰。山区土地资源贫乏，生产资料无法满足村民生活所需，导致大部分村民开始自谋出路，出现了务工潮，务工收入逐渐成为村民主要的经济来源，村民进城的意愿也逐渐增强。经济条件较好的乡村响应国家新农村建设的号召，村民大规模迁往城镇居住。务工潮和村民的迁移致使老屋空心率增高，村落"空心化"发展加速，季节性空心化现象明显。

3. 空心化缓慢发展阶段

进入 21 世纪以来，随着城镇化进程的进一步推进，政府逐步打破"城乡二元"机制，出台了一系列农业免税政策，为农民增加收入提供保障。近年来，乡村旅游的蓬勃发展为一些具有特色资源的区域，如传统村落的经济发展带来了新的机遇，在一定程度上促进了乡村的发展，部分村民开始返乡，村落"空心化"进入缓慢发展时期。

2012 年 4 月，住房和城乡建设部发布了《关于开展传统村落调查的通知》（建村〔2012〕58 号），国家正式启动了对传统村落的全面调查工作。国家层面的介入提高了人们对传统村落历史文化遗产的认识，有效地促进了传统村落的保护和发展。随着政府对传统村落投入的加大，村落基础设施和生活环境在一定程度上得到改善，尤其是将传统村落划分保护区，以及对物质文化和非物质文化遗产的认定与保护，使村落"空心化"的发展得到一定抑制。然而，由于鲁中山区传统民居大多散落在山区相对偏僻、交通不便、贫困落后之地，除了极少数被列为国家或省级传统村落的村落得到较好的保护外，大多数传统民居仍"散落乡间无人问津"，处于"自然性颓废"的状态，物质的老化和功能性的衰退，再加上近年来大量新生代村民举家进城务工，使许多传统村落"空心化"和"老龄化"的现象加重，传统民居空置率逐年持续上升，有的甚至出现"无人村"（图 6-3）。村落主体的流失导致无人维护传统民居建筑，历史文化遗产无人继承，村落发展举步维艰（车震宇，2008）。

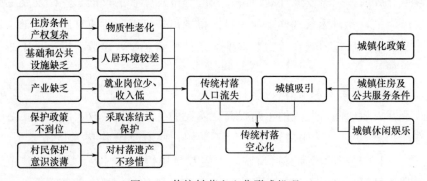

图 6-3　传统村落空心化形成机理

注：图片根据林祖锐等《传统村落空心化区位分异特征及形成机理研究——以山西省阳泉市传统村落为例》改绘

6.1.2 民居坍塌现象严重,缺乏安全性

传统村落"空心化"的出现导致绝大多数传统村落迅速衰败。一方面,人口外迁导致大量房屋被遗弃,院落内外杂草丛生,屋顶坍塌,外观残破,村内原有的一些公共空间,如寺庙和学校等也受到严重破坏,坍塌破败;另一方面,常住人口大量减少,只剩老人、儿童或贫困户,人力资源匮乏,水电、道路等难以有效维护,无法保证基本的居住条件。

传统民居的坍塌也与自然因素如风化侵蚀相关,主要包括建筑物自然老化、历史遗留隐患、自然灾害(地质灾害、雨水、火灾)等。在实地调研过程中发现鲁中山区残垣断壁的传统民居随处可见。这些民居建造历史久远,多为石木结构,受气候、环境等因素的影响,屋顶、墙体等坍塌严重(图6-4、图6-5)。调查结果显示,鲁中山区传统民居坍塌率为30%~50%。如泰安市岱岳区道朗镇二奇楼村、肥城市孙伯镇岈山村和五埠村等传统村落民居的屋顶坍塌损毁,院内杂草丛生,甚至屋内长出大树,一片衰败凄凉景象。那些略完整的民居建筑也往往墙体出现裂缝,存在安全隐患。

图 6-4 破败不堪的门楼

图 6-5 坍塌严重的民居屋顶

6.1.3 村落肌理遭到破坏,原始风貌丧失

传统村落肌理破坏主要有"建设性破坏"和自然性损毁,前者是一种人为性破坏,后者属于一种人去房空的空心化后的自然性颓废状态。随着城镇化进程的加快,传统村落的保护性破坏和旅游开发性破坏加快了原始村落的破败速度。

建设性破坏对传统村落肌理的破坏最为严重。一些先富裕起来的村民为了改善居住条件,不断在原址上拆旧建新或弃旧建新,于是出现了大量无规划、无秩序的突兀新建筑,充斥着村落的各个角落,新老建筑犬牙交错,民居风格极不协

调,加之非本土的建筑装饰手法和现代化的装饰材料不断涌现,使得原本古朴素雅的传统村落变得面目全非。如济南平阴东峪南崖村传统村落民居原是以夯土墙筑成的囤顶民居,随着新农村经济的快速发展和城镇化进程的不断加速,该地新建民居数量迅速增长,使用混凝土和砖墙结构的新建民居不断蚕食着原有的村落面貌。据不完全统计,20世纪末整个村落有3000多间传统民居,现在剩下2000多间,村落文物多处被毁坏,原有的传统建筑文化正逐渐消失。

除建设性破坏之外,还有一些地方政府和旅游开发公司打着"保护传统村落"的旗号大搞旅游开发,盲目增加现代建筑元素,新旧混搭,割断了传统村落风貌的延续性,使得传统民居在夹缝中艰难地"求生";有的甚至照搬其他村落的发展模式,雷同化现象十分明显,造成了旅游性破坏;有的民居建筑开发设计混乱,维修质量粗劣,原生态文化的真实性被随意更改;有的擅自搬迁、拆改古建筑,甚至建造了"假古董",严重破坏了传统村落民居建筑的真实性和原生态自然环境,导致传统村落的肌理丧失,人居环境日益恶化。

6.1.4 传统技艺后继乏人,非物质文化遗产传承困难

当前,外来文化的涌入和城镇化的推进不断削弱着传统村落的风俗民情,民间技艺后继无人,客观上产生了对原生态文化的遗弃,增加了非物质文化遗产的传承难度。以鲁中山区石头房为例,其营造技艺蕴含着人与自然融合的生态智慧,体现着"天人合一"的建造理念,但如今这些传统建筑多数被现代楼房替代,传统建造技艺濒临失传,民居文化记忆正在不知不觉中流失。究其原因,一是由于缺乏书面记录,单凭师傅的口传心授和世代相传,已无法适应现代社会,传统的学徒式传承模式极大地制约了传统技艺的继承和发扬;二是随着社会经济和价值观念的转变,年轻人对传统民居的文化价值、艺术价值及实用价值缺乏认识,不愿学习这些古老的技艺,而是谋求其他的发展方式。当地建造与修葺民居的民间工匠多已改行,熟悉当地乡土建筑形制、建造技艺的老工匠相继去世,没有了人的传承和保护,民居、巷道自毁自灭,民居重建、修缮工作举步维艰。

面对以上困境,除了加强对传统民居、祠堂、寺庙、戏台等建筑以及碑刻、雕塑、字画、铭文、族谱、传统生产工具等物质文化遗产的保护外,还需对非物质文化遗产如生活方式、产业模式、建筑技艺、地方戏剧等加强保护,从非物质文化遗产的层面寻求进一步的突破,尤其是至今还被人们使用,其艺术传统和行为观念没有中断,且继续保持和发展的文化遗产,要加以深耕和发展,将传统生产和生活方式融入当代空间(潘鲁生,2013)。

令人担忧的是,鲁中山区传统村落非物质文化遗产均遭到了不同程度的破坏

和侵蚀，传统营造技艺、制作工艺的发展存在资金不足、人才短缺等问题；传承人传承动力不足，收徒困难，个别村落仅有少数人在苦苦支撑。例如，早期大汶口文化以黑陶制作工艺闻名，但由于生存空间受挤压和被边缘化，传承者和受众群体均出现明显的断层，整个村镇竟无一处陶艺作坊，其他一些传统民俗礼节、民间节庆等非物质文化遗产项目也存在淡忘失传的现象，这对于该地非遗的传承是非常危险的信号，对传统村落非物质文化遗产进行抢救和保护已经刻不容缓。

6.1.5　保护制度不健全，资金投入严重不足

经过多年的努力，我国已经建立了《文物保护法》《城乡规划法》《非物质文化遗产法》《历史文化名城名镇名村保护条例》等法律法规。这些法律法规对防止乡村大规模破坏、促进村落的合理发展起到了重要的保障作用，传统村落的保护取得了区域性和阶段性的进展。但细致解读从中央到地方的政策和法规，具体到传统村落的保护的相应政策措施依旧较少，传统村落的保护缺乏系统性、整体性和专门性的法律支持，缺乏明确的目标界定和管理上的专门要求。尽管后期出台了有关传统村落保护的规范性文件，但缺乏法律依据，从而不具备严格约束性。另外，我国传统村落数量庞大、分布广泛，区域经济发展不平衡，国家很难制定统一性的保护政策。在这种情况下只能由地方政府根据当地实际状况，制定地方性的传统村落保护法律法规，但目前受地方立法条件的限制，相关保护政策的制定与执行均相对滞后，存在着严重的政策基础问题。

此外，现行的农村土地管理政策与传统村落保护政策在实施过程中存在着根本性矛盾。《土地法》（2004）规定农村一户村民只能拥有一处宅基地，国土资源部《关于加强农村宅基地管理的意见》（国土资发〔2004〕234 号）强调禁止城镇居民在农村购买宅基地，《物权法》规定宅基地使用权人依法对集体所有的土地享有占有和使用权利，有权依法利用该土地建造住宅及其附属设施等，而《文物保护法》（2007）第 22 条强制性规定，"不可移动文物已经全部毁坏的，应当实施遗址保护，不得原址重建。"这与《土地法》《物权法》的有权在"原址上重建"的规定是矛盾的。那些被列为保护对象的传统村落民居已年久失修，又要继续承担使用功能，在保护规划和建设缺乏有效指导的情况下，居民只能在传统民居周围兴建大量风格迥异的新居，严重破坏了传统村落原有的肌理、结构和空间秩序，给传统村落的原始风貌造成了毁灭性的打击（邻艳丽，2017）。

根据《文物法》的规定，被列入保护范围的传统村落和民居建筑是受到法律保护的，其建筑和文物属于国家所有。对于居住其中的村民来说，在村落及民居建筑未受到保护之前他们有权对自己的住宅进行翻修，而村落建筑一旦被纳入保

护范围,其所有权就不再由原居住者完全所有。而大多数受保护的传统民居都需要维护修缮,资金短缺常常使许多地方政府无能为力,村民也没有自己维修的权利,结果就是村民只能看着原属于自己的老屋一天天地"腐朽",直至坍塌。

因后续的保护工作导致当地村民的生活得不到妥善解决当前已成为普遍现象。除了文物保护法律法规不健全,以及村落受保护的房屋所有权与当地居民之间的矛盾外,另一个重要原因就是缺乏保护资金,致使保护工作难以实施,许多进入"挂牌保护"的传统村落再次进入"休眠状态"。尽管国家层面相关监管机构投入的保护基金总额看似较大,但资金的投入却有一定的随意性和非常规性,均衡化分配对于基数较大的传统村落依旧是杯水车薪。同时,地方保护资金投入较少且非固定性。如 2014 年,山东省对评审确定的 100 个传统村落,按照每村20 万元的补助标准开展保护发展规划编制和档案建立工作,这对于具有传统特色、非物质文化遗产丰富的传统村落保护是远远不够的。

传统村落乡土建筑的修缮成本远高于新建民居的费用,在缺乏国家和地方资金支持的情况下,遗存的传统民居建筑很难得到维护。村中居民没有固定的经济来源,大部分年轻人进城务工谋生,村中留守人员多为老弱妇孺,根本无法负担重修或重建传统民居的经济投入。而行政法规规定文化遗产保护的唯一途径是由社会团体、企业和个人参与捐赠和赞助。在产权、土地等具体管理政策的制约下,社会资本的投入缺乏法定路径、外在动力和必要的权益保护。经费不足的问题反过来影响着保护应急机制的建立,如对传统村落民居建筑的调研进展缓慢,对传统民居保护的价值体系及评估标准认识不清。面对这种与实际保护背道而驰的困局,如果不及时调整政策,传统村落有可能会出现越"保"越少的尴尬局面(胡彬彬,2015)。

6.1.6 基础设施落后,盲目开发给民居保护带来危害

保护和发展是当前传统民居面临的两大主题。传统村落民居的保护发展难在哪儿?如何保护和发展?这也是很多专家学者一直以来思考的问题。2014 年,住房和城乡建设部、文化部、国家文物局和财政部联合启动传统村落的保护工作,统筹资金按每个传统村落拨付 300 万元的专项补贴,计划 3 年共投入 100 多亿元,用于支持列入中国传统村落名录的村落文化保护与发展工作。可以看到,国家对传统村落的保护高度重视,但根据每个传统村落的基础设施和生态恢复所需的建设资金计算,投入的资金在实际应用中仍远远不够,更达不到保护和发展的长期目标。总体而言,资金短缺仍然是制约传统村落保护和发展的主要瓶颈。

鲁中山区传统村落历经千百年历史变迁,大多已破旧濒危,环境、基础设施

条件差。虽然近年来鲁中山区经济发展有了一些改善，政府也相继出台了一系列惠农政策，增加投资及扶持力度，但与城市相比，山区村落发展的资金短缺问题依然严重，导致其基础设施建设滞后于平原地区的村落，主要表现为交通不便，可达性差，公共服务设施落后，停车场、垃圾处理、标志导引等配套服务设施不健全。更重要的是，山区传统村落的相关产业发展与乡村旅游业的发展不匹配，地方产业链短而窄，产业间横向合作较少，配合程度较低，直接导致产业水平发展缓慢（徐福英，刘涛，2009）。

例如，济南市莱芜区茶业口镇卧云铺村是一个历史文化悠久、遗产资源丰富的原始传统村落。近年随着经济的快速发展，卧云铺村旅游业也进入发展的快车道，地方政府已将卧云铺村、逯家岭村、上法山村、中法山村、下法山村沿齐长城线的五个村落建设成为文化旅游特色村，该项目总规划面积为 33.8km^2。经过近两年的精心打造，已初步建成集采摘、休闲、农家乐、农业观光、健康养生于一体的特色精品旅游路线。但就乡村旅游接待服务体系的硬件设施来说，卧云铺景区的基础设施依然存在一些问题。例如，传统民居内部功能环境较差，缺乏通风、采光、取暖等基础设施，不能满足村民的生活需求，与现代人的居住、审美要求相去甚远（图 6-6、图 6-7）；传统民居布局较分散，没有给游客规划游览的线路，村内缺乏道路指引牌及景点形象介绍；景区内工作人员服务意识不到位；游客住宿问题没有解决；供电、排水、通信、燃气、供暖等市政基础设施建设严重滞后；村内道路横断面较窄，缺少应有的逃生通道、疏散场地和消防设施用地等；市政环卫设施不配套，生活污水随处排放，环境质量较差。

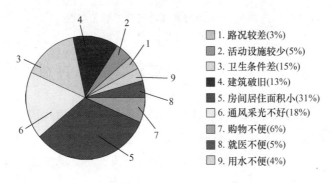

图 6-6　卧云铺村人居环境调查

有些传统村落存在区位条件差、信息不对称、资源不集中等现象，这也是鲁中山区传统村落作为旅游资源开发的一大困境。大多数传统村落位于偏远之地，距离主要客源市场的门户位置相对较远，加之本地区经济条件有限，基础设施建设不足，信息量少，传播渠道单一，导致目的地可进入性较差。

同时，在条件不具备的情况下盲目进行旅游开发，也会给传统村落民居的保护带来影响。过量的游客会对传统民居产生一定的破坏，加速其损毁。例如，李坑村2006年"五一旅游黄金周"最高接待人数达1.2万人，而传统村落民居建筑多为木结构，在经历漫长的岁月后本身就极其脆弱，每日数以万计游客的踩踏超出了其承受能力，部分旅游者还会直接或间接地对文物古迹造成破坏。例如，敦煌莫高窟每年接待游客60多万人次，在旅游旺季密集的人群使石窟中充满了大量的二氧化碳和人体散发的湿热，会极大地破坏壁画的原貌，给壁画造成不可挽回的损失（申葆嘉，2003）。

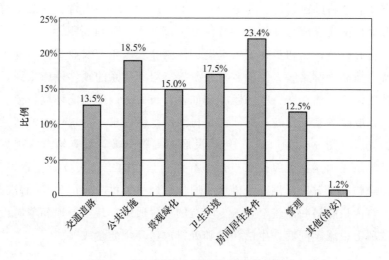

图6-7　卧云铺村人居环境改善意见调查

6.2　鲁中山区传统民居建筑保护与再利用策略

鲁中山区传统民居分布广且数量多，加上民居建筑价值构成体系复杂，要依据综合评价对传统民居价值作出理性判断，不管是从以经济为主导的角度保护民居建筑，还是以原真性体现传统民居本身的历史沧桑感，都须以尊重建筑的内在价值为基础，以可持续原则和最小干预原则进行抢救性保护。《中国文物古迹保护准则》（以下简称《准则》）强调："保护的目的是真实、全面地保存并延续其历史信息及全部价值。"山区传统民居建筑的潜在价值是其保护和延续的核心，保护和发展其潜在的文化价值成果是保障历史文化遗产安全的需要，也是其他地区建筑文化保护与发展的有益参考。

6.2.1　鲁中山区传统民居建筑保护策略

1. 摸清"家底"，对山区传统民居进行广泛勘察与测绘

针对山区传统民居的保护状况，通过调查与测绘进行广泛的调研和图纸、数据的收集，无疑是对传统民居保护最具有意义的行动（吴昊，2011）。调查是保护程序中最基础的工作，主要调查对象包括类型分布、建筑形制、代表建筑、建造工艺、建筑装饰，以及对调研成果的深层次研究，如成因分析、类型比较、形态演变等。民居测绘包括对院落空间结构、建筑装饰、室内陈设等方面的测量，并结合现场的采访和资料的查阅绘制整理出科学、准确、翔实的测绘报告。结合鲁中山区传统民居的分布状况，针对不同区域、不同形态的民居形式进行普查，将保存较好和损毁严重的传统民居按建档要求做好勘察记录，并对不同传统民居形式现场拍照、测绘、搜集样本，将调研资料信息登录归档，结合实地照片和搜集样本对民居布局、形制、材料、结构、民俗等要素进行分析，依据测绘数据绘制 CAD 图纸。还可以运用 GPS 定位系统对山区民居分布范围、现存数量进行实时、动态的记录，为传统民居建筑的信息采集工作奠定基础。

2. 实施全民共建、全民共管

当前传统民居保护已陷入"专家保护"和"政府保护"双重博弈的局面，传统民居的整体保护还没有确立，保护和再利用还没有得到有效的结合。传统民居作为承载历史信息的载体，其历史内涵是吸引游客的主要魅力所在，也是评价传统民居建筑是否具有历史价值的关键。如果将传统民居保护由政府保护发展为全社会保护，由专家保护发展为全民保护，即"全民共建、全民共管"，将使保护渠道大大拓宽。首先，要充分尊重村民在发展中的主导性地位，只有村民参与才是发展的根本目的，参与的具体方面包括村落保护发展的道路选择、利益分配、村落保护与发展规划编制及公共设施建设等。另外，可依托当地自然和文化资源，鼓励村民回乡就业，开展特色手艺创作和生产，加强旅游品牌和产业链建设，带动村民增收致富，使村民足不出户就有更多的获得感和幸福感。其次，鼓励社会积极参与。根据传统民居的保护现状和特点，采取民办公助、风险补助和以奖代补等措施，引导社会资本参与传统民居保护；鼓励自然人、法人和其他组织通过投资、认领、租赁及提供技术服务等方式参与传统民居建筑保护（许五军，2017）。最后，聘请专家对山区传统民居全面"会诊"，对其历史文化价值和传承脉络全面梳理和科学认定，确立保护规范和创新机制的理论依据。还要发挥专家的集体智慧，通过建立"传统民居保护咨询委员会"，做好对传统民居价值

认定、文化价值实现、保护资金落实等的监督和管理，为传统民居功能转化和活化利用寻找出可行性途径。

3. 进行预防保护和信息保存

不难看出，利用传统保护方式对濒危性传统民居建筑进行保护有着很大的局限性。针对传统民居建筑的损坏和逐渐消失，可采取预防性保护和信息性保存两种新型保护措施。《准则》第12条将预防性保护解释为"通过防护和加固的技术措施和相应的管理措施减少灾害发生的可能、灾害对文物古迹造成损害，以及灾后需要采取的修复措施的强度"。预防性保护是在传统民居未发生破坏前采取的预防性措施，既不会改变其可见特征，也不会改变其不可见特征。预防性保护作用于保护目标的环境，如村落位置、气候、季风、湿度环境、光环境等。信息性保存是通过新技术记录或复制传统民居的具体特征，让观者进行虚拟体验。这种保护方式具有体验性、保存性、实时性和传播性等优势（萨尔瓦多·穆尼奥斯·比尼亚斯，2012）。鲁中山区传统民居特征因子明显，可采用预防性保护和信息性保存方式加以识别和保存。其信息特征可分为六个方面：一是平面形式，二是屋顶造型，三是立面造型（正、侧立面），四是建筑结构，五是建筑装饰，六是建筑用材（祁剑青 等，2017）。通过地理信息系统（GIS）对传统民居的测绘信息、历史特征、艺术特征、技术特征及稀有程度等进行完整记录，建立传统民居的虚拟现实博物馆和数字历史档案，使其得到更好的保护和传承。

4. 分类保护

我国的历史文化遗产保护体系分为三个层级，即文物保护单位、历史文化街区保护和历史文化名城。就历史建筑来说，应参照国家、省和其他各级政府的文物保护单位的规定确定是否具有重大的历史、文化和科学价值，确定为不同等级的文物保护单位，并按照国家文物局的有关法律、法规进行保护。但价值等级未达到文物保护要求的普通传统民居，我国保护体系中并没有明确的对应保护策略，只有部分地方政府制定了相应的、有限的法律法规。

鲁中山区传统民居的保护也面临同样的问题，除了少数传统民居被政府有计划地保护起来，大量有价值的一般性传统民居缺少保护介入，其区位环境、现状条件、可利用程度等内容也缺乏综合评价。目前需要对这类传统民居进行有效的等级划分。分类保护的前提是对当地传统民居构成元素进行提取，分别将其归纳为建筑主体、人居环境和基础设备三个层面，提取时再做精细的划分，然后针对三种类别的建筑进行等级划分。由于建筑遗存质量不同，其分类保护标准、保护原则、材料选择等不尽相同（表6-1）。依据《准则》规定的国家或地方的文物建筑、历史建筑普查办法等条文，将鲁中山区传统民居建筑划分为三种类型。第一类是文物建筑，这类建筑年代久远，历史文化价值深厚，但屋顶、墙体损毁严重。此类建筑应依据《历史文化名镇名村保护规划规范》的要求，保护标准遵循真实性、完整性、最小干预性等一般性文物保护的原则，按照原材料、原形式、原结构、原做法进行加固维修；保持建筑立面整体不变，按传统形式砌筑墙体，保留原有围护结构的整体性；破损的结构构件应尽可能使用相同的构件替换，保证与房屋整体风貌协调；在不损害文物建筑的前提下对室内进行原貌恢复；清理院落内的杂物，拆除院内私搭乱建的建筑。第二类是历史建筑，这类建筑年代较远，原有风貌基本保留，结构基本完好，但部分构件仍有不同程度的损坏。此类建筑的保护除应遵循文物建筑保护的一般性原则外，还应以屋顶形式、建筑立面、建筑色彩等方面不脱离传统风貌为宜，做到保持建筑主体立面整体不变；对轻度破损的墙面进行修葺并填补裂缝；破损的构件应使用相同的构件替换，特殊情况下可采用钢筋混凝土结构替代木构架，但形制应与原结构相同。第三类是传统风貌建筑，此类建筑结构较完整，墙体破坏较小，基本上可以继续使用。考虑到现实中人力、物力、财力资源的制约和历史建筑修缮的紧迫性，只要不影响其传统风貌和特点，就不需要做太多的变动。

表 6-1　传统民居构成元素

建筑主体			人居环境		基础设施
屋顶构件	维护构件	其他构件	室内环境	室外环境	
梁柱、檩条、椽子	屋面、墙体、门窗	台阶、楼梯、铺装、装饰构件	地面、内墙面、顶棚	铺装、石磨、石碾、树木	电力设施、水利设施、采暖设施、燃气设施

在建筑利用方面，应按不同的层级进行分类。列入文保单位的，由相应的文化保护主管部门负责组织评审、鉴定和修缮，供研究、陈列、展示之用，不得用于商业目的；已列入或域内普查在录的文保点和历史建筑，或具有同等价值的其他传统建筑，应进行适度利用，采取活态保护；量大面广的一般性传统民居，则可用作无污染、无损坏的商业发展。

5. 活态保护

从当前传统民居保护的情况来看，如何对待其生存困境和价值取向，专家、学者、使用者、地方领导和开发商之间存在着较大的观念差异。事实上，传统民居由于本体价值的独特性，不能将其等同于"文物"的定义和内涵，其核心价值应从人居环境的本源加以探讨。第一，传统民居具有较强的自然适应性。由于地形、地貌、气候等自然环境条件不同,各地传统民居的空间布局、建筑结构和形态肌理也有所不同。如北京四合院、山西晋商大院、徽州民居、西南地区的吊脚楼等,均是由于自然条件的区别产生了相应的民居形态差异。第二,传统民居表现出对人文的适应性。我国幅员辽阔,不同地区、民族、经济水平和生活习惯的人群对生产生活的需要是完全不同的,各地人民对传统民居的继承和发展都是从生产生活的实际需要出发,以适合当地自然地理和人文条件的物质、技术和经济手段建造而成。这种适合当地居民生产生活需要的空间很好地适应了当地的气候、风俗习惯和时代的变化。第三,传统民居是一种相对动态发展的聚落类型。作为一种典型的传统居住生活空间,它不仅是文保单位,也是村民生产生活最基本的单元,其本身就是时代发展的产物,随着时间、空间和使用者的需要而不断发生变化。动态的适应是传统民居发展的重要特征,随着人口的增加和生活的发展,村民将会依据地形、周边环境、朝向等条件持续对其进行改造、扩建和重建,从而获得自然的、丰富的、适应性较强的居住空间和群体生活场所。

山区传统民居的活态保护,即针对传统民居的核心价值,突破以往传统民居保护中对人的需求的忽视和生态承载的局限。首先,通过传统民居的生态适应探究,以网络创新手段构建鲁中山区传统民居活态保护与再利用设计体系。这一设计思路旨在满足村民的现代生产和生活需要,以整体村落为中心,利用网络手段将村民的信息、情感和发展规划结合起来,使村民愿意回归村落,重振乡村经济。其次,通过实地调查、访谈、信息数据和图像采集等建立信息数据库,并对山区传统民居风貌、风俗习惯等要素进行分类整理,构建人、村落、自然三位一体的保护框架(图6-8)。该框架主要包含三个层面:一是使用者的需求。从当前村民生产生活、经济、教育、医疗、卫生等现实需求分析矛盾存在的特征、成因及影响,揭示村民生产生活与村落保护和发展之间的相关规律。二是保护村落自然环境。运用地理信息技术,对传统村落的水土、气候、植被等自然要素进行分析,探讨传统民居的自然生态环境特征,在尊重和保护的基础上,借助艺术与设计创新手段,提升传统民居的自然资源价值。三是构建设计体系。分析传统民居建筑的类型、级别和场所关系,通过替换、调整、优化等手段合理转化传统民居的物质空间功能,实现乡村生活空间、生产空间与公共空间的现代化(欧阳国辉,王轶,2017)。

6. 修缮

由于鲁中山区大部分传统民居建筑都已成为危房,对濒危性民居进行修缮已成为保护工作的重中之重。例如,淄博东厢村基本属于"无人村",坍塌建筑占了大半;莱芜区卧云铺村、上法山村传统民居均年久失修,建筑开裂严重,存在

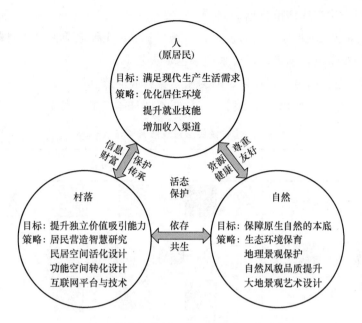

图 6-8　人、村落与自然三位一体的保护思路与方法

注：图片来源于欧阳国辉，王轶，2017. 中国传统村落活态保护方式探讨［J］.
长沙理工大学学报（社会科学版），32（4）：148-152.

安全隐患。可采取修复和加固，如灌浆、勾缝或增强结构强度等具体修缮措施，以避免传统民居建筑继续损毁。其中，对传统民居加固应特别注意不能改变其应力分布，避免造成新的损害。对传统民居整修除了结构加固、安全性提升以外，还要将修复和加固技术引向室内，加强室内功能条件的改善。另外，不能孤立地修复村落主街上的重要传统民居，割裂部分民居建筑与传统村落整体环境的关系，重要民居建筑周边的其他普通传统民居同样要纳入修缮保护范畴。同时，针对地方传统民居建筑特点编制通俗易懂的传统民居保护维修手册，把对遗产的保护知识直接交给群众，并对实施传统民居修缮的队伍进行专业培训，提高地方群众的修缮水平。

　　在传统民居修缮过程中还应注意色彩的选择，通过对建筑主体色、辅助色和点缀色的控制引导建筑色彩的呈现，以体现山区民居的传统建筑风貌。主体色是指建筑外观主要区域呈现的色彩，一般为建筑的墙面和屋顶用色；辅助色是指建筑门窗和局部构件的色彩；点缀色是指空间面积较小、视觉效果比较醒目的色彩。一、二类传统民居建筑的修缮、维修和加固所用材料色彩必须与原建筑相同；三类传统民居建筑所用材料色彩应与原建筑相同或相近；改建和扩建部分建筑色彩应与原建筑色彩相协调，并应不超过推荐色卡提供的范围。

传统民居建筑修缮推荐色卡：

1）主体色：屋顶应为暖灰色系；石墙、砖墙、土坯墙应保持原材料的色彩，粉刷墙应为灰白色；勒脚以下应采用深色暖灰色系。

2）辅助色：门窗、栏杆以木质为主，材料应保持其原色。

3）点缀色：因面积小而独特，其色彩不做具体控制（表6-2）。

表6-2　传统民居建筑修缮推荐色卡

项目	类型	色彩示意			
主体色	屋面色彩	HSB:42/32/32	HSB:33/43/65	HSB:32/8/71	HSB:330/2/49
	石头墙面色彩	HSB:35/42/65	HSB:37/22/88	HSB:25/2/70	
	夯土墙色彩	HSB:33/58/77	HSB:30/80/48	HSB:31/43/51	HSB:30/62/85
	墙裙色彩	HSB:39/35/76	HSB:39/18/88	HSB:33/43/74	
辅助色	木质构件色彩	HSB:35/42/82	HSB:26/26/51	HSB:37/23/72	HSB:42/33/27

7. 发掘传统民居营造技术，避免传统技艺"断代"

传统民居营造技艺可以说是一门"匠学"，依靠的是匠人。缺少匠人的参与预示着传统技艺的丧失，也就失去了优秀传统文化展示的机会。传统工匠手艺的传承途径主要有两种：一种是父子相传，子承父业；另一种是拜师学艺。然而，随着工业化建筑时代的来临，传统民居营造技术的传承和发展面临多方面的问题。大量的木匠和石匠因缺少传统营造项目市场逐渐失去用武之地，而年轻人心向外界，对传统技艺不感兴趣，使本土传统民居营造技艺的传承出现断层，甚至面临绝迹。古人云："水有源，故其流不穷；木有根，故其生不穷。"营造技艺是传统民居建筑的"根"与"源"，是国家先进文化创新的精神基因，理应得到保护和延续。针对无人继承的现象，当地政府要广泛收集整理传统技艺信息，有意识地培养村民的文化自觉意识，帮助他们克服对传统文化"自鄙"的心理，提升居民继承传统手艺的信心与自豪感；聘请当地老工匠开展传统技艺人才的培训，对传统营造技艺进行抢救式保护；鼓励村民成立民间手艺协会，促进传统技艺的交流与提高；同时申请非物质文化遗产名录，将传统技艺进行推广。可喜的是，目前青州市井塘村已通过录像、录音等方式整理出一套传统技艺的保护方法，并已着手应用于民居建筑保护。

8. "低成本"抢救，最低限度干预

综观当今我国传统民居的保护举措，更多的是自上而下、由外到内进行，以政策、行政管理、技术等为支撑，保护往往滞后于发展，问题背后的核心其实是资金问题。资金不足是硬伤，是传统民居保护和发展的最大阻碍，但濒危文化遗产的抢救却经不起任何的迟缓和拖延，应积极地寻找、实践低成本抢救的办法。事实上，鲁中山区传统民居的就地取材就是一种适宜的、生态性的低成本技术。过去在没有建筑师参与的情况下，将民居建造成冬暖夏凉的房屋，且能长期处于一种稳定或接近稳定的状态，证明这种技术是应对该地气候变化、适应周围环境的一种简单有效之法。在目前经济基础薄弱的现实条件下，可通过村民自治，组织当地有经验的工匠，以低成本技术实施抢救性保护，这是特殊时间段对民居保护的较客观的举措。鲁中山区传统民居侥幸得以保存得益于"落后"，最大的功劳应归功于早期低技术的采用及最低干预手段。低技术增加了传统民居的适应性，最低干预延缓了文化遗产的毁失。《准则》明确规定："凡是近期没有重大危险的部分，除日常保养以外不应进行更多的干预。"随着当地传统村落名录的进一步落实，抢救大量的濒危传统民居已成为显性工作，采取的保护措施应以尊重建筑的核心价值为基础，以最低干预原则实现其特有的生态效益。

6.2.2　鲁中山区传统民居建筑再利用策略

当今，传统民居建筑的再利用多采用功能置换模式。功能置换是传统民居根据新的功能需求，在不影响建筑风貌的前提下，将原有功能呈现衰退的建筑空间通过整改或局部调整，使原有功能转变为适应现代发展的新功能。

传统民居功能置换定位及市场运营通常以原址利用、扩大利用、转换利用、主题利用四种方式进行，一般将原有传统民居建筑空间改造为餐馆、民宿、博物馆、商铺等，通过功能置换使传统民居具有或适应新的使用功能，实现在新时代的新价值。鲁中山区传统民居再利用应遵循多元化、人性化和可持续性的原则，在强调经济效益和社会效益的前提下增加体现文化内涵的功能类型，在保护的基础上充分发挥传统民居的经济价值、文化价值和社会价值。

1. 利用原有建筑功能，对民俗文化和原生活方式进行还原

鲁中山区民俗和民间手工艺种类多样，纺织、冶铁、石刻等传统手工艺技术

代表着农耕时代的生活方式，是鲁中山区传统村落历史文化的重要组成部分，春节传统习俗则代表着当地的礼仪文化，颇具地方特色。通过挖掘、保护和创新各种民俗文化产品，使产品之间建立相互补充、相互强化的结构关系，从而增强鲁中山区传统村落的整体竞争力，既有效维护当地的非物质文化，又能够促进当地村民收入增加，实现乡村产业结构调整和保护传承的双赢（温莹蕾，2016）。

（1）还原当地文化空间的功能属性

以地方文化空间为载体，集中恢复并展现当地的民俗文化活动，如家族文化、岁节文化、宗教文化、礼仪文化和日常生活民俗文化等。通过还原其承载的非物质文化，突出文化空间的功能属性。如恢复传统村落学校的教育功能，使之成为传统村落教育展示的活动场所；结合寺庙、文昌阁、魁星楼、祠堂等空间，展示宗族文化活动。例如，朱家峪村的"朱氏家祠"，其构建元素与建筑形式不仅精美且寓意深远，祠门正上方镶嵌有"七星图"，顶部镶嵌"五元相生"，照壁中央镶嵌"八方进宝"等吉祥图案，每幅图案都具有美好的寓意和对后人的启迪教化之意。每年农历正月初一，朱氏后代都会聚集祠堂，祭拜祖先，"非敢谓光前裕后，实不忘报本追源"，以此激励后人不断进取。

（2）打造地方文化空间的产品体系

鲁中山区传统村落手工艺资源丰富，且富有特色，可利用传统民居闲置资源发展乡村手工艺产业。以家庭作坊为主体，建立乡村手工艺合作社，鼓励村民回乡从事传统手工艺劳动；在手工艺资源突出的村落，强化地方品牌建设战略，形成既保护地方文化遗产又使村民获得良好收益的发展局面；高校相关专业、设计机构与村落建立科研协作，利用专业优势帮助村民开阔产品创新视野；通过对传统村落历史资料的收集整理，在主要街道两侧布置与当地日常生活密切相关的作坊店铺，如豆腐作坊、煎饼作坊、葫芦作坊、黑陶作坊及木匠铺、铁匠铺等，通过空间载体与民间文化的互动获得村落旅游者的体验热情与文化认同，提升村民对传统民俗文化的尊重与自信。

2. 艺术介入闲置空间，为盘活传统民居提供有效途径

艺术介入传统村落是利用当地传统工艺、媒介和文化内涵，通过艺术家和设计师的理念融合和参与，使闲置传统民居成为在现代社会中可循环、可对话，且充满活力、宜居、有艺术氛围、有人文内涵的生活空间（方李莉，2017）。艺术介入传统村落，能使艺术更广泛地介入村落的日常生活，可盘活大量闲置的传统民居，使更多的村民加入非遗手工艺的保护和传承中，提升传统村落的文化品位和品质，让传统村落重新焕发生命的活力。

艺术介入乡村带动当地旅游业发展的优秀范例有许多。例如，日本的越后妻

有大地艺术节、日本濑户内海国际艺术节、芬兰菲斯卡（Fiskars）艺术村等，其中日本越后妻有大地艺术节最为著名，它由一批来自世界各地的艺术家发起，以"人类属于大自然"为主题，探讨现代与传统、城乡之间的关系。与在美术馆等室内空间举办展览不同的是，参观者必须在田野和村落中行走才能欣赏艺术作品，作品由艺术家与村民共同完成。经过十多年的运作，"大地艺术节"已成为激活乡村活力的成功案例，每年都吸引大批游客前来参观。

国内艺术介入乡村实践近十年才兴起，相关研究较为匮乏且滞后于实践，最近几年有渐增的趋势（王宝升，2018），著名的有浙江的乌镇项目、莫干山的高端民宿、渠岩的山西"许村计划"、广东的"青田范式"、安徽的"碧山计划"、贵州的"茅贡计划"、安徽的崔岗艺术村、宋庄艺术区等。以云浮市郁南县连滩镇兰寨村为例，村内明清建筑、文物古迹众多，甚至存有元朝末年瑶族先民遗留的古大屋、古围墙等。2012 年 10 月，广东和广西的高校以兰寨为南江文化创意基地，打造面向全国高等美术院校的教学实践基地和写生基地。目前，国内已有许多高校与兰寨村签订了教学实践基地共建协议，兰寨村已成为广东传统村落艺术活化的典型。再如，东莞市万江区的下坝村是珠三角地区保存较好的传统村落，拥有明晰的岭南水乡格局及众多明清历史建筑，该村村民已走出一条"艺术＋创意＋时尚"的古村落活化之路。在东莞文艺青年们的自发组织下，下坝村已成为一个集创意、设计、休闲、艺术于一体的生活街区，成为东莞最流行、最时尚的休闲场所，被称为东莞的"798"。

鲁中山区传统民居建筑质朴稳重、独具特色，一些村落的旅游商业发展模式取得了一定成效。但从目前的状况来看，鲁中山区传统民居并没有得到有效的利用，大部分村落的老屋依然在减少，闲置的传统民居持续增加，多数传统民居由于资金缺乏得不到修缮，只能任其孤立、静止、荒废。传统民居作为传统村落保护工作中的重点与难点，只有完整地保护好它，传统村落才能得到活化利用。这是一项长远的、系统的规划和工程，需要政府、村民及社会各界力量的共同参与和努力。

传统民居闲置空间的再生是求得瓦全的方式之一。以艺术为媒介，通过政府的推动和资本的驱动进行旅游空间生产具有现实的可行性（王娟，张广海，张凌云，2013）。以泰安市岱岳区大汶口镇山西街村为例，该村目前保留明清民居 26 处，两处国家重点文物保护单位（大汶口遗址、大汶口明石桥），一处省级文物（山西会馆），多数传统民居处于自然颓废和闲置状态，更有部分新建筑对村落格局和风貌形成威胁。2016 年某公司取得复兴古镇的建设权后，经过三年的深度调研，确立了 80％的老建筑保留，20％的老建筑改建的原则，在完整保留古镇原有的自然村落肌理的基础上进行艺术化创新，将原有的村落民居建筑整合打造成高档民宿、酒铺、茶馆等，其中乡奢艺术酒店包括12间院落式精品酒店、22间客房、一所儿童主题美术馆、一处文化中心展厅，并有中西餐厅及咖啡厅配套服务设施，满足了不同人群的入住需求。

艺术介入传统闲置空间是创意产业与传统生产方式、民俗民情、岁节活动和日常文化共存的结果。面对大量传统民居的闲置，只有有效解决传统生活方式与创意产业经营之间的矛盾，解决传统民俗活动与创意产业活动之间的矛盾，才能使艺术的介入带来经济效益，使传统空间从"输血"模式走向"造血"模式，以"空间的生产"逐步取代原先"空间中的生产"（陈燕，2017）。

3. 适度改造部分民居，打造精品生态民宿

民宿开发是在结合乡村文化、自然环境、建筑特色和生产生活方式基础上，将闲置资源空间转化为文化体验型商业性住所的保护性开发行为（朱专法，马天义，2017）。发展民宿要注重传统村落的文化基础和物质环境的保护，可通过民宿改造修缮传统民居建筑，恢复村落街巷肌理，传承村落非物质文化遗产，使传统村落焕发生机，获得复兴与发展。

浙江莫干山民宿改造是传统民居功能转换的经典案例。其按照"修旧如旧"和保留手工痕迹的思路，根据现代人休闲度假和怀旧的需求，通过设计、加固、扩建、改良等艺术与技术的介入，营造出具有乡村氛围的原生态居住区。这种方式既避免了传统民居拆迁和重建的风险，又赋予传统民居新的活力，使空间得到很好的利用。浙江丽水松阳"柿子红了"民宿，与村落自然景观相融合，以当地特色作物"柿子"为切入点，将外部石墙元素延伸到室内，与"柿子"相呼应，体现乡村的自然气息。

笔者数次调研，发现在旅游项目资源储备较好的鲁中山区，游客多数以观光式旅游为主，少有游客在村内住宿，即使到旅游旺季，游客也多选择在离景区较近的城区居住，形成了村落里白天人数较多、夜晚人走荒凉的景象。导致这种局面的原因一是村落内无住宿条件，游客只能离开，二是夜晚缺少游客体验项目，白天已将能看的全部看完。如果利用大量闲置的传统民居，就可以有效解决旅游者的住宿问题，增强乡村旅游的承载力，提高当地村民的就业率，改善村民的生活条件。

可喜的是，鲁中山区部分传统村落已进行初步尝试并取得了成功。如淄博市上端士村，当地政府依托石头资源和生态环境优势，开发了特色民宿40余间，农家乐两处，建成民俗博物馆、民宿体验馆等多处，每年吸引10余万游客来这里体验农家生活。这些由民居改造而成的民宿客栈不仅带动了贫困户脱贫致富，

而且成了景区的一大特色。再如，沂南县常山庄村原是一个贫困村，村内有传统闲置民居350多座，地方政府依托"红色"村落风貌和"绿色"山地生态，以沂蒙精神、红色文化为核心价值观，将该村逐步打造成山东省乡村特色旅游示范区、红色影视文化的"根据地"，每年慕名而来的游客近百万，实现年旅游收入6000万元。短短几年的时间，村民人均收入由2009年的5600元提高到2015年的30000多元。这是把闲置资源转化为财富的现实案例。

4. 通过功能置换，发展"生态养老"

传统村落在历史变革中呈现的"空巢化"、闲置化虽是现实，但其蕴含的精神价值和物质价值却不会磨灭。现代大工业生产带来的环境问题使与自然和谐共生的传统村落成为稀缺的环境资源。通过功能置换，妥善安置老年人在传统村落颐养天年，既能缓解老无所居的社会问题，又能让传统村落资源获得再生。

在传统村落发展"生态养老"具有多方面的优势：其一，乡村拥有大量的可用资源，不需要重新征用土地进行基础建设，政府避免重复投资，这是经济上的优势；其二，乡村地广人稀，可以提供足够的养老空间，这是容量上的优势；其三，乡村环境各异、景色优美，在养老服务上可形成"一村一品"，满足不同老人的差异性需要，提供高质量的养老环境与服务，这是质量上的优势；其四，乡村生活比城市生活更容易实现低碳环保，许多资源可以循环再利用，这是绿色环保上的优势；其五，乡村养老产业可以吸引更多的青年人回乡工作，减轻大城市人口膨胀的压力，这是可持续发展的优势（肖涌锋，张传信，2016）。

近年来，我国由民众自发组织的传统村落养老基地逐渐形成，如浙江省长兴县顾渚村、北京市怀柔区田仙峪村、北京市门头沟区马栏村等，其中最著名的是被称作"上海村"的顾渚村。顾渚村位于浙江省长兴县东北，太湖西南，因靠近顾渚山而得名。1997年，几位上海人在顾渚村创办了一家康复疗养院，吸引了不少上海人来此疗养。随后，顾渚村的知名度不断提高，来此地疗养的人也越来越多。如今，顾渚村已发展成为长三角地区中老年人旅游养生的首选胜地。

开展"生态养老"的宗旨是为老年人打造舒适的旅居环境，这就需要配备优质的软硬件设施，硬件诸如丰富的旅游资源和完善的基础设施，软件诸如社区服务、社区文化等，鲁中山区的部分传统村落在这两方面条件都已具备。鲁中山区属于暖温带湿润气候，自然生态环境优美。该地区植被覆盖率达到60%以上，个别地方达到90%以上，如泰山、鲁山、徂徕山、鹤伴山等。近年来随着交通、通信等基础设施的改善，旅游业快速发展，吸引了更多的海内外"银发驴友"前来旅游、休闲和度假，在生态养老方面具备一定的优势。山区有茂密的森林、丰沛的水源，适合开展符合老年人身心健康的各项体验活动；同时，山区传统村落内大量的闲置民居可以通过各种方式租售给城市里的老人，相比于城市的消费水平，可以降低养老成本。

生态养老实质上是一种宜居型的社区建设，包括住宿环境、餐饮环境、文娱环境、交通环境、游览环境、购物环境等生活环境的建设。这种以舒适度为宗旨的养老村建设从一开始就会避免景区式开发建设，不需要为游客建设大量宾馆酒店和游玩设施，从而可以避免那些不符合传统村落风貌、破坏传统村落文化氛围的建设项目，既能抑制游客数量，也能防止传统村落被过度开发。利用传统村落闲置资源发展生态养老，必须做好以下几点：一是老年人是特定群体，在山区发展生态养老，必须做好老年人的医疗保健和后勤保障工作，建立必要的医疗设施和保障场所；二是不同的老人生活阅历、爱好和习惯不同，要"因人施养"，不断改进日常体验内容，丰富生态养老的内涵，满足不同老年人的生活需要；三是以书法绘画、民俗艺术等满足老年人对高雅文化的追求，不断提高养老群体的生活品质，增加生态养老产业的附加值（孙瑞，2016）。

生态养老模式需要从建设基地、养老群体、政府、开发商四个方面共同构建。第一，由开发商起到引领作用，为"养老村"提供资金、管理和运营方面的支持；第二，传统村落作为"养老村"的建设基地，提供传统民居、基础设施、环境空间和当地村民等基础保障；第三，作为"养老村"服务对象的养老群体，可以从养老设施、个人需要、医疗保健和日常服务等方面提出要求，促进"养老村"建设与服务的完善；第四，地方政府在政策和资金上提供支持，并建立长效运营监管机制，成为"养老村"稳定发展的坚实后盾。

6.3 典型传统村落民居保护与再利用设计示范性探讨——以济南市莱芜区逯家岭村为例

6.3.1 逯家岭村古村落概况

1. 地理位置

逯家岭村隶属济南市莱芜区茶业口镇，位于莱城东北 55km、镇政府驻地东北 12km 处，东界博山，西邻上法山，北靠卧云铺村，南接双山泉和东圈两村，地理坐标为东经 117°44′59″，北纬 36°30′40″，占地面积 712 亩。逯家岭村海拔高度约 630m，悬崖最高处垂直高度超过 100m，在当地有"冲了泰山顶，冲不了逯家岭"的民间谚语。因整村依山建在悬崖之上，故又被人们称为"悬崖上的村庄"。村内现有住户 231 户，全村在册人口 300 多人，常住人口 100 多人，多数在外打工。逯家岭村对外只有一条主要的通道，也就是当地政府近年倾力打造的"一线五村"项目，即通过一条主线将沿途下法山、中法山、上法山、卧云铺、逯家岭五村串联起来，形成具有地域文化特色的旅游风景区。

2. 逯家岭村历史沿革

逯家岭村历史文化悠久。据《逯氏谱》记载，明永乐末年逯姓迁此建村，因村址选在岭顶，故名"逯家岭"。清康熙《莱芜县志》记载："石城保·逯家岭"。该村 1940 年由章丘办事处管辖，1941 年划归莱芜，同年 5 月又划至莱芜七区，即雪野区，1942 年下半年部分归淄川县管辖，1946 年 2 月又回归莱芜茶业区，1950 年划为法山乡，1958 年人民公社成立，逯家岭村属茶业公社，1986 年又归茶业口乡，2001 年开始由茶业口镇管辖。

逯家岭地势险要，交通闭塞，对外联系极为不便，基本处于与世隔绝的状态。由于该村过去富裕户较多，时常有盗匪来村抢劫，为防匪患，清朝咸丰年间，村民齐心协力在南岭的要道上修建起一处要塞，并彻夜轮流把守，土匪数次打劫都未得逞，村寨至今仍保留完好。

出村北行几百米便是古齐长城重要的关隘——风门道关的所在地。战国时期，这里是齐国和鲁国的分界处，现在则是博山和莱芜的分界处。如今高大的城楼早已不复存在，只有一块"全国重点文物保护单位"的石碑立于此处。村西头仁立着一棵有着 400 多年历史的古槐，被村民称为"老三"。据说，逯家岭在立村之时栽下了四棵古槐，现今仅存这一棵，历经数百年风风雨雨，大树依然枝繁叶茂，成为村子古老历史的见证（图 6-9）。

在逯家岭和卧云铺之间的摩云山脉有一片建于元朝的古梯田群，规模宏大。所有梯田都修筑在山坡之上，是逯家岭的先人们用青石垒砌而成的。随着四季交替，梯田群会呈现不同的景色，在茫茫森林的掩映中，在漫漫云海的笼罩下，构成神奇壮丽的景观。现在许多梯田已不再耕种以致荒废，但梯田整体仿佛是一部保存完好的巨型史书，直观地展示了山区先民自强不息的漫长历史。

6.3.2 村落整体空间格局

逯家岭村所处的地理环境决定了其很难形成类似平原地区的面状布局，而是依附山

图 6-9 古槐

势形成线性分布；整体空间格局并非严谨的几何网格，而是建筑群落之间比较自由。通过图底关系将村落中的建筑定义为实体空间，街巷、空地等由建筑边界形成的空间定义为虚体空间，黑白对比的形式显示了古村落的空间肌理（图 6-10）。由于近期新修的道路顺延山体贯穿村落北部，形成新街贯穿老街的路网体系。村落正中两条东西长 500m 多的石板老街穿村而过，依次与支巷相交，贯通南北，满足了村内居民利用线性街道节点进行交往活动的需求（图 6-11）。

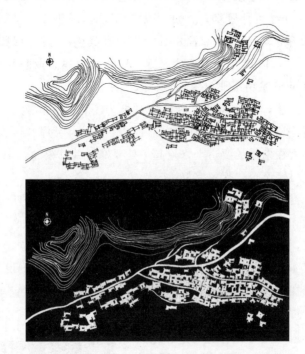

图 6-10　村落空间图底关系示意

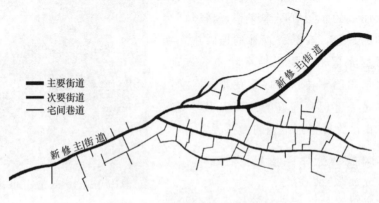

图 6-11　村落街巷分布示意图

与多数山区村落一样，逯家岭村的街巷也采用青石板夹杂少量碎石铺就，街道一般较窄，最宽处约为 5m，窄处仅 2m 左右，这种街巷形态方便村民每天步行挑水、出行和从事农事劳动等日常活动。两条老街几乎平行贯穿东西，街旁房屋以石头垒砌，北高南低。当地人过去将街北和街南称为上院和下院。走在村中的石板路上，穿过一段台阶，转而是一条狭长的街巷，房子建在山上，依着山势，房檐与街巷几乎齐平，充分体现了房随路走、因势而为的空间布局（图 6-12、图 6-13）。

图 6-12　村落街巷铺装　　　　　图 6-13　街巷两边的民居建筑高差

6.3.3　村落传统民居遗存状况

逯家岭村同其他传统村落一样，经过数百年的演替，传统民居遗存状况存在着一些问题。一是传统民居建筑损毁严重。由于传统民居大多荒废多年，许多石屋、围墙、庭院严重损坏，房屋倒塌，杂草丛生，满目荒凉，那些具有深厚地域韵味的"石头文化"正趋于消失（图 6-14、图 6-15）。二是村落整体风貌和空间格局遭到破坏，新建民居材质与石砌民居极不协调，石屋、砖房、水泥房混合交错，失去了原有的建筑风貌和文化底蕴。三是一些具有地域特色的建筑小品不断流失，如石磨、石碾、石桌、石槽等，大部分已不复存在，原有景观环境的韵味在慢慢消逝。

造成这种局面的原因很多，可以概括为三点：一是保护的思想意识模糊。地方干部群众尤其在早期阶段，对村落历史文化资源的稀缺性和不可再生性认识不足，村落民居建筑没有得到有效保护，"拆旧建新""废土替洋"使传统民居遭到肆意破坏。二是人口流失、资金不足。逯家岭村多数院落已无人居住，大量村民外迁，人去屋空，"空心化"现象明显，民居自然损毁严重。村内居住者多为老年人，无论资金还是人力都异常薄弱，民居得不到及时修缮，逐渐沦为破败的遗址。三是规划滞后，政策法规不健全。在"旧村改造"过程中，对村落的规划不科学、不到位，乱拆乱建、急功近利、无序开发是村落环境退化的主要原因。另外，保护和发展的相关政策、法规和制度还不健全，尚未形成科学完整的政策法规和制度体系，无法在监督与管理中做到切实的有据可查、有法可依（庞郡，2017）。

图 6-14　杂草丛生的院落　　　　　　　图 6-15　坍塌严重的民居屋顶

6.3.4　传统民居再利用的 ASEB 栅格分析

ASEB 栅格分析法针对由体验型消费引发的问题而设计，是一种新型的以消费者需求为导向的市场分析方法，它将消费者的体验纳入分析范围，从消费者的角度对项目的各种情况进行分析，对于分析体验式消费引发的问题有很好的针对性。与传统的 SWOT 分析方法相比，ASEB 栅格分析法更重视消费者的体验和客户的需求，注重从消费者的角度对项目的各种情况进行分析。这种分析方法不仅使传统的 SWOT 分析变换了分析角度，而且有利于对采取体验式营销方式的项目进行分析，通过站在消费者的立场和采用"换位式"思考模式，将分析者的主观性影响最小化。可以说，ASEB 栅格分析法是对传统分析方式的完善与提升。

1. 分析方法

ASEB（Activity，Setting，Experience，Benefit）栅格分析法是将曼宁-哈斯-德赖弗-布朗（Manning-Hass-Driver-Brown）需求层次中的不同要素与分析中的不同要素相互对应结合，按顺序从 SA（对活动的优势评估）到 TB（对利益的威胁评估）对行列交叉组成的 16 个单元依次进行分析（表 6-3、表 6-4）。该分析法从消费者的角度将活动、环境、体验、利益与优势、劣势、机遇、威胁几个方面结合进行分析和评估，充分体现了消费者体验的个体行为，在此基础上对项目进行策划与改进，以更好地满足消费者的需求。

表 6-3　曼宁–哈斯–德赖弗–布朗的需求层次

需求层次		传统村落
第一层次：活动		提供乡村空间体验与功能服务空间
第二层次：环境	A. 自然环境	环境优美，景色秀丽
	B. 社会环境	邻里之间和睦相处，民风淳朴
	C. 管理环境	私密性好，井然有序，安静安全
第三层次：体验		自然风光、民俗体验、农事体验、审美体验等
第四层次：利益		休闲度假，领悟地域文化、乡土文化等

表 6-4　ASEB 栅格分析法矩阵

要素	活动（Activity）	环境（Setting）	体验（Experience）	利益（Benefit）
优势（Strengths）	SA	SS	SE	SB
劣势（Weaknesses）	WA	WS	WE	WB
机遇（Opportunities）	OA	OS	OE	OB
威胁（Threats）	TA	TS	TE	TB

2. 分析内容

在现状分析的基础上，结合实地考察及对游客的随机访谈，总结出逯家岭村传统民居 ASEB 栅格分析法矩阵表（表 6-5）。

表 6-5　逯家岭村传统民居 ASEB 栅格分析法矩阵

要素	活动（Activity）	环境（Setting）	体验（Experience）	利益（Benefit）
优势（S）	1. 村内传统民居分布相对集中 2. 石砌民居保存较好，利用率较高 3. 建造成本较低，隔热保温性较好 4. 村内生活、生产组织形态良好 5. 废弃石料可进行回收复建	1. 山村依山而建，古朴静美 2. 生态环境良好，旅游资源丰富 3. 传统村落风貌保存完好 4. 位于绝壁之上，地势险要，风光旖旎 5. 独具地域特色的旅游观光景点	1. 每年有大量游客前来摄影、探险 2. 迎合游客需求，提升旅游体验 3. 石头文化体验 4. 梯田文化体验 5. 视觉审美体验 6. 民俗文化体验 7. 农事体验 8. 研学教育体验	1. 增加村民收入，推动乡村经济发展 2. 闲置资源得以利用，使传统村落得以活化发展，传统村落的知名度得到提升 3. 体验者可获得亲近自然、放松心情、获取知识、康体健身等多样感受
劣势（W）	1. 石砌民居老化问题严重，安全系数较低 2. 室内空间狭小，通风、采光较差 3. 墙体出现裂缝、石块剥落 4. 屋顶、墙体塌陷严重 5. 缺乏地域品牌	1. 基础配套设施存在"短板" 2. 受季节性限制，冬季游览人数较少 3. 宣传力度不够，游客多为近郊或周边人群	1. 对地域文化特色挖掘不够深入，难以形成完整的、全方位的体验 2. 村落景点碎片化程度较高，观赏性不强，难以形成长期、有效的吸引力	1. 粗放式开发经营，使体验者心情愉悦程度受到限制 2. 体验者的背景差异和个性化需求影响到利益评价

要素	活动（Activity）	环境（Setting）	体验（Experience）	利益（Benefit）
机遇（O）	1. 被列入省级"乡村记忆"工程 2. 被评为省级传统村落 3. 作为范式标杆打造旅游景点 4. 乡村振兴战略	1. 省政府把该村作为"一线五村"的节点加以建设 2. 有利于保护传统民居，减缓衰败速度 3. 整合资源优势，增强民众审美体验	1. 传统村落是优秀的文化遗产 2. 国家政策支持当地群众从事餐饮、住宿等经营服务 3. 政府资金和社会资金的有序介入	1. 闲置资源的利用和盘活将使传统民居变废为宝 2. 发展民居将带动地域历史文化的普及 3. 增加村落的客流量
威胁（T）	1. 来自周边同等村落的同质化竞争 2. 现代与传统的矛盾 3. 个体经营者与原住村民的矛盾	1. 周边同等景区资源环境的竞争 2. 游客数量对村落民宿接待能力的考验 3. 村落基础设施难以得到保障	1. 缺乏游客体验的需求标准落实，导致个体体验评价差异较大 2. 游客数量的不可控性 3. 村民参与度较低，得到的相应收益份额较少	1. 个体经营收益不平衡，引起发展过程中的矛盾和冲突 2. 民宿同质化的增加将导致村落民居原真性的缺失

3. 结论

通过以上分析可知，逯家岭村有良好的自然环境和人文历史背景，在传统村落民居发展乡村旅游和民宿方面潜力较大，但因对村落历史文化资源的稀缺性和不可再生性认识不足，以及缺乏有效的法规和组织规划，地方政府和村民对传统民居建筑的保护意识缺失，使传统民居的保护和发展呈现出相对无序的状态。随着乡村振兴战略的实施及省、市、区等各级政府对乡村发展的重视，逯家岭村正面临着前所未有的发展机遇，但当地石砌传统民居的普遍性、缺少地域品牌特色及个体体验的不可控性也给传统村落的发展带来一定的限制。

通过 ASEB 栅格分析可以看出，逯家岭村要想在周围同质化的竞争中胜出，必须以发挥优势、补足劣势、抓住机遇、避免威胁为原则，在传统村落总体规划中统筹规划，合理布局，积极构建体验环境。由曼宁-哈斯-德赖弗-布朗（Manning-Hass-Driver-Brown）需求层次的四个方面出发可得出以下启示，用于指导传统民居建筑的再利用设计。

（1）以组织活动为手段

活动体验是游客感受乡村特色资源的主要方式。逯家岭村应利用地域特色和政策优势，在特色主题的引领下，通过组织丰富多彩的乡村活动增强游客的参与性和互动性，实现传统村落从单一的视觉观赏向多元的动态体验的转变；在保护与传承的基础上，大力发展乡村旅游和观光农业，设置体验区或旅游观光景点，满足体验者不同层次的需求，使之形成深刻的记忆并获得良好的收益。

（2）以环境保护为基础

逯家岭村优越的自然环境资源是其最鲜明的特点和最突出的优势，在传统民居改造利用设计中要以尊重自然、尊重人文的态度，不对地方自然环境及空间肌理造成破坏，以最贴近当地环境的方式设计民宿，充分保护好原生态环境，解决好现代与传统融合的问题。

（3）以参与体验为导向

根据游客参与和融入的程度，可将传统村落体验分为石头文化体验、视觉审美体验、民俗文化体验、研学教育体验等，积极引导游客通过各种形式获得多种体验和感受，增加其对传统村落景观的整体感知和深刻记忆，而不是走马观花，浏览人为设计的景点。

（4）以增加利益为目标

传统民居闲置资源的利用和盘活是一项长期而艰巨的任务，盘活的目的是实现村落的多方面收益，因此应合理协调环境、生产和生活的关系，从村落主体的需求出发，实现乡村利益的最大化。逯家岭村作为济南市莱芜区茶业口镇实施的"一线五村"重点项目的组成部分，应深挖自身特点，结合乡村振兴战略，抓住时机、大胆创新，找到村落保护与发展同步并举的途径，使古村落重新焕发生机和活力。

6.3.5 传统民居建筑再利用实践探索

在逯家岭村整体保护发展规划中，传统民居建筑的再利用是焕发村落生机和活力的重要途径。由于村民出外务工或向外搬迁增多，传统民居闲置现象严重，许多院落凋零破败。而对于还生活在村内的人们来说，冬季室温低，缺少供暖、取水不易、舒适度差等都是亟须解决的问题，加之该村已是当地政府投资的"一线五村"重点项目的重要节点，对逯家岭村的基础设施及室内空间环境进行改善显得尤为迫切。在调研过程中笔者结合村民意愿选取了一户院落进行民宿改造设计，希望在保护传统民居自然状态的前提下解决外来游客的基本需求问题，以期成为改造示范案例并进行有效推广。

1. 项目概况

项目选择了位于逯家岭村古村落中央、古街道路北一处沿街的四合院民居（图 6-16）。四合院大门建在东南角，院落南北方向较长，占地面积约 280m²。由南至北依次有倒座、庭院及厢房、主屋，建筑面积约 200m²。建筑原屋面为双坡硬山覆草屋面做法，屋面构件除倒座外均已腐朽损毁。正房为四间二层，底层较矮，二层设计有月台和石栏，属长辈居住，东西厢房各为三间，属晚辈居住，倒座屋门开在古街道上。建筑外墙均为石头砌筑，下部采用整块条石，有的条石长达 2m，基础牢固，上部用毛块石砌筑至屋檐，墙体保存较好（图 6-17）。

图 6-16 项目位置

1	2
3	4	5
6	7	8

1. 庭院
2. 民居外观
3. 鸡舍
4. 月台
5. 南屋台阶
6. 破损的西屋
7. 院落入口
8. 院落入口局部

图 6-17 传统民居院落现状

2. 项目场地分析

该项目距离村委会约 80m，距村中遗存 400 余年的古槐树不到 30m。院落南侧为古街道，东侧为大面积损毁的房屋，北部为一处废弃的民居，仅在西侧有一户村民仍在居住。项目紧邻街道，交通便利，为本案提供了良好的动线空间。

3. 设计思路

本项目设计的目的是将现有闲置的传统民居改造成民宿，通过功能转化实现老建筑的再生。以"旧瓶装新酒"的形式将原有功能进行替换，除满足游客基本住宿条件外，还为游客提供餐饮和公共休闲空间，以多样化服务满足游客需求。通过"以点带面"的发展思路进行有效的规划，以期起到宏观指导的引领作用。整体设计思路是保留原有建筑特色和部分生活痕迹，结合游客对现代生活的功能要求进行改造设计，注重提高建筑结构的安全性和居住空间环境的品质。改造设计还要考虑本项目对村落整体环境的影响，即能否带来可复制性效益，提高传统村落民居改造的建设价值。

4. 民宿改造设计

（1）建筑外立面和屋顶改造

传统民居外立面的改造设计可有效地吸引外来游客和满足游客体验需求，是体现传统民居外立面艺术价值与文化价值的重要依据。由此，对外立面的民宿改造，不能仅仅满足功能和形式美感上的需求，而应将游客与体验互动结合，使设计细节与整体风貌具有足够的吸引力，满足游客的审美文化及消费文化需求；注重建筑与周围环境的相互协调，并在此基础上寻求建筑本身的特色表达，特别是客房采光与观景需求方面的设计，不仅要满足采光、通风及观景需求，还要兼顾建筑立面色彩的和谐统一。

通过课题组现场测绘获得的一手资料，根据建筑外立面的基本造型及相关构件损坏状况，对现存石砌民居进行修复处理，并对已损坏的建筑构件进行更新，做到"修旧如旧"；在保证开间和进深延续传统基本模数的情况下，适当对内部建筑空间做出功能调整；在不破坏建筑原貌及立面材质的基础上，运用传统技艺对建筑外立面进行修缮，主要包括对坍塌墙体采用回收材料重新砌筑和加固，更换屋顶结构和材料（图 6-18、图 6-19）。

1）墙体砌筑加固可在墙面内部采用钢筋网砂浆面层和构件加固相结合的方法。钢筋网砂浆面层能够提高石材墙体的抗剪强度，解决山区石砌墙体承载力不足尤其具有优势。构件加固是在原建筑结构基础上适当增加梁柱，以分担墙体承载，提高传统民居的抗震性能。

图 6-18 外观改造后的效果图

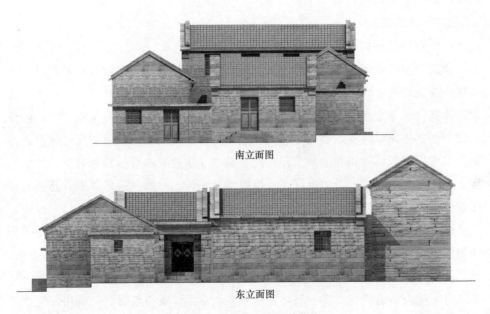

南立面图

东立面图

图 6-19 立面改造后的效果图

2）原屋架结构多采用木框架，易腐朽。现采用竹基纤维复合材料替代传统的木框架结构，新材料承载力强、重量轻，可以减轻屋顶的重量和墙体压力。屋顶覆盖灰色板瓦，以适应村落的整体风貌。

（2）庭院空间改造

传统民居庭院往往是多种功能集合的空间，具有单一和复合功能的空间特征，需同时容纳使用者的多种活动，包括交通流线空间、公共交往空间及休憩空间等。因此，在民宿庭院景观改造设计中，对原有功能的重新调整和划分显得至关重要，如增加休憩空间和私人交往空间等，通过对功能的重组满足人们休憩交谈和亲近自然的需要（图 6-20）。具体做法如下。

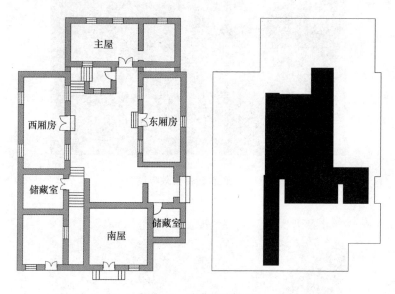

图 6-20　院落图底关系

第一，交通流线空间的改造做到导向明确、具体。院落入口为交通流线的起点，在入口内增加照壁墙。内庭院的交通空间设置以各房间的入口为落点，将主要流线布局在庭院两侧，庭院边角地带设置为小块菜畦或绿化，活化空间氛围。

第二，公共交往空间的改造宜布置在开敞、明亮的地方，布置原则要充分体现场所的公共性和可达性，便于旅客短时间集聚。庭院地面采用当地石板铺就，沿中间轴线设置石碾、石磨，增添景观小品。此外，在照壁两侧空间布置绿植和水体，增加庭院空间的自然要素。

第三，休憩空间的改造应保证一定的舒适性与私密性。该空间选择在庭院南部，设置石凳、石桌，供旅客休憩、交谈之用（图 6-21、图 6-22）。

（3）室内空间改造

传统民居改造的基本前提是满足游客住宿需求，但在改造时又不能完全按照城市酒店的标准加以衡量。因此，在进行传统民居改造时，室内空间设计一定要遵循本土化、地域化的总体思路，既要满足游客现代生活的需求，也要符合当代体验式旅游的主观诉求。因此，在民宿改造设计时主要从以下三方面考虑。

其一，结合地域特色，对民居建筑内部功能进行重新调整与创新，使空间布

图 6-21　庭院改造后的效果图（一）

图 6-22　庭院改造后的效果图（二）

局更合理，功能更符合居住要求（图 6-23）。布局内容主要包括：设置客房、餐厅、厨房、影音室、储藏室等空间，东厢房设计为厨房和餐厅，主屋二层设计为茶吧和书吧，南屋倒座设计为影音室，其他房间设计为客房；另外，将原西南角的杂物间改为对外公厕。

　　其二，结合现代生活需求，进行适用性改造。该院落空间狭小，室内空间改造不能完全按照城市住宅设计，而是要适当延续当地独具地域特色的生活方式，综合考虑现代设备的放置及能源的清洁和经济性，如现代卫浴设施及厨房电器的

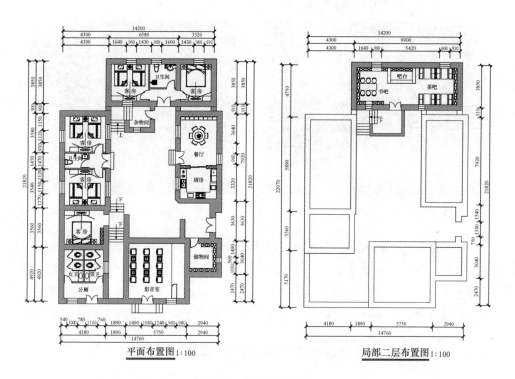

平面布置图1:100　　　　　　　　　　局部二层布置图1:100

图 6-23　室内平面布置

安置。整体设计风格采用新中式设计，力求简洁方便。建筑内部沿用当地传统屋面及梁枋结构，配以简约花格、雕花等传统中国元素，并保留原始墙面肌理，力求与室外建筑风格和谐统一（图 6-24～图 6-27）。

图 6-24　客房改造后的效果图

图 6-25　餐厅改造后的效果图

图 6-26　二层茶吧改造后的效果图　　　　图 6-27　影音室改造后的效果图

　　其三，营造民宿氛围，节约改造成本。民宿改造离不开乡土性，所以就地取材就成了民宿改造的优先选择，既节约造价又与当地环境相融合，让游客真切感受到土生土长的地域环境。室内用材以石材、木材和废旧环保材料为主，根据不同空间需求进行合理的色彩搭配，进而营造出修旧如旧、新旧对比的空间氛围。

6.3.6　传统民居建筑功能转换呈现的问题及解决思路

　　总体来讲，该项目的外在形态保留了当地传统民居的基本特征，究其原因，一方面结合了当地村民意愿，另一方面则是基于对传统村落整体风貌的考量。传统民居建筑在功能转换过程中呈现的问题是多方面的，主要有以下三点。

　　1. 原有功能与现代功能之间的矛盾

　　传统民居保护与再利用的主要矛盾是如何解决现代与传统的融合问题。传统民居再利用过程中需要运用现代设计思维与设施保障，这必然会对传统空间格局造成一定影响，但要想使闲置资源得以利用，使传统村落得以活化发展，将传统功能空间与现代创新意识有效结合是必须且必要的。现实路径只能将矛盾规避到最小，这需要正确的政策引导，需要摸清当地的环境特征、资源优势、文化遗产及生产生活方式等，提出符合地域特色和现代发展规律的设计思路。鲁中山区传统民居开间进深都较小，室内空间狭窄，一般适于家庭成员分散居住，而作为民宿，要满足住宿、会客、餐饮、接待、储藏等若干现代空间功能，简单的原住民生活条件显然无法满足游客的使用要求。所以，必须对室内空间进行功能转换和改良，让原有的民居空间释放更多的合理性和现代性。

　　本案院落布局上依然保持鲁中山区传统民居合院的形式，内部空间由于结构所限，进深和开间都不做改动，但功能划分重点进行了调整。正房、西厢房和原西南角的一间下沉式储藏室改造为五个客房，每间客房有独立的卫生间并安装空调。由于层高限制，为保证主屋一层客房和下沉式客房的采光通风要求，在庭院增设采光与通风井道。东厢房改造成厨房和餐厅，厨房现代设施完备，餐厅宽敞洁净，可以满足多人餐饮的要求。倒座的影音室与主屋二层的茶吧和书吧都配有现代化娱乐设施。本案的生活设施主要从功能性和人性化两方面加以解决，协调传统民居场所与现实需求之间的矛盾。室内装饰材料的选择主要以本土材料为主，不仅经济适用，而且与建筑及周边环境协调。家具陈设设计将具有鲜明地域特征的文化符号进行提炼、点缀，营造别具一格的地域文化氛围。

2. 传统民居保护与发展之间的矛盾

近年来，我国一些古村落在改造中出现令人痛心的损毁，甚至出现房子扒光、居民迁光、古树砍光的"三光政策"，对村落的传统风貌和历史文化遗存人为造成无法弥补的破坏。逯家岭村已延续了几百年，原始风貌保持至今实属不易，该村的传统民居保护与再利用，应在严格的监督管理机制下科学有序地开发，保护与发展中涉及的每一个环节都应与村落背景相适应。实现传统民居的原真性保护，至少要做到三个方面：一是维持村落整体格局；二是保持村落街巷尺度；三是延续村落建筑风貌。三者相辅相成、相互关联，只有同时满足这三个方面的要求，才能实现传统村落风貌和地域特色的保护和传承。

当然，一些人认为传统民居保护就是维持民居的原始状态，应避免任何人为性改变。这种保护观点是片面的，不符合时代发展的要求。事实上，传统民居的保护与发展并不矛盾，可以将两者统一规划、相互促进。例如民宿改造中，在不改变建筑尺度和建筑外观的前提下，重新划分内部使用功能，使民居的居住质量获得提升。作为特定时代的产物，传统民居的保护和再利用应为乡村的发展注入活力，为村民带来切实利益，因为原住村民才是利益的主体，这是乡村发展旅游的根本所在。要让原住村民参与其中，得到相应的收益份额，共同分享村落发展的成果，保持村落本真的生活状态。所以，传统民居保护和发展与村落脱贫发展不可分割，不仅要关注当地传统民居的抢救性保护，更要关注当地的民生。具体来说，要合理设置保护利用项目，科学整治村落格局，保障村落生态环境，加强村落的基础设施建设，实现村落文化的活化利用。

3. 传统营造技艺与现代技术之间的矛盾

从现实情况来看，当地传统民居营造技艺与现代技术存在一定的矛盾。传统的结构与功能无法满足现代要求，传统工匠在现有的施工队伍中也很难找到，而现代钢筋混凝土施工技术由于抗震性、耐久性强且建造工期短，普遍应用于乡村建筑建设。因此，本案运用现代技术适应传统民居构造的做法，是民宿技术改造的有益途径。

逯家岭村传统民居主要采用木构架与石砌墙体结合的承重体系，调查发现，当地民居石结构保存较好，但屋顶的木构架多已损坏。木构架受自身强度影响，承载有一定限制，容易腐朽和受到虫蛀，耐火性和耐久性也较差。本案采用了竹基纤维复合材料替代传统的木构架，这种材料具有强度高、低碳环保、耐候性好、阻燃、使用寿命长等优势，具有良好的力学性能，是替代木结构的理想材料。采用新材料建造的屋顶，其比例、尺度、构件大小均按照传统民居的形式再现。梁、檩等构件由厂家制作后现场装配，双坡采用钢筋混凝土，上覆瓦作，其余造型均遵循当地传统民居的形制。这种将新技术、新材料隐含在内部的做法既掩盖了传统民居结构上的缺点，又消解了传统技艺与现代技术之间的矛盾，体现了一种技术上的创新性传承。

6.4 小　结

本章首先从民居"空心化"、民居的安全性、村落的风貌丧失、传统技艺传承困难、资金投入不足、基础设施落后等几个方面分析了鲁中山区现存传统民居保护与传承面临的困境；然后依据综合评价分析提出了鲁中山区传统民居建筑保护策略，着重提出再利用策略，即通过还原原有建筑空间、艺术介入传统民居、将部分民居改造为民宿、发展生态养老等途径盘活闲置传统民居；最后以济南市莱芜区茶业口镇逯家岭村为例对传统民居保护和再利用设计进行了示范性探讨，通过对当地传统民居现状的 ASEB 栅格分析，分析了传统民居建筑功能转换中出现的问题，并提出了解决思路。

附录1 部分图片及表格资料来源

图片来源

图 2-1　改绘于汪丽君，2002. 广义建筑类型学研究——对当代西方建筑形态的类型学思考与解析 [D]. 天津：天津大学.

图 2-2　改绘于刘沛林，2011. 中国传统聚落景观基因图谱的构建与应用研究 [D]. 北京：北京大学.

图 2-3　王娟，张广海，张凌云，2013. 艺术介入空间生产：城市闲置工业空间的旅游开发 [J]. 东岳论丛，34（8）：66-73.

图 2-4　改绘于马云杰，2006. 文化社会学 [M]. 北京：中国社会科学出版社.

图 3-13　杜晓秋，2012. 鲁中地区乡村聚落的发展研究——以农业资源配置方式为基础视角 [D]. 北京：北京建筑工程学院.

图 4-3　于东明，2011. 鲁中山区乡村景观演变研究——以山东省淄博市峨庄乡为例 [D]. 泰安：山东农业大学.

图 4-21　http://blog. sina. com. cn.

图 4-53　http://www. naic. org. cn.

图 4-54　赵玉春，2013. 北京四合院传统营造技艺 [M]. 合肥：安徽科学技术出版社.

图 4-55　改绘于赵玉春，2013. 北京四合院传统营造技艺 [M]. 合肥：安徽科学技术出版社.

图 5-12　改绘于辛同升，2008. 鲁中地区近代历史建筑修复与再利用研究 [D]. 天津：天津大学.

图 6-3　改绘于林祖锐，等，2016. 传统村落空心化区位分异特征及形成机理研究——以山西省阳泉市传统村落为例 [J]. 现代城市研究，1：16-23.

图 6-8　欧阳国辉，王轶，2017. 中国传统村落活态保护方式探讨 [J]. 长沙理工大学学报（社会科学版），32（4）：148-152.

表格资料来源

表 3-5　李永芳，2002. 我国乡村居民居住方式的历史变迁 ［J］. 当代中国
　　　　史研究，9（4）：49-57.

表 3-6　于东明，2011. 鲁中山区乡村景观演变研究——以山东省淄博市峨
　　　　庄乡为例 ［D］. 泰安：山东农业大学.

本书中除上述标明来源的图片，其余图片均为笔者自拍或团队成员从调研中
获取。本书转载或引用的网络资源，包括文字和图片，如有遗漏或未予注明引用
来源的，请与笔者联系。

附录 2　调查问卷

问卷 1：传统民居保护与再利用实情调研

尊敬的女士/先生：

　　您好，我们是从事建筑环境设计的从业人员，今天想了解一下关于传统村落民居建筑保护和再利用情况，想知道您对这些问题和情况的基本看法。我们的调查采取无记名形式来保护您的隐私权，希望能得到您的支持与配合，非常感谢。

　　填写说明：请在选中的答案序号上画"√"。

1. 您的性别？

A. 男　　　　　　B. 女

2. 您的年龄？

A. 18 岁以下　　　　　B. 19～25 岁　　　　　C. 26～35 岁

D. 36～45 岁　　　　　E. 46～55 岁

3. 您的职业是什么？

A. 行政管理人员　　　　B. 个体经营者　　　　C. 当地村民

D. 公务员　　　　　　　E. 其他

4. 您的学历？

A. 研究生以上　　　　　B. 本科及大中专　　　　C. 高中

D. 初中以下

5. 关于传统民居建筑保护的问题。（可多选）

A. 传统民居建筑不可复制

B. 传统民居建筑应该保护

C. 传统民居建筑可以教育后代

D. 传统民居可作为旅游资源

E. 其他

6. 关于传统民居建筑改造的问题。（可多选）

A. 民居改造可以还原历史信息

B. 民居改造会破坏建筑原有风貌

C. 民居改造应根据当地经济状况量力而行

7. 关于传统民居建筑由谁出资维护的问题。（可多选）

A. 应由政府出资维护

B. 由产权所有者维护民居

C. 由房屋居住者维护民居

D. 采用其他维修方式

8. 在资金投入、重视程度、保护规划和宣传力度等方面。（可多选）

A. 资金不足

B. 政府不够重视

C. 对传统民居缺乏系统的保护规划

D. 宣传力度不够

E. 公众缺乏民居保护意识

9. 关于传统民居建筑维修问题。（可多选）

A. 应由当地拥有传统营建技术的工匠维修

B. 应由当地普通村民维修

C. 应由当地专家参与指导维修

问卷 2：您认为传统民居建筑存在哪些问题？

尊敬的女士/先生：

　　您好，我们是从事建筑环境设计的从业人员，想了解一下关于传统民居建筑的现状和存在问题，想知道您对这些问题和情况的基本看法。我们的调查采取无记名形式来保护您的隐私权，希望能得到您的支持与配合，非常感谢。

　　填写说明：请在选中的答案序号上画"√"。

1. 您对传统民居建筑遗产的概念了解多少？

A. 非常了解　　　　　　　　B. 比较了解

C. 不太了解　　　　　　　　D. 完全不了解

2. 看到原来的老房子被拆毁和破坏，您的感受是什么？

A. 气愤，并且做出个人努力去保护文化遗产

B. 惋惜，但无可奈何

C. 认同，觉得是为了经济发展做了贡献

D. 无所谓，与自己关系不大

3. 您对传统民居建筑状况不满的地方在哪里？（可多选）

A. 传统民居在现代化的生活设施方面存在局限，石砌房屋的防潮功能明显比砖混结构差

B. 石砌房屋从材料、工艺、工期等方面难度都超过了砖混结构的建筑

C. 民居的屋顶结构耐久性较差

D. 传统民居不利于通风采光

E. 消防设施较差，石头房民居空间较为封闭，未考虑到消防安全因素

F. 石砌房屋隔音较差

4. 您对传统村落中保留下来的民居建筑最希望的处理方式是什么？

A. 拆掉，腾空地新建　　　　B. 全貌保护

C. 维修再使用　　　　　　　D. 作为历史建筑供参观

5. 您认为传统民居建筑面临的最大问题是什么？（可多选）

A. 房屋结构出现安全问题　　B. 室内缺少现代化设备

C. 面积较小　　　　　　　　D. 冬天取暖问题

6. 您认为以下哪些问题是传统民居建筑建设中亟须解决的？（可多选）

A. 配套设施　　　　　　　　B. 通风采光

C. 消防抗灾设施　　　　　　D. 卫生条件

7. 您认为传统民居建筑营建技艺失传的原因是什么？（可多选）

A. 年轻人不愿意继承

B. 市场前景不好

C. 政府保护工作不够

D. 民众保护意识不强

E. 其他

8. 您觉得应该采取什么措施使传统民居建筑营建技艺更好地传承发展下去？（可多选）

A. 加大宣传力度

B. 政府加强重视，增加投资力度

C. 保护好非物质文化传承人

D. 培育新人

参 考 文 献

白艳玲，2016. 天津近代传统合院式民居遗存现状调查及保护对策 [J]. 现代城市研究，2：
　　120-125.

鲍志勇，2014. 文化生态学视野下传统聚落发展机制与保护更新——以红万村为例 [D]. 昆
　　明：昆明理工大学.

比尼亚斯，2012. 当代保护理论 [M]. 张鹏，张怡欣，吴霄婧，译. 上海：同济大学出版社.

车震宇，2017. 旅游发展中传统村落向小城镇的空间形态演变 [J]. 旅游学刊，32（1）：
　　10-11.

陈华新，卢珊，覃晓雯，2014. 博山古窑村民居建筑的研究与保护开发 [J]. 中华民居（下旬
　　刊），27：185-186.

陈燕，2017. 闲置空间再生中空间形态的演变——以精神经济学分析为基础 [J]. 东南学术，
　　3：171-176.

陈志华，2013. 北窗杂记三集 [M]. 北京：清华大学出版社.

程建军，孔尚朴，2005. 风水与建筑 [M]. 南昌：江西科学技术出版社.

杜晓秋，2012. 鲁中地区乡村聚落的发展研究——以农业资源配置方式为基础视角 [D]. 北
　　京：北京建筑工程学院.

方李莉，2017. 艺术介入美丽乡村建设：艺术家与人类学家的对话录 [M]. 北京：文化艺术出
　　版社.

费孝通，2011. 乡土中国 [M]. 北京：北京出版社.

冯维波，2016. 渝东南山地传统民居文化的地域性 [M]. 北京：科学出版社.

高梅，2008. 齐鲁地域建筑文化的继承与发展——章丘市朱家峪聚落乡土建筑研究 [D]. 西
　　安：西安建筑科技大学.

管岩岩，2009. 朱家峪古村落聚落形态浅析 [D]. 北京：北京林业大学.

桂涛，2013. 乡土建筑价值及其评价方法研究 [D]. 昆明：昆明理工大学.

郭慧，2014. 沂蒙山区乡村旅游产品规划研究 [D]. 济南：山东师范大学.

何冬冬，2016. 类型学视野下的徽州传统民居研究——以婺源县论川乡理坑村为例 [D]. 武
　　汉：武汉理工大学.

胡彬彬，2015. 当前传统村落演变态势堪忧——来自农村一线的调查与回访 [J]. 人民论坛，
　　6：64-66.

胡彬彬，李向军，王晓敏，2017. 中国传统村落保护调查报告 [M]. 北京：社会科学文献出
　　版社.

胡青宇，吕跃东，陈新亮，等，2013. 基于地域交叉视角的生土民居景观传统适应性研究 [J].
　　艺术百家，135（6）：227-229.

扈晓天，2007. 陕西关中地区农村住宅适用性设计研究 [D]. 武汉：华中科技大学.

黄丽坤，2015. 基于文化人类学视角的乡村营建策略与方法研究 [D]. 杭州：浙江大学.

黄永健，2013. 传统民居建筑空间的营造特征——以山东古村落传统民居空间形制为例 [J].
　　艺术百家，8：82-84.

霍华德，2010. 明日的田园城市 [M]. 金经元，译. 上海：商务印书馆.

冀晶娟，肖大威，2015. 传统村落民居再利用类型分析 [J]. 南方建筑，4：48-51.

姜波，1998. 山东民居概述 [J]. 华中建筑，16（2）：115-116.

荆其敏，张丽安，2014. 中国传统民居 [M]. 2 版. 北京：中国电力出版社.

邬艳丽，2016. 我国传统村落保护制度的反思与创新 [J]. 现代城市研究，1：2-9.

李技文，李桂明，2017. 信阳传统村落保护与利用的现状及其对策建构 [J]. 遗产与保护研究，
　　2（2）：40-45.

李连璞，曹明明，刘连兴，2008. 中国传统民居：困境分析与可持续路径 [J]. 西北大学学报
　　（自然科学版），38（1）：131-134.

李敏，2010. 江南传统聚落中水体的生态应用研究 [D]. 上海：上海交通大学.

李士博，2014. 济南山区传统民居研究 [D]. 济南：山东建筑大学.

李新建，2014. 苏北传统建筑技艺 [M]. 南京：东南大学出版社.

李永芳，2002. 我国乡村居民居住方式的历史变迁 [J]. 当代中国史研究，9（4）：49-57.

李照，徐健生，2016. 关中传统民居的适应性传承设计 [M]. 北京：中国建筑工业出版社.

林奇，2001. 城市意向 [M]. 方益萍，等，译. 北京：华夏出版社.

林祖锐，理南南，常江，等，2016. 传统村落空心化区位分异特征及形成机理研究——以山西
　　省阳泉市传统村落为例 [J]. 现代城市研究，1：16-23.

刘崇，张睿，谭良斌，2017. 鲁甸地区传统夯土建筑的节能与发展初探 [J]. 世界建筑，1：
　　100-103.

刘慧，2015. 泰山信仰论 [J]. 民俗研究，2：105-115.

刘金平，2011. 儒家"中和"思想对人与自然和谐发展的意义及局限性 [J]. 湖北大学学报
　　（哲学社会科学版），38（6）：39-43.

刘沛林，2011. 中国传统聚落景观基因图谱的构建与应用研究 [D]. 北京：北京大学.

刘馨秋，王思明，2015. 中国传统村落保护的困境与出路 [J]. 中国农史，4：99-110.

刘修娟，2015. 黄河下游流域传统民居类型及特征研究 [D]. 郑州：郑州大学.

刘亚美，2013. 乡土建筑保护理论的梳理和研究 [D]. 昆明：昆明理工大学.

龙炳颐，1992. 中国传统民居建筑·绪言 [J]. 建筑师，47：61-62.

卢济威，王海松，2001. 山地建筑设计 [M]. 北京：中国建筑工业出版社.

逯海勇，胡海燕，2014. 传统宅门抱鼓石的文化意蕴及审美特色 [J]. 华中建筑，8：165-168.

逯海勇，胡海燕，2017. 鲁中山区传统民居形态及地域特征分析 [J]. 华中建筑，9：76-81.

逯海勇，胡海燕，苗蕾，等，2017. 鲁中山区西部典型传统夯土民居的自然适应性分析——以济南市东峪南崖村为例 [J]. 建筑与文化，10：239-241.

罗瑜斌，2010. 珠三角历史文化村镇保护的现实困境与对策 [D]. 广州：华南理工大学.

苗志超，2012. 山东章丘朱家峪古村落保护研究 [D]. 西安：西安工程大学.

欧阳国辉，王轶，2017. 中国传统村落活态保护方式探讨 [J]. 长沙理工大学学报（社会科学版），32（4）：148-152.

潘鲁生，2013. 古村落保护与发展 [J]. 传统村落，218（1）：22-24.

庞珺，2017. 美丽乡村建设中传统村落景观环境的保护与开发——以莱芜市"一线五村"为例 [J]. 山东农业大学学报（自然科学版），48（5）：641-647.

祁剑青，刘沛林，邓运员，等，2017. 基于景观基因视角的陕南传统民居对自然地理环境的适应性 [J]. 经济地理，37（3）：202-209.

屈祖明，于仁信，1999. 中国传统文化 [M]. 北京：中央民族大学出版社.

申葆嘉，2003. 关于旅游带动经济发展问题的思考 [J]. 旅游学刊，18（6）：21-24.

沈超，2009. 徽州祠堂建筑空间研究 [D]. 合肥：合肥工业大学.

沈克宁，2008. 建筑现象学 [M]. 北京：中国建筑工业出版社.

石雅云，刘俊，2015. 自然因素对民居建筑形态的影响分析——以湘西老司城土家族民居建筑为例 [J]. 美术大观，1：78-79.

司马云杰，2007. 文化社会学 [M]. 北京：中国社会科学出版社.

宋文鹏，李世芬，李思博，等，2017. 方峪村石头房形态及其营建方式研究 [J]. 建筑与文化，2：170-172.

孙江，2008. "空间生产"——从马克思到当代 [M]. 北京：人民出版社.

孙瑞，2016. 老龄化背景下传统村落的功能置换可行性研究 [D]. 北京：北京建筑大学.

谭刚毅，2008. 两宋时期的中国民居与居住形态 [M]. 南京：东南大学出版社.

滕军红，2002. 整体与适应——复杂性科学对建筑学的启示 [D]. 天津：天津大学.

田毅鹏，韩丹，2011. 城市化与"村落终结" [J]. 吉林大学社会科学学报，51（2）：11-17.

田银城，2013. 传统民居庭院类型的气候适应性初探 [D]. 西安：西安建筑科技大学.

汪丽君，2002. 广义建筑类型学研究——对当代西方建筑形态的类型学思考与解析 [D]. 天津：天津大学.

王宝升，2018. 地域文化与乡村振兴设计 [M]. 长沙：湖南大学出版社.

王娟，张广海，张凌云，2013. 艺术介入空间生产：城市闲置工业空间的旅游开发 [J]. 东岳论丛，34（8）：66-73.

王昀，2010. 糟得很，还是好得很？湖南"村中城"建筑运动考察报告 [J]. 城市环境设计，6：148-151.

魏韬好，2016. 淄博山头镇古窑村的空间布局及建筑形态特征研究 [D]. 青岛：青岛理工大学.

温莹蕾，2016. 文化空间理论视角下的乡村发展路径探索——以山东省章丘市朱家峪村为例 [J]. 城市发展研究，23（2）：64-70.

吴昊，2011. 民居测绘 [M]. 北京：中国建筑工业出版社.

吴昊，周靓，2014. 陕西关中民居门楼形态及居住环境研究 [M]. 西安：三秦出版社.

项晓霞，2014. 南京古旧村落和民居的现状调查 [J]. 中共南京市委党校学报，5：104-107.

肖涌锋，张传信，2016. 归园田居——传统村落开发新思路 [J]. 小城镇建设，2：94-98.

辛同升，2008. 鲁中地区近代历史建筑修复与再利用研究 [D]. 天津：天津大学.

熊梅，2017. 我国传统民居的研究进展与学科取向 [J]. 城市规划，41（2）：102-112.

徐福英，刘涛，2009. 我国乡村旅游竞争力提升路径研究 [J]. 农业考古，6：131-136.

徐萍，2013. 鲁中山区小流域不同土地利用类型土壤分形及水分入渗特征 [D]. 泰安：山东农业大学.

许五军，2017. 赣州客家传统村落保护与发展策略 [J]. 规划师，4：65-69.

姚承祖，1986. 营造法原 [M]. 2版. 北京：中国建筑工业出版社.

叶昕，2015. 基于价值评判下的传统民居保护利用模式研究 [D]. 广州：华南理工大学.

于东明，2011. 鲁中山区乡村景观演变研究——以山东省淄博市峨庄乡为例 [D]. 泰安：山东农业大学.

袁晓羚，2016. 渭河上游流域传统聚落及民居建筑形态研究 [D]. 西安：长安大学.

岳庆林，2009. 中国历史文化名村：朱家峪 [M]. 济南：齐鲁书社.

张可欣，孙成武，2009. 鲁中山区地形对山东区域气候影响的敏感性试验 [J]. 中国农业气象，30（4）：496-500.

张萍，吕红医，2014. 豫北山地民居形态考察 [J]. 华中建筑，4：126-130.

张松，1999. 国外文物登录制度的特征与意义 [J]. 新建筑，3：31-35.

张晓楠，2014. 鲁中山区传统石砌民居地域性与建造技艺研究 [D]. 济南：山东建筑大学.

张烨，2012. 基于生态适应性的传统聚落空间演进机制研究——以平阴县洪范池镇书院村为例 [D]. 济南：山东建筑大学.

张永利，张宪强，王仁卿，2005. 鲁中山区植物区系初步研究 [J]. 山东林业科技，1：1-5.

张勇，2012. 和谐栖居——齐鲁民居户牖 [M]. 济南：山东美术出版社.

赵璐，2016. 京郊传统村落建筑再生利用研究——以房山南窑村为例 [D]. 北京：北京林业大学.

赵映，2015. 基于文化地理学的雷州地区传统村落及民居研究 [D]. 广州：华南理工大学.

赵玉春，2013. 北京四合院传统营造技艺 [M]. 合肥：安徽科学技术出版社.

周建明，2014. 中国传统村落——保护与发展 [M]. 北京：中国建筑工业出版社.

周乾松，2015. 中国历史村镇文化遗产保护利用研究 [M]. 北京：中国建筑工业出版社.

朱专法，马天义，2017. 山西传统民居的民宿开发 [J]. 小城镇建设，3：101-104.